炼油装置技术问答丛书

催化裂化烟气脱硫
除尘脱硝技术问答

（第二版）

龚望欣　编著

中国石化出版社

内 容 提 要

本书以问答的形式详细介绍了以催化裂化装置为主的烟气脱硫除尘脱硝技术，主要内容包括与该技术相关的环保知识、可影响和改善该技术的上下游配套工艺、各种催化裂化烟气脱硫除尘脱硝的优缺点比较、已工业化的主要烟气脱硫除尘脱硝技术的操作要点以及各种烟气脱硫除尘脱硝技术的通用设备等。

本书可供从事催化裂化装置操作人员、技术管理人员及烟气脱硫除尘脱硝设计、规划、建设和科研人员阅读参考，也可供有关院校师生学习参考。

图书在版编目(CIP)数据

催化裂化烟气脱硫除尘脱硝技术问答 / 龚望欣编著.
—2版.—北京：中国石化出版社，2022.6
（炼油装置技术问答丛书）
ISBN 978-7-5114-6688-4

Ⅰ.①催… Ⅱ.①龚… Ⅲ.①催化裂化-烟气脱硫-
问题解答②催化裂化-烟气-脱硝-问题解答 Ⅳ.
①X701-44

中国版本图书馆 CIP 数据核字(2022)第 073940 号

中国石化出版社出版发行

地址：北京市东城区安定门外大街 58 号
邮编：100011 电话：(010)57512500
发行部电话：(010)57512575
http://www.sinopec-press.com
E-mail：press@sinopec.com
北京科信印刷有限公司印刷
全国各地新华书店经销
*
710×1000 毫米 16 开本 18 印张 281 千字
2022 年 6 月第 1 版 2022 年 6 月第 1 次印刷
定价：58.00 元

前　　言

随着国家环保要求的迅速提高，催化裂化烟气脱硫除尘脱硝技术已成为许多炼油厂必需采取的环保技术。

国内催化裂化烟气脱硫除尘脱硝技术多种多样，部分企业在催化裂化烟气脱硫除尘脱硝技术选择上过多采用了以往电厂烟气脱硫除尘脱硝的经验，这恰恰使企业走了技术上的弯路，导致企业少则损失上百万元，多则损失上千万元，也大大增加了装置技术人员和操作工人的劳动强度。催化裂化烟气脱硫除尘的难点在于除尘，不在于脱硫。催化裂化催化剂的高硬度、强磨损性、强吸附性、易沉淀、高表面积、粒径极小、含有大量杂质和重金属、遇水后质地更硬和更具韧性以及烟气中催化剂含量和粒度分布多变的特点使其远远有别于电厂锅炉的灰分。高硬度、强磨损性几乎使所有内衬材料和玻璃钢都不宜使用；强吸附性、易沉淀、高表面积很快会使装置内接触到催化剂的仪表被催化剂覆盖而失灵或被催化剂磨坏；烟气中含有的杂质和催化裂化催化剂粉尘上的重金属可能会使其他应用于烟气脱硫除尘工艺的助剂和催化剂过早失效；遇水后质地更硬和具有韧性的特点，使技术人员在遇到麻烦时即使是拆开设备后都很难处理沉积或已经结垢的催化剂，往往需要用高压水或更强的外力才能清理出堵塞在设备和管路中的催化剂。

脱硝技术也面临类似情况，如果把应用于电厂的脱硝技术直接应用于催化裂化装置，会使应用效果大打折扣，甚至影响催化裂化装置的运行安全。国内催化裂化装置的原料普遍较差，部分装置的蜡油和渣油也未经过加氢处理，因此，SCR 选择性催化还原法技术的使用效果也会有别于国外。另外，由于催化裂化装置的原料较差，国内很多催化裂化装置有着强大的热工系统，催化剂又极易吸附或沉积在 SCR 催化剂上或堆积在局部区域，如果在烟道上采取了容易产生阻力的过滤设备或固定床催化剂，一旦烟道前部的外取热器、内取热器及高温取热器等热工设备发生"爆管"，泄漏的水部分变为了蒸汽，体积瞬间膨胀上千倍，泄漏的水再和催化剂、泥堵塞在过滤设备上，就会严重影响催化裂化装置的运行安全。

随着相关技术的应用，烟气的"拖尾"问题及设备腐蚀和结垢问题也频繁出现。细小的催化剂颗粒使烟气更容易形成气溶胶状态，烟气新形成的气溶胶状态以及催化剂的高强度进一步加剧了设备的腐蚀状况，细小催化剂的强附着力和催化剂上的钙含量又使结垢问题频繁出现。这些问题普遍和催化裂化催化剂的特点有关，又都和催化裂化装置的运行有着紧密联系，因此，在催化裂化装置选择脱硫除尘脱硝技术时，首先要考虑的就是催化剂会给技术带来什么不良的后果。再有就是随着 SCR 催化剂的使用，SCR 催化剂等危废物的处理也被逐渐提上日程，SCR 催化剂再生技术是否可以应用于催化裂化烟气脱硝催化剂也值得相关从业者思考。以上问题均在本书第二版中予以解答。此外，书中还增加了当前普遍受关注的热点问题。比如烟气是要尽可能消除烟气的白色(消白)，还是真正要消除造成烟气"拖尾"的气溶胶问题；对烟气进行加热和冷却是否有利于环保治理和碳排放管理；采用助剂是有多种好处，但是考虑对轻油收率的影响后，使用助剂是否还会有效益，等等。

本书在介绍了各种可能和已经应用在催化裂化装置的脱硫除尘脱硝技术的同时，对各种技术进行了分析和比较，并对相关的新技术和新出现的问题进行了归纳总结，以期能为企业决策者提供技术思路、为设计人员提供实践经验、为管理者提供改进方向、为操作者提供操作技巧。

由于编者水平有限，经验不足，知识的涵盖面也不是很全面，书中难免存在错误，不妥之处敬请读者批评指正。

编　者

2022 年 5 月

目　　录

第四章　操作和设计经验 / 126

1　余热锅炉后新增烟气净化装置后，在余热锅炉出口的压力不大于 4kPa 的

第一章 相关环保知识

1 石化工业废气的主要来源有哪些？

石化工业中的炼油厂和石化厂的加热炉和锅炉燃烧排放的燃烧废气，生产装置产生不凝气、弛放气和反应中产生的副产品等过剩气体，轻质油品、挥发性化学药品和溶剂在储运过程中的挥发、泄漏，废水和废弃物在处理和运输过程中散发的恶臭和有毒气体，以及石化工厂再生产原料和产品运输过程中的挥发和泄漏散发出的废气是石化工业废气的主要来源。

石化工业废气按排放方式可分为：燃烧烟气、生产工艺废气、火炬废气和无组织排放废气。

① 燃烧烟气。石化装置燃烧烟气排放量约占废气排放总量的60%。传统的石化加热炉多以减压渣油为燃料，渣油含硫约0.2%~3.0%，燃烧产生的废气中含二氧化硫、氮氧化物和粉尘。

② 生产工艺废气。石化企业生产装置规模较大，因此工艺废气排放量较大。污染物扩散范围较大，虽经高空排放，环境污染仍较严重。

③ 火炬废气。火炬是石化生产必备的安全环保设施。石化生产装置在开、停工及非正常操作(如放气减压)情况下将可燃性气体泄到火炬燃烧后排放。火炬排污量比加热炉要大，对环境影响也较大。

④ 无组织排放的废气。石化企业的无组织排放主要包括两部分：一是生产过程中管线、机泵、设备等的泄漏及地沟内挥发排入环境的有害气体；二是轻质石油化工产品在储运过程中的石油产品蒸气挥发进入环境污染空气。

2 空气污染指数是如何界定空气质量的？

空气污染指数(Air Pollution Index，简称API)是根据《空气环境质量标准》(GB 3095—1996)和各项污染物的生态环境效应及其对人体健康的影响来确定污染指数的分级数值及相应的污染物浓度限制值(见表1-1)。空气污染指数是用来评估空气质量状况的。空气污染指数划分为0~50、51~100、101~150、151~200、201~250、251~300和大于300共7档,对应于空气质量的7个级别(见表1-2)。指数越大,级别越高,说明污染越严重,对人体健康的影响也越明显。

表1-1　空气污染指数对应的污染物浓度限值

空气污染指数 API	污染物浓度/(mg/m³)				
	SO_2（日均值）	NO_2（日均值）	PM 10（日均值）	CO（小时均值）	O_3（小时均值）
50	0.05	0.08	0.05	5	0.12
100	0.15	0.12	0.15	10	0.20
200	0.80	0.28	0.35	60	0.40
300	1.60	0.565	0.42	90	0.80
400	2.10	0.75	0.50	120	1.00
500	2.62	0.94	0.60	150	1.20

表1-2　空气污染指数范围及相应的空气质量类别

空气污染指数 API	空气质量状况	对健康的影响	建议采取的措施
0~50	优	可正常活动	
51~100	良	可正常活动	
101~150	轻微污染	易感人群症状有轻度加剧,健康人群出现刺激症状	心脏病和呼吸系统疾病患者应减少体力消耗和户外活动
151~200	轻度污染	易感人群症状有轻度加剧,健康人群出现刺激症状	心脏病和呼吸系统疾病患者应减少体力消耗和户外活动
201~250	中度污染	心脏病和肺病患者症状显著加剧,运动耐受力降低,健康人群中普遍出现症状	老年人和心脏病、肺病患者应停留在室内,并减少体力活动
251~300	中度重污染	心脏病和肺病患者症状显著加剧,运动耐受力降低,健康人群中普遍出现症状	老年人和心脏病、肺病患者应停留在室内,并减少体力活动
>300	重污染	健康人运动耐受力降低,有明显强烈症状,提前出现某些疾病	老年人和病人应当留在室内,避免体力消耗,一般人群应避免户外活动

空气污染指数为0~50,空气质量级别为Ⅰ级,空气质量状况属于优。此时不存在空气污染问题,对公众的健康没有任何危害。空气污染指数为51~100,

空气质量级别为Ⅱ级，空气质量状况属于良。此时空气质量被认为是可以接受的，除极少数对某种污染物特别敏感的人以外，对公众健康没有危害。空气污染指数为101~150，空气质量级别为Ⅲ（1）级，空气质量状况属于轻微污染。此时，对污染物比较敏感的人群，例如儿童和老年人、呼吸道疾病或心脏病患者，以及喜爱户外活动的人，他们的健康状况会受到影响，但对健康人群基本没有影响。空气污染指数为151~200，空气质量级别为Ⅲ（2）级，空气质量状况属于轻度污染。此时，几乎每个人的健康都会受到影响，对敏感人群的不利影响尤为明显。空气污染指数为201~300，空气质量级别为Ⅳ（1）级和Ⅳ（2）级，空气质量状况属于中度和中度重污染。此时，每个人的健康都会受到比较严重的影响。空气污染指数大于300，空气质量级别为Ⅴ级，空气质量状况属于重度污染。此时，所有人的健康都会受到严重影响。

根据我国空气污染的特点和污染防治重点，目前计入空气污染指数的项目暂定为二氧化硫、氮氧化物和总悬浮颗粒物，因此，进行烟气的二氧化硫、氮氧化物和总悬浮颗粒物治理具有重要意义。

3 如何计算空气污染指数？

① 空气污染指数基本计算式为：

$$I = \frac{I_大 - I_小}{C_大 - C_小}(C - C_小) + I_小$$

式中：I 为某污染物的污染指数；C 为该污染物的浓度；$C_大$ 与 $C_小$ 是在 API 分级限值表中最贴近 C 值的两个值，$C_大$ 为大于 C 的限值，$C_小$ 为小于 C 的限值；$I_大$ 与 $I_小$ 是在 API 分级限值表中最贴近 I 值的两个值，$I_大$ 为大于 I 的值，$I_小$ 为小于 I 的值。

② 全市 API 的计算步骤为：

a. 求某污染物每一测点的日均值：

$$\overline{C}_{点日均} = \sum_{i=1}^{n} C_i / n$$

式中：C_i 为测点逐时污染物浓度；n 为测点的日测试次数。

b. 求某一污染物全市的日均值：

$$\overline{\overline{C}}_{市日均} = \sum_{j=1}^{l} \overline{C}_{点日均j} / l$$

式中：l 为全市监测点数。

c. 将各污染物的市日均值分别代入 API 基本计算式所得值，便是每项污染物的 API 分指数。

d. 选取 API 分指数最大值为全市 API。

③ 全市主要污染物的选取：

各种污染物的污染分指数都计算出以后，取最大者为该区域或城市的空气污染指数 API，则该项污染物即为该区域或城市空气中的首要污染物。

$$API = \max(I_1, I_2 \cdots I_i \cdots I_n)$$

假定某地区的 PM 10 日均值为 $0.215 mg/m^3$，SO_2 日均值为 $0.105 mg/m^3$，NO_2 日均值为 $0.080 mg/m^3$，则其污染指数的计算如下：PM 10 实测浓度 $0.215 mg/m^3$ 介于 $0.150 mg/m^3$ 和 $0.350 mg/m^3$ 之间，按照此浓度范围内污染指数与污染物的线性关系进行计算，即此处浓度限值 $C_2 = 0.150 mg/m^3$，$C_3 = 0.350 mg/m^3$，而相应的分指数值 $I_2 = 100$，$I_3 = 200$，则 PM 10 的污染分指数为：

$$I = [(200 - 100)/(0.350 - 0.150)] \times (0.215 - 0.150) + 100$$
$$= 132$$

这样，PM 10 的分指数 $I = 132$；其他污染物的分指数分别为 $I = 76(SO_2)$，$I = 50(NO_2)$。取污染指数最大者报告该地区的空气污染指数：$API = \max(132, 76, 50) = 132$。

4 什么是大气气溶胶？

大气气溶胶是悬浮于空气中固态和液态质点组成的一种复杂的化学混合物，它们的大小从只有几 nm 的超细颗粒到几个 μm 直径以上的粗颗粒。在两者之间是被称为细颗粒的气溶胶，其直径为 0.1μm 到几个 μm，所以大气气溶胶的典型尺度是 0.001~10μm，其在大气中的居留期至少为几小时，平均可达几天、一周到数周，甚至到数年(如平流层气溶胶)。大气气溶胶可以作为颗粒物(初生源)直接被排放出来，也可以由气态前体物通过化学反应(如光化反应)间接形成于大气中(次生源)。按排放源分类可分为自然源和人为源两类。气溶胶这些超细粒子的自然来源包括火山喷发的烟尘、被风吹起的土壤颗粒以及流星燃烧所产生的细小微粒和宇宙尘埃等。人为源则主要是日常发电、工业生产(煤炭、石油及其他矿物燃烧产生的工业废气)、汽车尾气排放等过程中经过燃烧而排放的残留物，大多含有重金属等有毒物质，包括散播到空气中的灰尘、硫酸、硝酸、有机碳氢化合物等粒子，经过一系列光化学反应形成的二次污染物。

5　什么是悬浮颗粒？

悬浮颗粒泛指悬浮在气体当中的微细固体或液体。对于环境科学来说，悬浮粒子特指空气中微细污染物，它们是空气污染的一个主要来源。当中直径小于或等于10μm直径的悬浮粒子，被定义为可吸入悬浮粒子，又称为PM 10，它们能够聚积在肺部，危害人类健康。直径小于或等于2.5μm的颗粒，对人体危害最大，因为它可以直接进入肺泡。科学家用PM 2.5表示每立方米空气中这种颗粒的含量，这个值越高，就代表空气污染越严重。

6　什么是PM 2.5？各主要国家的PM 2.5标准是怎样的？

PM 2.5是指大气中直径小于或等于2.5μm的颗粒物，也称为可入肺颗粒物。它的直径还不到人的头发丝粗细的1/20。在学术界，学者也将PM 2.5等同于气溶胶，所谓的气溶胶、细颗粒物，其实就是指大气中直径小于或等于2.5μm的细颗粒物，简称PM 2.5。PM 2.5指数已经成为一个重要的测控空气污染程度的指数。PM 2.5（PM是particulate matter的缩写）的标准，是由美国在1997年提出的，主要是为了更有效地监测随着工业化日益发达而出现的、在旧标准中被忽略的对人体有害的细小颗粒物。

自美国于1997年率先制定PM 2.5的空气质量标准以来，许多国家都陆续跟进将PM 2.5纳入监测指标。如果单纯从保护人类健康的目的出发，各国的标准理应一样，因为制定标准所依据的是相同的科学研究结果。然而，标准的制定还需考虑各国的污染现状和经济发展水平。根据美国癌症协会和哈佛大学的研究结果，世界卫生组织（WHO）于2005年制定了PM 2.5的准则值。高于这个值，死亡风险就会显著上升。WHO同时还设立了3个过渡期目标值，为目前还无法一步到位的地区提供了阶段性目标，其中目标-1的标准最为宽松，目标-3最严格。表1-3列举了WHO以及几个有代表性的国家的标准。中国拟实施的标准与WHO过渡期目标-1相同。美国和日本的标准一样，与目标-3基本一致。欧盟的标准略微宽松，与目标-2一致，澳大利亚的标准最为严格，年均标准比WHO的准则值还低。标准的宽严程度基本反映了各国的空气质量情况，空气质量越好的国家就越有能力制定和实施更为严格的标准。

表 1-3　WHO 以及几个有代表性国家的 PM 2.5标准

国家/组织	年平均	24h 平均	备注
WHO 准则值	10	25	
WHO 过渡期目标-1	35	75	2005 年发布
WHO 过渡期目标-2	25	50	
WHO 过渡期目标-3	15	37.5	
澳大利亚	8	25	2003 年发布，非强制性标准
美国	15	35	2006 年 12 月 17 日生效，比 1997 年标准更严格
日本	15	35	2009 年 9 月 9 日发布
欧盟	25	无	2010 年 1 月 1 日发布目标值，2015 年 1 月 1 日标准生效
中国	35	75	拟于 2016 年实施（征求意见中）

7　大气中的 PM 2.5来源有哪些？其主要成分是什么？

自然过程会产生 PM 2.5，但其主要来源还是人为排放。人类既直接排放 PM 2.5，也排放某些气体污染物，在空气中转变成 PM 2.5。直接排放主要来自燃烧过程，比如化石燃料(煤、汽油、柴油)的燃烧、生物质(秸秆、木柴)的燃烧、垃圾焚烧。在空气中转化成 PM 2.5的气体污染物主要有二氧化硫、氮氧化物、氨气、挥发性有机物。其他的人为来源包括：道路扬尘、建筑施工扬尘、工业粉尘、厨房烟气。自然来源则包括：风扬尘土、火山灰、森林火灾、漂浮的海盐、花粉、真菌孢子、细菌。

PM 2.5的来源复杂，成分自然也很复杂。主要成分是单质碳、有机碳化合物、硫酸盐、硝酸盐、铵盐。其他的常见的成分包括各种金属元素，既有钠、镁、钙、铝、铁等地壳中含量丰富的元素，也有铅、锌、砷、镉、铜等主要源自人类污染的重金属元素。2000 年有研究人员测定了北京的 PM 2.5来源：尘土占 20%；由气态污染物转化而来的硫酸盐、硝酸盐、氨盐各占 17%、10%、6%；烧煤产生 7%；使用柴油、汽油而排放的废气贡献 7%；农作物等生物质贡献 6%；植物碎屑贡献 1%；吸烟贡献 1%。不过这只是粗略的科学估算，并不一定准确。该研究中也测定了北京 PM 2.5的成分：含碳的颗粒物、硫酸根、硝酸根、铵根加在一起占了重量的 69%。类似地，1999 年测定的上海 PM 2.5中有 41.6%是硫酸铵、硝酸铵，41.4%是含碳的物质。从以上数据可以看出，烟气的脱硫、脱硝和脱除颗粒物具有重要意义，是降低PM 2.5的重要措施。

8　如何测量PM 2.5？

空气中飘浮着各种大小的颗粒物，PM 2.5是其中较细小的那部分。测定PM 2.5的浓度需要分两步：①把PM 2.5与较大的颗粒物分离；②测定分离出来的PM 2.5的重量。目前，各国环保部门广泛采用的PM 2.5测定方法有3种：重量法、β射线吸收法和微量振荡天平法。这3种方法的第一步是一样的，区别在于第二步。

重量法是将PM 2.5直接截留到滤膜上，然后用天平称重。滤膜并不能把所有的PM 2.5都收集到，一些极细小的颗粒还是能穿过滤膜。只要滤膜对于$0.3\mu m$以上的颗粒有大于99%的截留效率，就算是合格。损失部分极细小的颗粒物对结果影响并不大，因为那部分颗粒对PM 2.5的重量贡献很小。重量法是最直接、最可靠的方法，是验证其他方法是否准确的标杆。然而重量法需人工称重，程序繁琐费时。如果要实现自动监测，就需要用到另外两种方法。

β射线吸收法是将PM 2.5收集到滤纸上，然后照射一束β射线，射线穿过滤纸和颗粒物时由于被散射而衰减，衰减的程度和PM 2.5的重量成正比。根据射线的衰减就可以计算出PM 2.5的重量。美国大使馆那台知名度很高的仪器依据的就是此原理。

微量振荡天平法是采用一头粗一头细的空心玻璃管，粗头固定，细头装有滤芯。空气从粗头进，细头出，PM 2.5就被截留在滤芯上。在电场的作用下，细头以一定频率振荡，该频率和细头重量的平方根成反比。根据振荡频率的变化，就可以算出收集到的PM 2.5的重量。

9　不同工作原理的PM 2.5测量仪对测量结果有何影响？

美国环保局在1997年制定了世界上第一个PM 2.5标准，并规定了切割器的具体结构。虽然PM 2.5的测定仪器有不少品牌，它们的外观却极为相似。将PM 2.5分离出来的切割器的工作原理是在抽气泵的作用下，空气以一定的流速流过切割器时，那些较大的颗粒因为惯性大，撞在涂了油的部件上而被截留，惯性较小的PM 2.5则能绝大部分随着空气顺利通过。

对于PM 2.5的切割器来说，$2.5\mu m$是一个边界尺寸。直径恰好为$2.5\mu m$的颗粒有50%的概率能通过切割器。大于$2.5\mu m$的颗粒并非全被截留，而小于

2.5μm 的颗粒也不是全都能通过。按照《环境空气 PM 10 和 PM 2.5 的测定重量法》的要求，3.0μm 以上颗粒的通过率需小于 16%，而 2.1μm 以下颗粒的通过率要大于 84%。特殊的结构加上特定的空气流速共同决定了切割器对颗粒物的分离效果，这两者稍有变化，就会对测定产生很大影响，而使结果失去可比性。

和环保部门采用的标准方法相比，用非专业仪器测 PM 2.5 显然是不可靠的。市面上的非专业仪器多数是利用光散射的原理测定颗粒物浓度，这种方法并没有被各国环保部门采纳为标准方法，但是有依据此原理制成的专业仪器，在科研中也有应用。空气中的颗粒物浓度越高，对光的散射就越强。光的散射相对容易测量，理论上可以算出颗粒物浓度。但在实际应用中，光的散射与颗粒物浓度之间的关系是很不确定的，受到诸多因素的影响，例如颗粒物的化学组成、形状、相对密度、粒径分布，而这些都取决于污染源的组成。这意味着光散射和颗粒物浓度之间的换算公式随时随地都可能变化，需要仪器使用者不断地用标准方法进行校正，没有经过科学训练的业余人士不大可能办得到。有研究者做过理论计算：利用光散射仪测定 PM 2.5，至少有 30% ~ 40% 的不确定性，这种不确定性是这类仪器固有的。

10   PM 2.5 对人体健康和大气环境质量有哪些影响？

虽然 PM 2.5 只是地球大气成分中含量很少的组分，但它对空气质量和能见度等有重要的影响。与较粗的大气颗粒物相比，PM 2.5 粒径小，富含大量的有毒、有害物质，且在大气中的停留时间长、输送距离远，因而对人体健康和大气环境质量的影响更大。

① PM 2.5 的强可吸入性。研究表明，颗粒越小对人体健康的危害越大。气象专家和医学专家认为，由细颗粒物造成的灰霾天气对人体健康的危害甚至要比沙尘暴更大。粒径 10μm 以上的颗粒物，会被挡在人的鼻子外面；粒径在 2.5 ~ 10μm 之间的颗粒物，能够进入上呼吸道，但部分可通过痰液等排出体外，对人体健康危害相对较小；而粒径在 2.5μm 以下的细颗粒物，直径相当于人类头发 1/10 大小，较小的 PM 2.5 颗粒可以穿透人体呼吸道的防御毛发状结构，也就是鼻腔中的鼻纤毛，被吸入人体后会进入支气管，进入人体内部，干扰肺部的气体交换引发人体整个范围的疾病，包括哮喘、支气管炎和心血管病等方面的疾病。这些颗粒还可以通过支气管进入肺部或进入肺泡，并能进入血液溶解在血液中通往全身，由于其本身的毒性或携带有毒物质，因而对人体健康会造成极大危害；大气气溶胶中的重金属成分可以危害人体的多个部位，

包括神经、肠胃、心脏、肺、肝、肾、皮肤等；大气气溶胶中的多环芳烃和亚硝胺等化学物对人体有致癌作用，对人体健康的伤害更大。在欧盟国家中，PM 2.5导致人们的平均寿命减少8.6个月。而PM 2.5还可成为病毒和细菌的载体，为呼吸道传染病的传播推波助澜。虽然PM 10和PM 2.5都是心血管病发病的危险因素，但PM 2.5的影响显然更大。据美国心脏协会估计，仅在美国，被PM 2.5颗粒污染的空气就导致每年约60000人死亡。世界卫生组织在2005年版《空气质量准则》中也指出：当PM 2.5年均浓度达到$35\mu g/m^3$时，人的死亡风险比$10\mu g/m^3$的情形约增加15%。一份来自联合国环境规划署的报告称，PM 2.5的浓度上升$20mg/m^3$，将会导致全球每年约40万人死亡。

②PM 2.5对空气能见度的影响。在干净的大气中，气溶胶含量极低，大气对光的削弱也较低，在晴朗风力不强的日子里，人眼可以看到200km或者更远的景物（由于地表是弯曲的，故而远处景物都是高山），如果在高原地区，则可以看得更远。

PM 2.5有强烈的消光能力，使大气的消光度数倍甚至数十倍的增加，使视野大大缩短，远处变成一片暗灰色。同时PM 2.5的扩散去除比较慢，城市、农村、山林上空都充满了这种颗粒物，我国中东部大部分地区PM 2.5的年平均值达到$80\mu g/m^3$，使能见度下降了90%以上。严重时，晴天的能见度甚至不足10km，则称为灰霾天气，灰霾的频繁出现，标志着空气中PM 2.5污染达到异常严重的程度。

11　PM 2.5对气候有哪些影响？

PM 2.5浓度太高对气候最显著的影响是日照显著减少，全国中东部各大城市，日照时数普遍明显减少，例如成都的年日照时数从原来的1200h减少到900h，厦门从大约2200h减少到1600h；同时日照的质量也下降，太阳辐射强度下降10%~25%不等。

PM 2.5同时还改变了气温和降水模式，我国以及亚洲部分地区大气中高浓度的PM 2.5已经覆盖了地球表面很大一部分地区，弥漫着地面到高度3km的大气，被称为亚洲棕云，它使到达该地区地面的阳光减少，因此可能使地表的气温有所下降，与温室效应所起的作用相反。这可能导致了近年来我国的变暖速度减缓，水汽北上我国内陆地区的步伐减慢，同时抑制了对流，使华北西北地区的降水量增加值减少。

PM 2.5导致"雾"天增多，由于PM 2.5吸收反射了部分阳光，使到达地面的阳光变少，冬季特别明显，地表降温使大气逆温更稳定，雾霾混合，扩散困难。硫酸盐气溶胶还是形成酸雨的主要原因。

12 PM 2.5对农业和生态系统有哪些影响？

大气气溶胶对农业和生态系统的影响也很大，主要是通过由它们造成的到达地面的直接太阳辐射的减少引起的。在中国稻米和冬小麦生长的主要农业区之一的长江中下游地区，由于大气气溶胶的散射和吸收作用，可使到达地面的太阳辐射量减少5%~30%，近70%的作物受此影响至少减产5%~30%。光照不足，光合作用下降可能已经导致了农作物的增产速度减慢。同时对其他植物也产生影响，由于植物的叶子表面覆盖了颗粒物，大部分植物的叶子颜色变灰，其中部分敏感植物的光合作用会进一步下降，呈现不健康的状态。

13 "霾"天气是如何分类的？

"霾"天气预报一般分为三级：轻度霾、中度霾和重度霾，湿度标准都是一样的，即空气相对湿度小于或等于80%，区别主要在能见度上。其中轻度霾是指能见度大于5km且小于10km的霾天气；中度霾是指能见度大于2km且小于等于5km的霾天气；而重度霾则是指能见度小于等于2km的霾天气。如果预报结果为中度霾，居民就要减少不必要的户外活动，并适度减少运动量与运动强度，以减轻霾天气对健康的危害；如果是重度霾，居民就要关闭门窗，尽量避免户外活动，从而预防呼吸道疾病发生；即使是轻度霾天气，外出步行或骑车时，最好戴上口罩等防护用具，从而直接减少"PM 2.5"的吸入。

14 什么是总溶解性固体(TDS)？TDS是如何测量的？

TDS是英文total dissolved solids的缩写，是溶解于水中的总固体含量，中文译名为总溶解性固体，又称总含盐量，单位为毫克/升(mg/L)，它表明1L水中溶有多少毫克溶解性总固体，或者说1L水中的离子总量。一般可用公式：$TDS = [Ca+Mg+Na+K]+[HCO_3+SO_4+Cl]$计算。

TDS概念在水处理领域广泛使用，TDS值的测量工具一般是TDS笔，其测量原理实际上是通过测量水的电导率从而间接反映出TDS值。在物理意义上来说，水中溶解物越多，水的TDS值就越大，水的导电性也越好，其电导率值也越大。

简单地讲：TDS 值代表了水中溶解物杂质含量，TDS 值越大，说明水中的杂质含量大，反之，杂质含量小。影响 TDS 值测试的因素有水温、水的流速和水质污染情况。TDS 笔不可用于测量高温水体（例如：热开水）、不能用于测量晃动较大的水体、不能用于测量污染浓度较高的水体。

TDS 计是针对 TDS 测量而设计的计量器，可测出水中无机物或有机物的含量。但只是初期性的检验，无法提供完全正确的资料及具体内含物。检测水中总溶解固体值(TDS)即检验出在水中溶解的各类有机物或无机物的总量，单位为毫克/升(mg/L)。导电仪器能测出水中的可导电物质，如悬浮物、重金属和可导电离子。在进行测量时，被测量介质的水温应维持在 25℃ 左右，温度过高会使 TDS 值增加，影响正确性。液晶屏幕所显示的数值即为 TDS 值，若 TDS 计显示数字 100，代表溶于水中的物质含量正离子或负离子总数为 100mg/L（公差为±5mg/L），数字越高，表示水中的物质越多。TDS 计仅能测出水中的可导电物质，但无法测出细菌、病毒等物质。TDS 计的量值定义为一定比例数的电导率值，一般取 0.7 左右。因此，TDS 计原理和结构，其实就电导率仪，只是约定了一个比例数，定义为 TDS。TDS 计自动温度补偿的基准温度一般为 25℃，温度系数一般为 2%/℃。

实验室一般采用称量法进行 TDS 测量。测定方法是：水样经过滤后，在一定温度下烘干，所得固体残渣称为溶解性总固体，包括不易挥发的可溶性盐类、有机物及能通过滤器的不溶性微粒等。具体分析步骤为：①将蒸发皿洗净，放在 105℃±3℃ 烘箱内 30min，取出，于干燥器内冷却 30min。②在分析天平上称量，再次烘烤，称量，直至恒重(两次称量相差不超过 0.0004g)。③将水样上清液用滤器过滤。用无分度吸管吸取过滤水样 100.00mL 于蒸发皿中，如水样的溶解性总固体过少时可增加加水样体积。④将蒸发皿置于水浴上蒸干(水浴液面不要接触皿底)，将蒸发皿移入 105℃±3℃ 烘箱内，1h 后取出，干燥器内冷却 30min，称量。⑤将称过质量的蒸发皿再放入 105±3℃ 烘箱内 30min，干燥器内冷却 30min，称量，直至恒重。再通过计算可得出 TDS 数值：

$$TDS = \frac{(w_2 - w_1) \times 1000 \times 1000}{v}$$

式中　w_1——空蒸发皿质量，g；

　　　w_2——蒸发皿和溶解性总固体质量，g；

　　　v——水样体积，mL。

对于在原有催化裂化装置中再新建烟气脱硫的装置，往往不会再新购置烟气脱硫分析设备，这样进行 TDS 分析时通常采用称量法。采用该方法进行分析每天只能出一组数据，且数据采出时间较晚，不能较好地满足烟气脱硫生产需要，因此，建议烟气脱硫项目配备 TDS 笔或 TDS 计。

15　什么是总悬浮固体(TSS)？TSS 是如何测量的?

总悬浮固体(TSS)是指水样经离心或过滤后得到的悬浮物经蒸发后所余固体物的量，它不包含水样中胶体和溶解性物质。TSS 测量过程为：①用洗涤剂将所有聚乙烯瓶或硬质玻璃瓶洗净，再依次用自来水和蒸馏水冲洗干净，在采样前用即将采集的水样将聚乙烯瓶或硬质玻璃瓶清洗 3 次，然后采集具有代表性的水样 500~1000mL。②用扁嘴无齿镊子夹取滤膜放于事先称重的称量瓶里。移入烘箱中在 103~105℃烘干 0.5h 后取出置干燥器内冷却至室温，称其质量。反复烘干、冷却、称量，直至 2 次称量的质量差不超过 0.2mg。将恒重的滤膜正确地放在滤膜过滤器的滤膜托盘上，加盖配套的漏斗，并用夹子固定好。以蒸馏水润湿滤膜。并不断吸滤。③量取充分混合均匀的样品 100mL 抽吸过滤。使水样全部通过滤膜。再以每次 10mL 蒸馏水连续洗涤3~5 次，继续吸滤以除去痕量水分(如样品中含油脂，用 10mL 石油醚分 2 次淋洗残渣)。停止吸滤后，仔细取出载有悬浮物的滤膜放在原恒重的称量瓶里，打开瓶盖，移入烘箱中在 103~105℃烘干 2h 后移入干燥器中，使其冷却至室温，称量。反复烘干、冷却、称量，直至恒重为止(质量差≤0.4mg)。再通过计算可得出 TSS 数值：

$$TSS(mg/L) = (m_A - m_B) \times 10^6/V$$

式中　m_A——悬浮物+滤膜及称量瓶质量，g；

　　　m_B——滤膜及称量瓶质量，g；

　　　V——样品体积，mL。

测量时的注意事项：①漂浮的不均匀固体物质不属于悬浮物质，应从采集的水样中除去。②滤膜上截留过多的悬浮物可能夹带过多的水分，除延长干燥时间外，还可能造成过滤困难，遇此情况，可酌情少取样品。滤膜上悬浮物过少，则会增大称量误差，影响测量精度，必要时，可增大样品体积。一般以 5~10mg 悬浮物量作为量取样品体积的使用范围。③废水黏度高时，可加 2~4 倍蒸馏水稀释，振荡均匀，待沉淀物下降后再过滤。

16　能否采用催化裂化油浆固含量的分析方法替代 TSS 分析方法?

如果是利用反复烘干称重的方法测得水中的固体含量会很耗时，而且烟气脱硫装置采取的水样极易沉淀和结晶，样品静止放置会很快看到沉淀，分析时间越滞后，分析误差越大，TSS 的分析数据往往生产指导性极差。而催化裂化的油浆固含量测量方法是采用锥形试管盛装试样后放在离心机上高速离心分离，然后根据锥形试管底部的刻度读出固体含量，具有读数快而直观的特点。因此，可以采用油浆固含量的办法替代 TSS 分析方法。

17 国外石化行业常用标准有哪些？各自对应什么标准代码？

标准名称	对应的代码	标准名称	对应的代码
国家标准化组织标准	ISO	美国国家标准学会标准	ANSI
国家电工委员会标准	IEC	英国标准	BS
美国石油学会标准	API	日本标准	JIS
美国机械工程师协会标准	ASME	苏联标准	ГОСТ
美国国家电气规程	NEC	澳大利亚标准	AS
美国电气制造商协会标准	NEMA	德国标准	DIN
美国国家防火协会标准	NEPA	加拿大标准	CAN

18 国内石化行业常用标准有哪些？各自对应什么标准代码？

标准名称	对应的代码	标准名称	对应的代码
国家标准（强制性）	GB	电力行业标准	DL
国家标准（推荐性）	GB/T	建筑工业行业标准	JG
机械行业标准	JB	化工行业标准	HG
石油天然气行业标准	SY	石油化工行业标准	SH

19 目前国内石油炼制行业催化裂化再生烟气污染物排放主要有哪些控制标准？其控制标准的排放限制是多少？

催化裂化装置是炼油厂里二氧化硫、氮氧化物和粉尘污染的重要来源，目前石油炼制行业催化裂化再生烟气污染物排放限值主要执行《大气污染物综合排放标准》（GB 16297—1996），2015 年颁布了《石油炼制工业污染物排放标准》（GB 31570—2015），并规定新建企业自 2015 年 7 月 1 日起实施新标准，现有企业自 2017 年 7 月 1 日起实行。催化裂化再生烟气污染物排放的控制标准见表 1-4。

表 1-4　催化裂化再生烟气污染物排放控制标准及排放限值

执行标准	排放限值/（mg/m³）		
	二氧化硫	氮氧化物	颗粒物
《大气污染物综合排放标准》（GB 16297—1996）	≤550	≤240	≤120
《清洁生产标准 石油炼制业》（HJ/T 125—2003）	≤550	—	≤100
《石油炼制工业污染物排放标准》①（GB 31570—2015）	≤100	≤200	≤50

①催化裂化余热锅炉吹灰时再生烟气污染物浓度最大值不应超过表中限值的 2 倍，且每次持续时间不应大于 1h。其中镍及其化合物的排放限值为 0.5 mg/m³。

20 目前我国针对催化裂化烟气连续性技术检测主要有哪些检测标准？

主要的标准有《固定污染源排气中颗粒物测定与气态污染物采样方法》（GB/T 16157—1996）和《固定污染源烟气排放连续监测系统技术要求及检测方法》（HJ 76—2017）。

21 HJ/T 76—2007 中对烟气脱后采样平台有哪些设计要求？

HJ/T 76—2007 中规定，设置的采样平台必须易于到达，有足够的工作空间，便于操作；必须牢固并有符合要求的安全措施；采样平台设置在高空时，应有通往平台的旋梯或升降梯。为保证准确地校准颗粒物 CEMS 和烟气流速连续测量系统，颗粒物 CEMS 和烟气流速连续测量系统应尽可能安装在流速大于 5m/s 的位置。

22 《固定污染源烟气排放连续监测技术规范》HJ 75-2017 与 HJ/T 75-2007 相比做了哪些修订？在内容上有何不同？

主要修订内容有：增加了烟气湿度测试与质控要求；简化了方法和监测仪器结构的介绍；细化了 CEMS 的安装要求；补充完善了调试检测和技术验收的方法、技术要求和相关记录表格；细化了运行管理和质量保证及数据审核和处理要求。

新版固定污染源烟气排放连续监测技术规范 HJ 75—2017 与 HJ/T 75—2007 差异主要有以下方面：

（1）标准号差异

HJ 75—2017 规定较 HJ/T 75—2007 规定，正式作为行业标准，而不是推荐性行业标准，效力更强。直接对运维工作具有约束力。

（2）概念术语

HJ 75—2017 规定了概念术语系统响应时间和仪表响应时间。增加了验收技术要求，9.3.3.1 条气态污染物和氧气 CEMS 验收这两项被列为前提条件。HJ/T 75—2007 规定中无此项。

（3）新增氮氧化物监测单元要求

HJ 75—2017 规定中第 4 条的氮氧化物监测单元要求提出，二氮可直接测量，亦可转化为一氮后一并测量，不允许只测量一氮。在现场和运维，就需要在产品选型时做好产品设计和转换要求。HJ/T 75—2007 规定中无要求。

（4）新增监测站房要求

HJ 75—2017 规定中第 6 条的监测站房要求提出了监测站房建设规范化。对于现场人员来说，就需要注意后期签订运维合同、验收项目，涉及该项，注意核实是否符合技术规范。如不符合，书面提醒业主单位该事项。HJ/T 75—2007 规定中无此项。

（5）采样监控平台面积和安全防护变化

HJ 75—2017 规定中第 7 条的 7.1.1.7 采样监控平台面积和安全防护 a 项要求新增加采样监控平台面积和安全防护。技术验收应核实此项。HJ/T 75—2007 规定中无此项。

（6）安装要求变化

HJ 75—2017 规定中的第 7 条的安装要求 7.1.1.1 b 项提出安装位置要细化，采样平台斜梯(高于 2m)和升降梯设置高度(高于 20m)细化。技术验收应核实此项。HJ/T 75—2007 规定离地高度高于 5m，设置 Z 字梯(旋梯、升降梯)。

（7）新增了参比方法采样孔预留要求

HJ 75—2017 规定的第 7 条安装要求 7.1.1.1 d 项提出了参比方法采样孔预留，技术验收应核实此项。HJ/T 75—2007 规定中无此项。

（8）烟气分布均匀程度判定规则

HJ 75—2017 规定的 7.1.2.3 提出了烟气分布均匀程度的判定。前四后二由之前的颗粒物增加为颗粒物和流速；新增了新建排放源采样平台与排气装置同步

15

设计、建设，及烟气分布均匀程度判定。现场仪表在 CEMS 采样和分析探头安装，监测断面位置是否合理做好判定。HJ/T 75—2007 规定中无此项。

（9）旁路增加烟温和流量

HJ 75—2017 规定的 7.1.2.6 提出旁路增加烟温和流量，HJ/T 75—2007 规定中仅需增加流量。

（10）新增安装施工要求

HJ 75—2017 规定中新增了 7.2 安装施工要求，7.2.1~7.2.10 实际施工要求细化。CEMS 安装施工要求细化，对工程施工及验收提高要求和考核指标细化。HJ/T 75—2007 规定中无此项。

（11）CEMS 技术指标调试检测变化

HJ 75—2017 规定的第 8 条提出了 CEMS 技术指标调试检测附录 A。主要变化有四点：①气态污染 CEMS 检测项目细化为二氧化硫和氮氧化物；增加了技术要求中示值误差和系统响应时间；②氧气 CEMS 增加了示值误差、系统响应时间、零漂、量漂；③流速 CEMS 精密度、准确度要求变化；④增加了湿度 CEMS 准确度要求。对于现场人员来说，CEMS 技术指标调试规范化，各项指标变化，要求更高。HJ/T 75—2007 规定中无此项。

（12）新增了技术验收条件

HJ 75—2017 规定的 9.2 技术验收条件 d 项调试检测至少要稳定运行 7 天。新增了技术验收条件 d 项调试检测至少要稳定运行 7 天，增加了技术验收前，对调试期间内容的确定。

（13）新增了 CEMS 技术指标验收

HJ 75—2017 规定中新增了 9.3.1.1~9.3.4 的 CEMS 技术指标验收。对 CEMS 验收各项技术指标的细化提高了要求。HJ/T 75—2007 规定 7.2 条参比方法验收。

（14）技术指标验收测试报告格式变化

HJ 75—2017 规定的 9.3.6 技术指标验收测试报告格式，新增了：①环境条件记录；②示值误差、系统响应时间、零漂、量漂引用标准；③准确度验收引用标准；④可溯源标气；⑤三级审核签字。验收报告更严格，数据和标准有据可查；审核和责任人更明确。HJ/T 75—2007 规定 7.3 参比方法验收测试报告格式。

（15）对颗粒物校准要求更高

HJ 75—2017 规定的 9.3.1.6 提出光学法颗粒物校准时须对实际测量光路进行全光路校准。对颗粒物校准要求更高。HJ/T 75—2007 规定中无此项。

（16）验收技术要求变化

HJ 75—2017 规定的 9.3.7 项写明：①验收技术要求新增了气态污染物、颗粒物氧气示值误差、系统响应时间、零漂、量漂项。②气态污染物、氧气、颗粒物准确度细化。③新增了湿度准确度要求。对技术验收要求提高，各项技术标准细化。HJ/T 75—2007 规定 7.2.3 验收检测项目仅有准确度要求。

（17）新增了监测数据应由数据采集和处理子系统直传要求

HJ 75—2017 规定中 9.4.2 通信及数据传输验收提出监测数据应由数据采集和处理子系统直传。新增了监测数据应由数据采集和处理子系统直传要求。监测数据向监控系统传输应由数据采集和处理子系统直传。系统设计要求更高。HJ/T 75—2007 规定中无此项。

（18）现场数据比对验收精确至一位小数

HJ 75—2017 规定中 9.4.3 现场数据比对验收中提出精确至一位小数。上位机接收数据与现场机存储数据一致性，精确至一位小数。系统数据设置要求细化。HJ/T 75—2007 规定中无此项。

（19）联网验收技术指标要求变更

HJ 75—2017 规定中 9.4.5 的联网验收技术指标要求变更中提出现场机在线率 95%，每日掉线次数 3 次内，数据传输正确性要求精确至一位小数。联网验收要求提高。HJ/T 75—2007 规定 7.6 联网验收技术指标要求。

（20）新增了 CEMS 不能满足技术指标失控下校准、维护、校验间隔周期

HJ 75—2017 规定中 11.1 一般要求中提高了日常运行质量保证要求。HJ/T 75—2007 规定中无此项。

（21）定期校准周期变短

HJ 75—2017 规定中 11.2 定期校准无自动校准功能颗粒物 CEMS 15 天，无自动校准功能抽取式气态污染物 CEMS 7 天，无自动校准功能流速 CEMS 30 天。定期校准周期变短。HJ/T 75—2007 规定的 9.1 定期校准中提出定期校准无自动校准功能颗粒物 CEMS 3 个月，无自动校准功能抽取式气态污染物 CEMS 15 天，无自动校准功能流速 CEMS 3 个月。

（22）定期维护内容周期变更

HJ 75—2017 规定中 11.3 定期维护内容周期不做严格规定。HJ/T 75—2007 规定的 9.2 定期维护 定期清洗隔离烟气和光学探头 30 天，检查 CEMS 过滤器 3 个月，流速探头积灰 3 个月。

（23）无自动校准功能测试单元校验周期变短

HJ 75—2017 规定中 11.4 定期校验的无自动校准功能测试单元校验是 3 个月。根据是否具备自动校准功能，区分校验周期。HJ/T 75—2007 规定中 9.3 定期校验是 6 个月。

（24）故障响应排除时间变短

HJ 75—2017 规定中故障响应排除时间变短，对日常运维工作要求提高。

（25）校准校验周期变短并且比对抽查样品数增加

HJ 75—2017 规定中 11.6 定期校准校验技术指标要求中校准校验周期变短，比对抽查样品数增加。HJ/T 75—2007 规定中 9.4 提出的是烟气 CEMS 失控数据判别。

（26）明确相应时间段数据效力

HJ 75—2017 规定中 12.1.1 CEMS 数据有效时间段和无效时间段提出了明确相应时间段数据效力。

（27）对 CEMS 停运条件、程序、停运期间数据效力补充规定

HJ 75—2017 规定的 12.1.2 CEMS 停运及停运期间数据效力中提出对 CEMS 停运条件、程序、停运期间数据效力的补充规定，对停运条件和停运期间日常巡检和维护明确要求。HJ/T 75—2007 规定中无此项。

（28）失控时段数据处理及选取变更

HJ 75—2017 规定中 12.3 的表 5 失控时段数据处理办法提到对选取值的变更。HJ/T 75—2007 规定中的 10.2 表 1 缺失数据处理方法。

（29）无效时段数据处理及选取变更

HJ 75—2017 规定中 12.3 的表 6 无效时段数据处理办法提到对选取值的变更。HJ/T 75—2007 规定中的 10.5 表 2 缺失数据处理方法。

23 什么是 CEMS？

CEMS 是英文 Continuous Emission Monitoring System 的缩写，是指对大气污染源排放的气态污染物和颗粒物进行浓度和排放总量连续监测并将信息实时传输到主管部门的装置，被称为"烟气自动监控系统"，亦称"烟气排放连续监测系统"或"烟气在线监测系统"。CEMS 分别由气态污染物监测子系统、颗粒物监测子系统、烟气参数监测子系统和数据采集处理与通讯子系统组成。气态污染物监测子系统主要用于监测气态污染物 SO_2、NO_x 等的浓度和排放总量；颗粒物监测子系统主要用来监测烟尘的浓度和排放总量；烟气参数监测子系统主要用来测量烟气流速、烟气温度、烟气压力、烟气含氧量、烟气湿度等，用于排放总量的积算和相关浓度的折算；数据采集处理与通讯子系统由数据采集器和计算机系统构成，

实时采集各项参数，生成各浓度值对应的干基、湿基及折算浓度，生成日、月、年的累积排放量，完成丢失数据的补偿并将报表实时传输到主管部门。烟尘测试由跨烟道不透明度测尘仪、β射线测尘仪发展到插入式向后散射红外光或激光测尘仪以及前散射、侧散射、电量测尘仪等。根据取样方式不同，CEMS 主要可分为直接测量、抽取式测量和遥感测量 3 种技术。

24 颗粒物 CEMS 的安装位置有哪些基本要求？

① 颗粒物 CEMS 应安装在能反映颗粒物状况的有代表性的位置上，必须优先安装在垂直管段。

② 位于所有颗粒物控制设备的下游，且监测位置处不漏风。

③ 光学原理的颗粒物 CEMS 所在测定位置没有水滴和水雾，且不受光线的影响。

④ 便于日常维护，安装位置易于接近，有足够的空间，便于清洁光学镜头、检查和调整光路准值、检测仪器性能和更换部件等。

⑤ 测定位置应避开烟道弯头和断面急剧变化的部位，设置在距弯头、阀门、变径管下游方向不小于 4 倍直径，和局上述部件上游方向不小于 2 倍直径处，当安装位置不能满足要求时，应尽可能选择气流稳定的断面，但安装位置前直管段的长度必须大于安装位置后管段的长度。

25 CEMS 测量流速的原理是怎样的？

目前 CEMS 测量流速的方法都是按照皮托管原理设计的，即测量烟气的动压差，然后根据公式计算出流速。一般现场都是通过一个安装在皮托管头部的压差变送器来实现流速的测量与传输。这种测量方法对烟气流场的稳定性要求很高，有条件的一定要按规定安装。

26 CEMS 中为什么要测氧含量？

这是环保要求的，SO_2 的浓度要折算到 6% 的含氧量后，才能折算效率。测量氧含量的作用是确定烟气的空气过剩系数，以方便计算折算后的 SO_2 浓度。

27 测量烟气中催化剂细粉的滤筒有何技术要求？

滤筒是一种捕集率高、阻力小、便于放入烟道内采样的捕尘装置。常用的是玻璃纤维滤筒，玻璃纤维滤筒由超细玻璃纤维制成，对于 $0.5\mu m$ 以上的尘粒的捕集效率达 99.9% 以上。适用于 500℃ 以下的烟气采集。滤筒准备时需要进行认真的筛选，滤筒太薄、太厚及厚薄不均匀的要剔除，这是因为筒壁致密不均匀、筒壁表面稀疏的滤筒在测量和称重时容易部分掉落；筒壁太薄，强度太低，监测过程中容易破裂；筒壁太厚，采样阻力较大，影响尘粒吸入。监测过程中，还必须有空白滤筒的全程伴随，作为该批滤筒的误差校正。应将检验合格的滤筒用铅笔编号，在 105~110℃ 的烘箱内烘烤 1h，取出置于干燥箱内，冷却至室温，用万分之一天平恒重。当滤筒在 400℃ 以上高温排气中使用时，为减少滤筒本身减重带来的误差，应预先在 400℃ 高温箱中烘烤 1h，然后放入干燥箱中，冷却至室温，称量至恒重。

28　对于外排烟气要控制镍含量的催化裂化装置如何采取控制措施?

2015 年颁布的《石油炼制工业污染物排放标准》(GB 31570—2015)催化裂化再生烟气污染物镍及其化合物的排放限值为 $0.5mg/m^3$。如果外排烟气的镍含量变化就先查催化装置的平衡剂上的镍含量有什么变化。其次是如果粉尘脱不下来，那外排烟气镍就高，而且催化剂细粉上的镍含量比平衡剂上的镍含量还要高。脱硫塔的洗涤效果不好就先查浆液循环和滤清模块的洗涤是否出问题了。排查喷嘴是否工作状态正常，逐级排查脱硫塔一级一级的脱除设备是否正常，这也包括最后的水珠分离器的排查。浆液循环需要排查流量是否出现变化而偏离设计条件，这可以查浆液循环系统处于脱硫塔附近的压力表的读数，可以查浆液循环泵的电流，如果浆液循环设计了流量计就可以直接观察流量计的变化情况。对于滤清模块要排查循环泵的工作情况，滤清模块的液位情况以及是否有结垢现象等等。对于水珠分离器或者除雾器也要相应检查相关的运行状况。其中滤清模块是脱除小颗粒的重要设备，其工作状况和流量以及差压有直接相关性，要看滤清模块的流量是否处于设计值。在脱硫塔的流量远远低于滤清模块的流量设计值时，细小粉尘的脱除效果会比较差。对于不同的湿法脱硫工艺，脱硫塔的各个部分的名称上会有一些差异，但是大致的操作原理是完全一致的，所有湿法脱硫工艺都可以参照本操作思路进行优化，通过控制催化裂化平衡剂上的镍含量，或者控制催化裂化原料的镍含量，再把脱硫塔的浆液循环的洗涤效果、滤清模块的洗涤效果、水珠分离器或者除雾器的分离效果调整至最佳工况，就可以较好地控制外排烟气镍含量。

第二章 催化裂化烟气污染物特性

1 炼油厂催化裂化装置的烟气有哪些特点?

① 催化裂化装置的烟气总量比燃煤火力发电厂的锅炉烟气量要小。

② 催化裂化装置的烟气中 SO_2 总量及浓度比燃煤火力发电厂锅炉烟气的 SO_2 总量及浓度低得多。

③ 催化裂化装置的烟气中的固体(催化剂粉尘)总量比采用石灰作为反应物所生成的固体物要低得多。

④ 催化裂化烟气中的主要污染物为 SO_x、NO_x 和粉尘,一般脱除这些污染物需要使用吸收剂并会产生固体产物。现有装置内没有更多的预留空地用于新增的吸收剂或固体产物的中间储存,但有完善的碱液(NaOH)储存、配制以及废碱液处理设施和完善的 SO_2 处理(硫黄回收)设施可供利用。

⑤ 烟气的脱硫设施连续运行周期应与催化裂化装置一致。

⑥ 催化裂化装置"吹灰"时烟气含尘量会大幅度增加,烟气含尘波动大。

⑦ 催化裂化烟气中催化剂上的微量元素可能会影响烟气脱硫设施的运行。

⑧ 催化裂化烟气中的催化剂硬度大,对设备磨损能力极强,对烟气脱硫设施的设备材质等级要求高。

⑨ 催化裂化烟气中的催化剂较多是粒径为 $2 \sim 3 \mu m$ 的催化剂细粉末,该粉末具有较大的催化剂比表面积,吸水性较好,很难实现固-液的彻底分离。

⑩ 炼油厂催化裂化装置的烟气中的污染物总量和催化裂化工艺有着直接的关系,国内外的各种催化裂化工艺千差万别,催化裂化工艺的特征往往影响着污染物的处理技术的选择。

2 催化裂化烟气中可能含有哪些气体?

催化裂化烟气中含有二氧化碳、一氧化碳、氧气、氮气、水蒸气、二氧化硫、三氧化硫、氮氧化物等。对于两个再生器分别是贫氧和富氧再生，烟气中的一氧化碳没有完全烧尽的催化裂化装置，烟气中还会有微量的甲烷和氨气。另外，烟气中的一氧化碳含量较高的情况下，氮氧化物含量就相对偏低，因此，对于烟气中一氧化碳含量较高的装置不必考虑增加脱硝措施。以上列举一组催化裂化装置的典型烟气组成（见表2-1）。

表2-1 某等高并列式两段再生催化裂化装置的混合烟气组成分析

烟气组成	数 值	烟气组成	数 值
H_2O（体积分数）/%	9.22	NO/（μL/L）	0.7
CO_2（体积分数）/%	13.79	NO_2/（μL/L）	1.2
CO/（μL/L）	8233	SO_2/（μL/L）	475
O_2（体积分数）/%	1.8	NH_3/（μL/L）	91
N_2O/（μL/L）	0	CH_4/（μL/L）	62

3 如何根据烟气中 CO_2、CO 和 O_2 的含量来判断烟气采样是否合格？

催化裂化烟气离线采样非常容易出现采样不合格问题，当采样气袋出现漏入空气等问题出现烟气采样不合格时，可以通过烟气中 CO_2、CO 和 O_2 的组成特征或通过计算焦中氢含量来判断烟气采样是否合格。对于常规单段再生工艺，烟气中 $CO_2+1/2CO+O_2$ 之和一般在 18.0%～18.6%；对于两段再生工艺，第一再生器的烟气组成 $CO_2+1/2CO+O_2$ 之和一般在 18.0% 以下，而第二再生器的烟气组成 $CO_2+1/2CO+O_2$ 之和一般在 18.6% 以上。烟气组成分析数据的准确还会受分析方法等方面的影响。当烟气分析采用奥氏法时应准确配制吸收液、并及时更换吸收液，按规程进行分析。烟气组成分析数据的准确与否还可通过焦炭中氢含量的计算结果来判断，通常焦炭中氢的质量分数为 6%～9%，如果焦炭中氢的质量分数大于 12%、或小于 5% 则需重新采样分析。如果通过 CO_2、CO 和 O_2 含量已判断出烟气采样不合格，那么该烟气的 SO_2、SO_3 和 NO_x 等分析数据也不要再采用。

4 烟气中影响二氧化硫含量的主要因素有哪些？

催化裂化排放的烟气中二氧化硫含量除了和原料中的硫含量有关，还和再生剂的碳含量、过剩氧含量、焦炭产率有一定关系。实验研究表明，利用催化裂化平衡剂，在再生温度732℃和原料硫含量1.5%的情况下，通过实验数据回归得到二氧化硫排放量和再生剂的碳含量、氧含量、焦炭产率之间的关系，具体关联式如下：

$$m_{SO_2} = 61 + 201 \times CRC - 33 \times m_{O_2} + 41 \times CK$$

式中　m_{SO_2}——二氧化硫的排放浓度，μg/g；

　　　　CRC——再生剂的碳含量，其数值范围在 0.06%~0.17%；

　　　　m_{O_2}——氧含量，其数值范围在 1.08%~3.50%；

　　　　CK——焦炭产率，其数值范围在 5.42%~8.40%。

5　烟气中的氮氧化物有哪几种来源？其产生过程如何？

　　燃烧过程中所产生的氮氧化物 NO_x 主要是 NO 和 NO_2，其中 NO 约占 90% 以上，而 NO_2 只占 5%~10%。因而在研究 NO_x 生成时，一般主要讨论 NO 的生成机理。从 NO 的生成机理来看，NO_x 的来源主要有热力型、燃料型和快速型三种类型。

　　燃烧时空气中带来的氮，在高温下与氧气反应生成 NO，它被称为"热力型 NO_x"。NO 的生成机理可用以下反应来说明：

$$N_2 + O \Longrightarrow NO + N \tag{1}$$

$$N + O_2 \Longrightarrow NO + O \tag{2}$$

　　式（1）是控制步骤，因为它需要高的活化能，反应较难发生，因而在火焰中不会生成大量的 NO。当燃烧温度低于 1500℃时，热力型 NO_x 的生成量极少，几乎观测不到；当燃烧温度高于 1500℃时，这一反应才变得明显。实验表明，温度在 1500℃附近变化时，温度每增大 100℃，反应速度将增大 6~7 倍。由此可见，温度对这种 NO_x 的生成具有决定性的影响，故称为热力型 NO_x。热力学计算也表明，只有当温度高于 1760℃和有过量的氧气存在的情况下，N_2 才可能直接氧化。以可燃性气体和油为燃料情况下的热力型 NO_x 生成浓度和温度对应关系见图 2-1。由于催化裂化再生的温度不够高，因此产生的热力型 NO_x 可以忽略不计。

　　来自燃料或原料中固有的氮化合物，经过复杂的化学反应所产生的氮的氧化物，称为"燃料型 NO_x"。原料中的部分有机氮会以焦炭的形式沉积在催化剂上，其中一部分有机氮是催化剂积焦的母体，当这种以氮原子为母体的焦炭在再生器中再生时，氮被氧化形成 NO_x。燃料型 NO_x 是燃料中的 N 原子与氧结合生成 NO_x 的前驱物，NO_x 的前驱物在过剩空气系数为 1 的条件下燃料型 NO_x 的生成量最大，如图 2-2 所示。

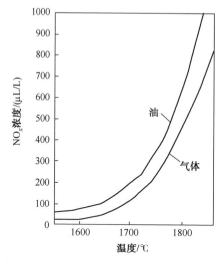

图2-1　以可燃性气体和油为燃料的热力型
NO$_x$生成浓度和温度对应关系

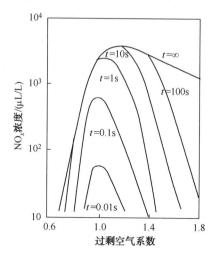

图2-2　燃料型NO$_x$生成浓度和
过剩空气系数的对应关系

分子氮在火焰前沿的早期阶段，在碳氢化合物的参与影响下，经过中间产物转化的NO$_x$，称为"快速型NO$_x$"。快速型NO$_x$是燃料挥发物中的碳氢化合物高温热分解生成的CH自由基，和空气中的氮反应生成HCN和CN，再进一步与氧作用以极快的反应速率生成NO$_x$，其形成时间只需约60ms。所生成的这种NO$_x$与炉膛的压力的0.5次方成正比。快速型NO$_x$的生成量和温度的关系不大。

油品中的氮一般以氮原子的状态与各种碳氢化合物结合成氮的环状或链状，以N—H或N—C键的形式存在，N—H与N—C比空气中氮分子 N≡N 键能小很多，更容易氧化断裂生成NO$_x$，所以燃料型NO$_x$比热力型NO$_x$更容易形成。在催化裂化再生过程中产生的绝大部分氮氧化物是"燃料型NO$_x$"。

6　**通过燃料燃烧过程控制NO$_x$排量的策略有哪些?**

NO$_x$生成的一般规律是燃烧环境中的氧气浓度越高，温度越高以及温度场越不均匀，生成量越大。所以在日常运行时应该尽量做到:

① 减少燃烧空间中的氧浓度，即降低过量空气系数;

② 在有过剩空气的条件下，降低局部高温和平均温度水平;

③ 缩短燃烧产物在高温高氧燃烧区内的停留时间;而在氧浓度较低的条件下，则应维持足够的停留时间，使燃料中的N不易生成NO$_x$，并使已有的NO$_x$经

过均相和多重均相反应被分解还原；

④ 加还原剂，使 NO_x 生成 CO、NH 和 HCN，可将 NO_x 分解还原。

分级燃烧降低 NO_x 排放技术是降低 NO_x 排放的一种有效手段。分级燃烧是通过调整燃烧区及临近区域内空气和燃料的混合状态，使燃料经过"富燃料燃烧"和"富氧燃烧"两个阶段，实现 NO_x 生成量下降的燃烧控制技术。在富燃料燃烧阶段，由于氧气浓度较低，抑制了热力型 NO_x 的生成。同时，不完全燃烧使中间产物（如 HCN 和 N ）将部分已生成的 NO_x 还原成 N_2，减少了燃料型 NO_x 的生成。在富氧燃烧阶段，燃料燃尽，但由于此区域温度已降低，新生成的 NO_x 量有限，因此，总体上 NO_x 的排放量减少。

很多因素会影响到分级燃烧时 NO_x 的生成，具体原因可归结为燃料本身特性的影响和燃烧条件的影响。燃烧条件的影响主要有燃料与空气的比例、燃烧后烟气的停留时间、主要燃烧区的温度水平、各级空气比例、主要燃烧区过剩空气系数、配风方式等，这些因素又互相影响，因此要取得降低 NO_x 排放的最佳效果，必须综合考虑各方面因素。对于有两个再生器的催化裂化或在再生器可实现分级燃烧的催化裂化，可通过改变再生器的烧焦比例、烟道补风流量、余热锅炉补燃状况以及补风的温度来降低 NO_x 的排放。

7 在催化裂化再生器里面发生的影响氮氧化物产生的主要化学反应有哪些？为什么在烟气中一氧化碳含量高的情况下，氮氧化合物反而偏低？

氮氧化物在再生器里面发生的主要反应如下：

$$2NH_3 + 2.5O_2 = 2NO + 3H_2O$$
$$2NH_3 + 3.5O_2 = 2NO_2 + 3H_2O$$
$$2NH_3 + 1.5O_2 = N_2 + 3H_2O$$
$$2NH_3 + 3NO = 2.5N_2 + 3H_2O$$
$$4NH_3 + 4NO + O_2 = 4N_2 + 6H_2O$$
$$NO_2 + CO = NO + CO_2$$
$$NO + CO = 0.5N_2 + CO_2$$

催化裂化反应首先将原料中的氮转化为 HCN，HCN 又转化为 NH_3，HCN 和 NH_3 都是中间产物，在有氧气存在情况下，HCN 和 NH_3 会被进一步氧化为氮气和氮氧化物。因此，在不完全再生情况下，烟气中会有 HCN 和 NH_3 存在，同时不完全再生存在的 CO 也促进氮氧化物进一步转化为氮气。因此，在烟气当中一氧化碳含量高的情况下，氮氧化合物反而偏低。

8　为什么在完全再生情况下催化裂化烟气中含有较多的氮氧化物？

在完全再生情况下，再生烟气会产生相对较多的氮氧化物。氧气浓度是影响氮氧化物的一个重要因素，随着氧气浓度的增加，相应的氮氧化物的浓度也会增加。但是当烟气当中的过剩氧含量超过一定量（一般为6%~7%）时，氮氧化物也不会再继续增加。在局部氧气过量，如增加烧焦气体中氧含量，但控制整个装置氧气含量的情况下，再生烟气氮氧化物浓度反而会下降，这一燃烧特点也被应用于设计可降低再生烟气氮氧化物的再生器。

烟气中的绝大多数氮氧化物都来自于催化裂化进料，蜡油催化裂化装置进料中大约50%的氮随平衡剂进入再生器（典型的蜡油催化裂化产物中的氮分布见表2-2），掺炼一定比例渣油的催化裂化装置进料中的氮随平衡剂进入再生器的量会比蜡油催化裂化更多（典型的掺炼渣油催化裂化产物中的氮分布见表2-3）。进入再生器的氮有5%~20%被氧化成氮氧化物（大部分为NO），其他转化为氮气。其中Pt(Pd)CO助燃剂的加入会进一步增加烟气中的氮氧化物含量，具体关联式如下：

$$m_{NO_x} = 40 + 0.2m_N + 1.25m_{O_2} + 105m_{Pt}$$

式中　m_{NO_x}——烟气中氮氧化物含量，10^{-6} mol/mol；

　　　m_N——原料中的总氮，μg/g；

　　　m_{O_2}——再生器中过剩氧含量，%；

　　　m_{Pt}——催化剂上的铂含量，μg/g。

表2-2　典型的蜡油催化裂化产物中的氮分布

氮分布/%	大庆减压二线油	辽河减压二线油	胜利减压一线油
气体产物及含硫氮污水中的氨氮	6.9	4.2	7.5
液体产物中的氮	40.4	49.6	32.8
汽油	2.7	1.7	2.3
柴油	7.7	10.3	14.1
油浆	30.0	37.6	16.4
焦炭中的氮	52.7	46.2	59.7

表 2-3　典型的掺炼渣油催化裂化产物中的氮分布

氮分布/%	长庆(VGO/AR)	中原(VGO/VR)	管输(VGO/VR)
气体产物及含硫氮污水中的氨氮 + 焦炭中的氮	89.6	88.1	72.7
液体产物中的氮	10.4	11.9	27.3
汽油	~1.0		1.7
柴油	9.4		7.3
油浆	—		18.3

9　烟气中的 CO 如何实现燃烧转化？CO 燃烧的主要影响因素是什么？

通常影响燃烧过程的主要因素是燃烧过程所需的总时间(T)和空气燃料比(AF)，该因素可作为锅炉和其他设备的结构设计和评价标准。燃料只有达到着火点温度时才可能燃烧，CO 的着火点为 610~680℃，当温度高于着火温度时，若燃烧过程的放热速率高于散热速率，才能使燃烧过程继续进行。通常"干燥"的 CO 与 O_2(或空气)接触，在 700℃ 以下不会发生反应，超过 700℃ 才能着火，当 CO 和 O_2 的混合物掺有 H_2O(称为潮湿气)或 H_2 时，才可能快速燃烧。燃烧过程所需的总时间为：

$$T = t_{hh} + t_{jr} + t_{hf}$$

式中　t_{hh}——混合需要的时间，即可燃分子与氧按一定浓度混合(扩散)达到分子间接触所需要的时间；

t_{jr}——混合后的可燃混合物达到开始燃烧反应温度所需要的时间；

t_{hf}——完成燃烧化学反应所需要的时间。

所以燃料在高温区的停留时间应超过燃料燃烧所需的时间才能保证燃料充分燃烧。这主要决定于燃烧室的大小和形状。燃料与空气的混合程度取决于空气的湍流度，若混合不充分将导致不完全产物的产生，即 CO 的燃烧不完全。如果空气燃料比(AF)不足，燃烧就不完全；相反空气量过大也会降低炉温，增加锅炉的排烟损失。

10　如何降低催化裂化烟气中的氮氧化物？

① 烟气中氮氧化物含量高低的决定因素是催化裂化装置的原料性质，因此在合理的范围内降低原料中的氮含量是最有效地降低氮氧化物措施。

② 根据氮氧化物的反应机理可知，通过加注助剂可改变反应过程，因此使

用助剂也是较好的降低氮氧化物措施。

③在能够满足生产要求的情况下，以最小量加入 Pt(Pd)CO 助燃剂有利于降低烟气当中的氮氧化物。

④通过设计手段改善再生器床层烧焦状况可以达到降低烟气中氮氧化物的目标。

⑤优化和改进反应器的汽提段设计，使尽可能少的氮随平衡剂进入再生器有利于降低烟气中的氮氧化物。

⑥再生器和余热锅炉里面尽可能控制较低的过剩氧含量有利于降低烟气中的氮氧化物。

通过以上措施都无法降低烟气中的氮氧化物含量时，可进一步考虑增加烟气脱硝工艺来解决。

11 催化裂化使用降低烟气中 SO_x 助剂对降低氮氧化物有何影响？

在含有无机还原性组分(例如二氧化铈)的催化剂颗粒上，NO 能够被还原成 N_2，而绝大部分降低烟气中 SO_x 助剂含有无机还原剂组分，因此在降低 SO_x 助剂颗粒上也能将 NO 还原成 N_2，使用这一类含无机还原剂组分的降低 SO_x 助剂有助于降低烟气中的氮氧化物。

12 富氧再生对烟气中的氮氧化物有何影响？

由于分布板区富氧气体加速了碳和氮的氧化速度，使得处于上部的密相区的氮浓度减少，一氧化碳浓度增加，从而促进了氮氧化物的还原反应，因此富氧再生工艺有利于降低烟气中的氮氧化物。

13 逆流形式的再生器设计形式对烟气中的氮氧化物有何影响？

采用逆流形式的再生器设计可使含碳待生剂分布在催化剂床层的顶部表层，由于一氧化碳和催化剂上焦炭的还原作用，会使烟气中的氮氧化物降低。其反应机理如下：

$$2C + 2NO \longrightarrow 2CO + N_2$$

再生器的结构对焦炭中所含氮转化为 NO_x 影响非常大。对于氮含量一定的焦炭而言，与其他类型的再生器相比，逆流再生器(KBR 公司称其为正流式再生器)可以使烟气中的 NO_x 减少60%~80%。

14　CO 助燃剂对烟气中的氮氧化物有何影响？

CO 助燃剂对烟气中氮氧化物的影响既与 CO 助燃剂的活性组分有关，又与再生器的形式有关。

目前应用最广泛的助燃剂是以铂和钯为活性组分，载体是 Al_2O_3 或 $SiO_2 - Al_2O_3$，活性组分的含量通常是 $100~800\mu g/g$。在完全再生的催化裂化装置中，烟气中的 CO 在助燃剂的作用下几乎全部转化为 CO_2，这种情况下烟气中的氮氧化物相对较高，有时候可通过适当控制 CO 助燃剂加入量降低烟气中的氮氧化物。在不完全再生的催化裂化装置中，如果第一再生器是在贫氧情况下操作，第二再生器是在富氧情况下操作，第一再生器和第二再生器烟气混合燃烧后，烟气中的 CO 含量如果依然较高，那么烟气中的氮氧化物可能会很低，甚至低于 $50\mu g/g$。另外，助燃剂对烟气中氮氧化物的影响不仅和助燃剂本身所含的贵金属铂、钯的含量有关，还和助燃剂的贵金属分散情况、助燃剂基质的类型、助燃剂相对于催化剂的耐磨性有关。即使同样使用贵金属助燃剂，助燃剂对氮氧化物的影响也有一定区别。对于完全相同的条件，使用钯助燃剂时烟气当中的氮氧化物要比使用铂助燃剂时低 20%左右。

非贵金属 CO 助燃剂在催化裂化装置也有一定范围的应用，这一类助燃剂因作用机理和 Pt(Pd) 助燃剂不同，对烟气中氮氧化物的影响也不同。以 Triadd FCC Additives 公司开发的 PROMAX2000 助燃剂为例，该助燃剂不含任何贵金属，取代上述 CO 直接燃烧的催化作用，这种物质能促进 CO 对 NO 的还原，反应方程式可用下式表达：

$$2CO + 2NO \longrightarrow N_2 + 2CO_2$$

焦炭中的氮在再生器中燃烧最初生成中间体 NO_x，然后与环境中存在的还原剂(CO、NH_3、焦炭)反应，还原的程度取决于氧过剩量、温度、焦炭中 N 含量、停留时间等因素。通过上述机理的有效催化，PROMAX2000 助燃剂使得 NO_x 还原成 N_2。对于这一类的非金属 CO 助燃剂，CO 助燃剂的加入会降低烟气中的氮氧化物。北京大学也曾研究过可同时助燃和降低氮氧化物的稀土助剂，在中国石化某分公司二催化的试用情况表明，该稀土助剂可将烟气当中的氮氧化物从 $480\mu g/g$ 降低至 $240\mu g/g$，但是同时也发现了该助剂使催化剂上的铜含量和干气中氢气含量增加的情况。

第三章　烟气脱硫除尘脱硝技术

第一节　烟气脱硫除尘技术

1 催化裂化装置的烟气脱硫技术的选择原则是什么？

① 达到国家和地区的污染物排放标准要求。二氧化硫的排放控制日益严格，因此对于脱硫效率低于90%的干法及半干法烟气脱硫技术的应用产生了一定限制，催化裂化烟气脱硫工艺的选择必须能满足国家污染物排放标准的要求。同时，烟气脱硫工艺的选择也应该考虑控制潜在的二次污染，例如吸收剂的制造和调配过程对周围环境的影响，脱硫副产品无害化处置的可能性等。

② 符合循环经济和清洁生产的原则。脱硫副产品的可利用性是工艺选择的另一关键，另外，也要考虑吸收剂的易获得性和易使用性。

③ 具有较好的技术经济指标。烟气脱硫装置的投资及运行费用必须符合企业实际情况，使企业能够建得起，用得上。采用可回收法时，则根据脱硫副产品的销售情况来确定。综合考虑脱硫、脱硝、除尘一体化，首先考虑减量化，其次从资源化、低成本化并结合副产品的价格和销路等因素考虑最大化减少污染物的排放数量。

④ 满足企业的使用条件。企业采用的脱硫技术必须充分考虑工艺和设备的成熟程度，特别是在防止腐蚀、结垢、堵塞等方面。要求烟气净化系统具有较高的可靠性，对上游催化裂化装置的影响最小，对事故工况的适应能力强，能够满足与催化裂化装置同步运行的要求，烟气脱硫设施的连续运行周期应与催化裂化装置一致。此外，还要考虑装置占地的大小以及对催化装置运行状况的影响。国内催化裂化装置大多设有烟气能量回收部分，利用烟机和余热锅炉来回收烟气能量，烟机出口压力约为8kPa(表)，经过烟道和余热锅炉后，压力已经变为常压或者微负压。要增上烟气洗涤技术就必须加在余热锅炉后、烟囱前，即要求达到比

较好的洗涤接触传质吸收，又要压降低，烟气洗涤部分的压降增加，会提高烟机出口压力，降低烟机的能量回收效率，同时，还要兼顾余热锅炉的设计压力，使余热锅炉的承压不能太高。湿法烟气洗涤后的催化烟气温度降低，密度增加，需要核算烟囱的抽力能否满足要求。

2 如何评价烟气脱硫除尘技术的优劣？

① 该技术要安全可靠，要尽可能避免给催化裂化装置运行带来隐患。部分催化裂化装置带有外取热器、内取热器或高温取热器，当这些取热设备发生爆管时会有大量蒸汽和催化剂随着烟气涌向烟气脱硫除尘设备，如果在这部分设备中存在易积存催化剂的部位就极易造成催化裂化装置的再生器憋压，从而影响催化裂化装置运行安全。

② 该技术要能很好地适应催化裂化装置的不同加工负荷，要有较好的操作弹性。催化裂化装置是炼油厂十分重要的生产装置，其加工负荷也会因炼油厂加工方案的不同而进行调整。烟气脱硫除尘技术在催化裂化装置处于不同负荷的情况下，不能出现脱硫除尘数据不合格问题，不能出现正常的气液相平衡和水平衡被严重破坏的问题。

③ 该技术要操作简单，尽可能少地增加操作人员的工作量。不同技术差异较大，最简单的烟气脱硫除尘技术几乎不需要额外增加操作员，完全可以依托原有催化裂化装置的操作员完成烟气脱硫除尘日常操作和维护。

④ 该技术的总压降要小。压降越大，对余热锅炉炉墙的耐压要求越高。如果余热锅炉内烟气压力较高就极易引起炉墙泄漏，这些随烟气泄漏出来的有害气体会给现场操作人员带来人身伤害，而且炉墙的设备维护工作量会大大增加。烟气脱硫除尘部分总压降的增加也会导致烟机发电量下降。

⑤ 该技术最好能较灵活地在现场布置设备。对于新建催化裂化装置较容易和烟气脱硫除尘部分进行一体化设计，而大部分已建成的催化裂化装置在平面上都没有预留烟气脱 SO_x、NO_x 设施的位置，同时催化余热锅炉或 CO 锅炉与烟囱之间的距离很短，平面和空间都受限制，对于现有催化裂化装置再增上烟气脱硫除尘设备则难以在现场找到合适的装置建设空间，工程设计和工程施工难度大。如该技术能较灵活地在现场布置设备，那么会极大地增强该技术的竞争力。

⑥ 该技术的设备投资要低。脱硫和除尘过程最好能够同时进行，脱硫和除尘分开进行会较大幅度地增加设备投资。如果先将烟气在气相状态下进行除尘，

31

再在液相环境中进行脱硫，那么脱硫的环境里也还会有催化剂存在，这部分残留的催化剂依然会对脱硫设备造成严重的磨损，若脱硫液用于循环再生，那么脱硫液也会被催化剂污染。如果先将烟气在液相环境下进行除尘，那么这部分用于除尘的液体会吸收烟气中的大量的二氧化硫和少量的三氧化硫、盐酸、氢氟酸，导致这部分液体具有强酸性，极易造成设备的严重腐蚀，如要在如此严重的腐蚀环境下采取防腐措施，会极大地增加设备投资。

---

3 降低催化裂化烟气 SO_x 技术有哪些?

已经工业应用的降低 SO_x 技术主要有原料选择、原料加氢脱硫、SO_x 转移助剂和烟气脱硫(见表3-1)。

表 3-1 降低 SO_x 技术

技术名称	技术介绍	特点
原料选择	通过选取轻质含硫少的原油作为原料，控制原料中的硫含量，以减少烟气中硫化物的排放	受原油性质和二次加工装置类型及能力影响，选择余地较窄，在全球原油逐渐偏向重质化的过程中，原料含硫量会越来越高，因此只有有条件的企业才可以考虑采取原料选择的措施
原料加氢脱硫	通过加氢处理可脱除原料中的部分硫和氮，原料加氢不但增加了催化裂化原料油的氢含量，而且可以降低重金属和残炭	要使焦炭中硫含量降至 0.5% 以下，原料中含硫量则要在 0.2% 以下，原料加氢会使加工费用较大幅度上升，但现阶段面临的问题是即使经过原料加氢预处理、催化原料硫降低到一般程度也难以满足新的催化烟气排放标准。因此，很多原料虽然经过脱硫，但是由于环保要求的严格，催化烟气仍需进一步进行脱硫
SO_x 转移助剂	SO_x 转移助剂掺和在 FCC 催化剂内，一起在反应器和再生器内循环。在再生器内，SO_x 转移助剂和 SO_3 发生反应在转移剂表面形成稳定的金属硫酸盐。在提升管反应器的还原气氛中，硫酸盐中的硫以 H_2S 的形式释放出来，与裂化反应生成的 H_2S 一起，作为硫黄回收装置的原料，进行硫的回收	该方法是最便宜的方法，不需要新的投资。但该方法也存在着只脱硫不除尘的弊病，由于环保的要求，对烟气中的含尘量也有要求，需增加烟气除尘设施等
烟气脱硫	通过将烟气中的 SO_x 吸收或中和，使烟气中的 SO_x 脱除，以实现达标排放的要求	该技术需要较多的投资和较高的操作费用，但该技术是降低烟气中 SO_x 的最后一道防线，也是最稳定的一个方法。烟气洗涤脱硫的脱除效率最高，而且达到了同时除尘的目的，在国内外普遍应用

4 **催化裂化原料中的硫发生催化裂化反应后的转化情况如何?**

一般原料中的硫在催化裂化反应器发生反应后有45%~55%转化为H_2S,35%~45%进入液体产品,5%~15%沉积在焦炭上,典型的蜡油催化裂化产物中的硫分布如表3-2所示。值得特别提示的是,如果催化的原料经过了加氢,那么沉积在焦炭上的硫含量可以达到30%左右,这样将有大量的二氧化硫会进入后部的烟气脱硫系统。焦炭上的硫随催化剂循环进入再生器后氧化成SO_x。对于完全燃烧的催化裂化装置,几乎所有从再生器出来的硫都是以SO_2和SO_3的形式存在。对于部分燃烧运行条件下的再生器中不但含有SO_2和SO_3,还包括羰基硫(COS)、二硫化碳(CS_2),甚至根据再生器或混合烟道的操作温度的不同,有的催化裂化装置烟气中还含有H_2S。对于常规催化裂化,一般烟气中SO_x含有约90%左右的SO_2和10%左右的SO_3。具体的催化裂化原料中的硫转移反应网络过程如图3-1所示。

表3-2 典型的蜡油催化裂化产物中的硫分布

原料	胜利蜡油	伊朗蜡油	沙特轻质蜡油
原料硫含量/%	0.65	1.46	2.07
硫分布/%			
硫化氢	45.3	49.5	51.2
汽油	7.4	6.2	7.2
柴油	20.2	19.5	18.2
油浆	13.9	14.1	11.6
焦炭	13.2	10.7	11.8

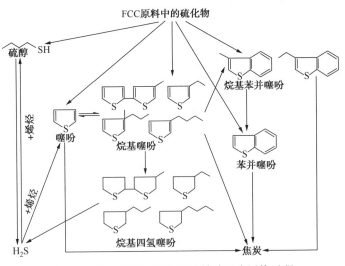

图3-1 催化裂化原料中的硫转移反应网络过程

5 什么是 SO$_x$ 转移剂？各阶段 SO$_x$ 转移剂在组成上有哪些特点？

SO$_x$ 转移剂是催化裂化中用于降低再生烟气中硫化物排放的一类助剂或催化剂。SO$_x$ 转移剂大致可归纳为两类：一类是脱硫催化剂，即催化裂化催化剂本身就包含有硫转移活性组分。另一类是添加剂类型的 SO$_x$ 转移剂，它与 FCC 催化剂的物性相似，在实际生产中应用较为广泛，操作灵活性大。

早在 1949 年，美国 Amoco 公司就开始使用硅镁催化裂化催化剂使焦炭中的硫转化为 H$_2$S，从而减少了烟气中的 SO$_x$ 排放。但是降低 FCC 装置 SO$_x$ 排放的研究工作在 20 世纪 70 年代才真正开始。继 Amoco 公司之后，Arco 公司开发了氧化铝型的 SO$_x$ 转移剂，以后又开发了 Mg-Al 尖晶石型 SO$_x$ 转移剂；1984 年 Arco 公司与 Katalistiks 公司共同开发了 DeSO$_x$ 工业 SO$_x$ 转移剂；1985 年 Katalistiks 公司购买了 Arco 公司的 SO$_x$ 转移技术，取得了全球生产和销售 DeSO$_x$ 的权利，1985 年推出了 DeSO$_x$-KX 系列的 SO$_x$ 转移剂，1988 年又推出了 DeSO$_x$-KD 系列的 SO$_x$ 转移剂，Katalistiks 公司不断改进着 DeSO$_x$ 剂的性能。1988 年全球有 20 套催化裂化装置使用 Katalistiks 公司的 DeSO$_x$ 剂，1992 年全球有 50 套催化裂化装置使用 Katalistiks 的 DeSO$_x$ 剂。在 1992 年以后有关 DeSO$_x$ 剂的专利和文献报道逐渐减少，此时 SO$_x$ 转移剂的技术处于相对稳定的阶段。1995 年 UOP 公司将 Katalistiks 公司的 DeSO$_x$ 剂生产专利权转让给 Grace Davison 公司。当时 DeSO$_x$ 剂在 SO$_x$ 转移剂的市场份额中占到了 90%。

DeSO$_x$™KD-310 于 1986 年推出，它是含钒的镁铝尖晶石（MgAl$_2$O$_4$），该剂在催化裂化装置的总藏量中占 0.5% 就相当有效。非尖晶石类型的 SO$_x$ 转移剂，如像以 Ce 和 V 为活性组分的三元氧化物 MgO-La$_2$O$_3$-Al$_2$O$_3$ 或 MgO-(La/Nd)$_2$O$_3$-Al$_2$O$_3$，被证明同样有效。由含 Ce 和 V 的氧化物的水滑石类化合物制备的 SO$_x$ 转移剂也被证明是十分有效。这类硫转移剂在温度超过 450℃ 时结构发生变化，生成 MgO（方镁石）和 MgAl$_2$O$_4$（尖晶石）。INTERCAT 公司的 SOXGETTER 硫转移剂是镁铝水滑石 [Mg$_6$Al$_2$(OH)$_{18}$4.5H$_2$O]，它有层状结构，SO$_x$ 易接近。表 3-3 列出了部分 SO$_x$ 转移剂的物化性质对比情况。

表 3-3 SO$_x$ 转移剂的物化性质

项 目	SOXGETTER 2002 年	Super SOXGETTER 2003 年	DeSO$_x$ 2001 年	Super DeSO$_x$ 2003 年
堆积密度/(g/cm^3)	0.85	0.85	0.79	0.76
抗磨性(D5757)	1.5	1.3	2.3	2.3

续表

项 目	SOXGETTER 2002年	Super SOXGETTER 2003年	DeSO$_x$ 2001年	Super DeSO$_x$ 2003年
比表面积/(m²/g)	119	119	119	119
化学分析/%				
MgO	39.0	56.1	33.9	36.2
Al$_2$O$_3$	13.1	18.6	48.1	48.3
CeO$_2$	11.4	15.2	10.1	11.0
V$_2$O$_5$	2.8	4.3	2.5	2.7
杂质	0.7	1.0	0.4	0.4
水+结构OH	33.0	5.0	5.0	1.4

注：堆积密度和比表面积数据在SO$_x$转移剂经过732℃热处理后测定。

6 SO$_x$转移剂的作用机理是什么？

SO$_x$转移剂通过类似于催化剂加注的方法加入催化裂化再生器，和催化剂混合在一起循环于反应器和再生器之间。在再生器内，焦炭上的硫燃烧生成SO$_2$和SO$_3$，其中SO$_3$和SO$_x$转移剂在SO$_x$转移剂表面形成稳定的金属硫酸盐MSO$_4$（M代表金属）。然后在提升管反应器的还原气氛中，硫酸盐中的硫以H$_2$S的形式释放出来，与催化裂化反应生产的H$_2$S一起进入到干气和液化气等产品中。脱硫后的SO$_x$转移剂循环至再生器，又具备了捕集SO$_x$的能力。图3-2给出了SO$_x$转移剂在反应器和再生器之间循环过程中所发生的化学反应。

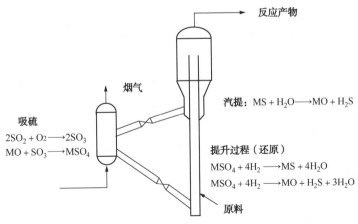

图3-2 SO$_x$转移剂的反应机理图

SO_2要转化为SO_3才可能与SO_x转移剂中的金属氧化物反应，形成硫酸盐。因此，在SO_x转移剂中都含有促进SO_2氧化的成分。如果SO_3与金属氧化物形成硫酸盐太稳定，在提升管反应器内则难以还原为H_2S。研究表明，MgO和La_2O_3形成的硫酸盐的稳定程度适宜。以往的看法是，在提升管的气氛中，H_2使金属硫酸盐还原。近年认为，在提升管反应器内，烃类（HCs）也可以提供氢使硫酸盐还原，其反应式为：

$$MSO_4+HCs \longrightarrow MO+3H_2O+H_2S+(HCs-8H)$$

研究表明钒既促进SO_2转化为SO_3，与MgO和La_2O_3之类的金属氧化物复配，又使金属硫酸盐和硫化物在提升管内更容易释放出H_2S。因此，当今的SO_x转移剂绝大多数含有$1.0\%\sim2.5\%$的钒。

由于SO_x转移剂的反应机理要求SO_3和SO_x转移剂形成稳定的金属硫酸盐MSO_4才能进一步发挥作用，而一般催化裂化烟气中的SO_3含量又远低于SO_2含量，因此使用脱SO_x助剂对于一些装置有着明显的局限性，SO_x转移剂的使用环境要求烟气中含有较高的过剩氧含量，才能充分发挥脱SO_x助剂的效果。一般采用完全再生方式能加快SO_2氧化为SO_3的反应速度，提高SO_x脱除效率；而采用两段再生的催化裂化装置脱SO_x助剂的应用效果一般不明显。

7 按脱硫剂的类型如何对烟气脱硫方法进行分类？这些方法各有哪些优缺点？

烟气脱硫方法根据脱硫剂的类型可分为干法脱硫、半干法脱硫和湿法脱硫。

干法烟气脱硫技术包括应用固体粉状或粒状吸附剂，吸收剂捕获气相中的SO_2以及采用催化剂或其他物理化学技术将烟气中的SO_2活化转化为单质S或易于处理的SO_2等。干法脱硫又分为固定床干法脱硫和流化床干法脱硫，干法脱硫的优点是该技术不用降低烟气的排烟温度，扩散效果好，不需要进行污水处理。缺点是该技术要求具备大型吸附塔和大量吸附剂，再生设备庞大，设备费用相对较高，占地面积大，脱硫费用高，一般脱硫效率较难达到90%，如果脱硫的环保要求持续提高，干法脱硫将难以满足较苛刻的脱硫要求。

半干法烟气脱硫技术以石灰粉或石灰浆为吸收剂，通过不同工艺技术（如喷雾干燥技术、循环流化床技术）实现对烟气的高效率脱硫。半干法脱硫技术与干法相比，具有处理成本低、烟气通量大，可以处理不同硫含量的烟气的优点，缺点是产生二次污染。

湿法烟气脱硫是利用碱性的吸收剂溶液脱除烟气中的 SO_2。湿法脱硫又可分为可再生湿法脱硫和非可再生湿法脱硫两种。其中国外的湿法脱硫技术以 EDV（Electro-Dynamic Venturei）湿法洗涤工艺、海水洗涤工艺和 WGS（Wet Gas Scrubbing）湿法洗涤工艺等非可再生湿法洗涤工艺和 Labsorb、CanSolv 可再生湿法洗涤工艺最具代表性。

非可再生湿法洗涤工艺建设投资较低，装置操作简单，工况运行稳定，但需要消耗大量吸收剂，产生较多废水。可再生湿法洗涤工艺是利用吸收剂对烟气中 SO_2 进行高选择性的化学吸收，吸收后的富吸收剂在一定条件下再生分离出高纯度的 SO_2 气体。吸收剂是可再生湿法烟气脱硫技术的核心，决定了烟气脱硫技术的先进性，一般采用的复配吸收剂具有较高的吸收 SO_2 选择性、吸收容量大、反应过程可逆、不易挥发、不易热分解等特点。可再生湿法烟气脱硫技术的专用吸收剂分为无机缓冲液和有机缓冲液。无机缓冲液一般由弱酸和弱酸盐或者弱碱和弱碱盐组成，具有性能稳定、反应速度快、可循环使用等特点。有机缓冲液一般由复配的有机胺溶液组成，具有不易挥发、加热不分解等特点。可再生湿法烟气脱硫技术的最大优势在于可将 SO_2 进行回收和资源化利用，同时可大大减少液体、固体废弃物的排放量。为了不污染吸收剂，烟气的冷却除尘和溶剂脱硫一般要分开进行，同时还要考虑脱除溶剂中累积的热稳定盐，并且由于多了再生系统，可再生湿法烟气脱硫一次性投资要高得多，装置的能耗也相对较高，同时装置流程也更为复杂，工艺的复杂性也使烟气脱硫装置很难长周期运行，如果可再生湿法洗涤工艺回收了大量的 SO_2，则一定要充分考虑下游接收 SO_2 装置的接受能力以及接收和不接收 SO_2 情况下的操作。

总的来说，湿法脱硫具有结构紧凑，占地少，造价低，脱硫效率高等优点。在世界各国现有的烟气脱硫技术中，湿法脱硫约占85%左右，以湿法脱硫为主的国家有日本（占98%）、美国（占92%）和德国（占90%）。具体湿法脱硫技术的详细分类见表3-4。

表3-4　湿法脱硫技术分类

湿法脱硫工艺分类	技术方	技术名称	在催化裂化装置的应用业绩
非可再生法	Belco 公司	EDV 钠法脱硫技术	全世界 70 多套
	Exxon 公司	WGS 钠法脱硫技术	全世界 20 多套
	Alstom 公司	海水洗涤技术	挪威 Mongstad 炼油厂 1 套
	中石化宁波工程有限公司和大连石油化工研究院	双循环湍冲文丘里钠法脱硫技术	中国石化镇海炼化公司 1 套

续表

湿法脱硫 工艺分类	技术方	技术名称	在催化裂化装 置的应用业绩
	加拿大 Cansolv 公司	加拿大 Cansolv 胺法	美国特拉华州炼油厂 1 套
	中石化洛阳工程有限公司	有机胺法 RASOC 技术	无
可再生法	中石化宁波工程有限公司	湿式氨法湍冲化肥法除尘脱硫技术	无
	航天神舟研究所、中国石化燕山石化公司和北京化工研究院	钠钙双碱法技术	中国石化燕山石化公司 1 套

8 干法烟气脱硫主要有哪些方法？各种方法的适用性如何？

干法烟气脱硫主要包括吸附法、金属氧化物吸收法、催化反应法、高能活化氧化法、荷电干式喷射脱硫法。

吸附法是利用活性炭、硅胶、活性氧化铝、分子筛等吸附剂对 SO_2 气体有较高的选择吸附性的特性，来吸附烟气中的 SO_2，达到净化烟气的目的，吸附剂可以通过适当的再生后重复使用。由于吸附剂本身容量有限，以及再生时放出的 SO_2 仍需要处理等缺点使得该方法不适用于大规模工业烟气脱硫。现以活性炭法为例来说明脱硫过程。活性炭烟气脱硫技术在较低温度下将 SO_2 氧化成 SO_3，并在同一设备将 SO_3 转化成硫酸。活性炭具有极丰富的空隙构造，因而具有良好的吸附特性。此技术便是基于 SO_2 在活性炭表面的吸附和催化氧化。当烟道气通过活性炭时，其中的 SO_2 吸附于活性炭表面，在活性炭催化作用下，与吸附在活性炭表面的 O_2 发生反应，生成 SO_3，SO_3 再与 H_2O 反应生成硫酸。此外，活性炭还可以对烟气脱硝起到催化作用，促使烟气中的 NO_x 与喷入的 NH_3 还原为 N_2 和 H_2O。由颗粒状的活性炭形成的吸附层，可同时对烟气起过滤作用，当烟气通过活性炭层时，携带的粉尘会被活性炭层截留。也正是吸附剂和吸收剂的吸附功能很容易吸收催化裂化催化剂并很快失效，因此，吸附法无法在催化裂化工艺上广泛应用。

金属氧化物吸收法是利用某些具有碱性的金属氧化物如氧化钙、氧化锰、氧化锌、氧化铁、氧化铜等可以与 SO_2 反应，对 SO_2 有较大吸收能力，也可以用于

SO_2的净化，再生时可以高温分解或低温还原。美国 Engelhard 公司的 ESR 脱硫工艺是典型的金属氧化物吸收法干法工艺，该工艺可使用石灰，也可使用苏打粉、化学碱及天然碱作吸收剂，固体吸收剂在稀相提升管流化床式吸附器(ESR)中与烟气接触吸收烟气中的SO_x，待生吸收剂转移到再生塔鼓泡床中经燃料气再生后回到吸收器中循环使用，此过程的吸附剂为金属氧化物，操作温度在 120～930℃，脱硫率可达95%。ESR 工艺的优点是不降低排烟温度，扩散效果好，没有水污染问题；投资较低，操作费用低；缺点是其吸附反应仅在固体表面进行，而内部反应时间长，要求具备大型吸附塔，并需要大量吸附剂，不利于长周期运行。金属氧化物吸收法具有与吸附法同样的缺点，不适合大规模烟气脱硫，而且一旦这些金属氧化物吸附了催化裂化装置的催化剂也很难再生，因此，金属氧化法也难以在催化裂化装置上广泛应用。

催化反应法是利用高效催化剂将烟气中的SO_2进行催化转化，包括催化氧化法和催化还原法。催化氧化脱硫法是将烟气中的SO_2直接转化为SO_3，SO_3在冷凝器内冷凝成浓硫酸。该方法与前面两种方法相比，不仅脱硫率较高，而且将SO_2转化为有用的产品，既净化了烟气，又创造了新的价值。该方法的缺点也很明显，设备庞大、投资高、操作复杂，对于处理流量大、SO_2浓度低的烟气并不经济，而更适宜处理高SO_2浓度的烟气，该技术在国外已在电厂锅炉有工业化应用装置，但是只要是应用到催化裂化工艺中就不可避免地要考虑催化剂会进入到硫酸等产品中去。

高能活化氧化法主要是利用高能电子或等离子体技术使烟气中SO_2、NO_x、H_2O、O_2等分子被激活、电离甚至裂解，产生大量离子和自由基等活性物质。由于自由基的强氧化性使SO_2、NO_x被氧化，在注入氨的情况下，生成硫铵和硝铵化肥。该方法可以同时脱除烟气中的氮氧化物和硫氧化物。根据高能电子的来源，可分为电子束照射法和脉冲电晕等离子体法。电子束照射法以电子束氨法烟气脱硫脱硝技术居多(具体流程见图3-3)，电子束氨法烟气脱硫脱硝工业化技术(简称 CAEB-EPS 技术)是利用高能电子束(0.8～1MeV)辐照烟气，将烟气中的二氧化硫和氮氧化物转化成$(NH_4)SO_4$ 和 NH_4NO_3的一种烟气脱硫脱硝技术。该技术的工业装置一般采用烟气降温增湿、加氨、电子束辐照和副产物收集的工艺流程。除尘净化后的烟气通过冷却塔调节烟气的温度和湿度(降低温度、增加含水量)，然后流经反应器。在反应器中，烟气被电子束辐照产生多种活性基团，这些活性基团氧化烟气中的SO_2和NO_x，形成相应的酸。它们同在反应器烟气上游喷入的氨反应，生成$(NH_4)_2SO_4$ 和 NH_4NO_3氨微粒。副产物收集装置收集产生的$(NH_4)_2SO_4$和NH_4NO_3微粒，可作为农用肥料和工业原料使用。该技术目前还无法应用于催化裂化烟气脱硫脱硝。

脉冲电晕放电等离子体烟气技术是利用脉冲电源产生的高电压脉冲加在反应器电极上，在反应器电极之间产生强电场，在强电场作用下，部分烟气分子电离，电离出的电子在强电场的加速下获得能量，成为高能电子（5~20eV），高能电子则可以激活、裂解、电离其他烟气分子，产生多种活性粒子和自由基。在反应器里，烟气中的SO_2、NO被活性粒子和自由基氧化为高阶氧化物SO_3、NO_2，与烟气中的H_2O相遇后形成H_2SO_4和HNO_3，在有NH_3或其他中和物注入情况下生成$(NH_4)_2SO_4/NH_4NO_3$的气溶胶，再由收尘器收集。脉冲电晕放电烟气脱硫脱硝反应器的电场本身同时具有除尘功能。该法具有装置简单、运行成本低、有害污染物清除彻底、不产生二次污染等优点。电子束同时脱硫、脱硝技术已经具备工业化水平，在部分电厂已经商业运行，同时脱硫、脱硝效果良好。而脉冲电晕技术还处于中试阶段，尚没有工业化运用。在示范工程中也发现等离子法存在一些问题，大量的氨气未反应完全随废气排出，副产品硫铵和硝铵颗粒难以回收而随废气排放，造成二次污染，故目前该技术尚未大规模推广，也还没有在催化裂化装置的烟气上应用过。

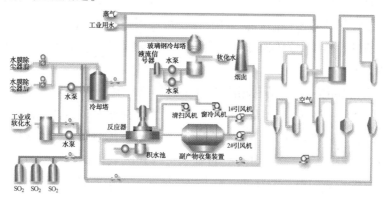

图 3-3　电子束氨法烟气脱硫脱硝工艺流程图

荷电干式喷射脱硫法（CDSI）是通过在锅炉出口烟道内（除尘器前）的适当位置喷入携带有静电荷的干吸收剂（通常用熟石灰），使吸收剂与烟气中的SO_2反应生成$CaSO_3$，由于烟气中还含有少量的氧气和水分，会产生极少量的$CaSO_4$颗粒物质，然后被后部的除尘设备除去。吸收剂以高速流过喷射单元产生的高压静电电晕充电区，使其携带大量的静电荷（通常是负电荷）。吸收剂颗粒由于带有同种电荷而相互排斥，很快在烟气中扩散，形成均匀的悬浮状态，使每个吸收剂粒子的表面都充分暴露在烟气中，与 SO_2 的反应机会大大增加，从而提高脱硫效率；吸收剂颗粒表面的电晕大大提高了吸收剂的活性，降低了与 SO_2 完全反应所需的停留时间，从而有效提高了 SO_2 的脱除率。此外，CDSI 系统还有助于清除细颗粒粉尘。带静电荷的吸收剂粒子将细颗粒粉尘吸附在其表面，形成较大的颗粒，使烟气中粉尘的平均粒径增大，提高了相应的除尘效率。CDSI 系统投资少，占地面积小，运行费用较低；自动化程度高，操作简便，运行可靠；吸收剂不仅可用商用 $Ca(OH)_2$，也可利用经干燥后的电石渣，脱硫后的生成物为干燥的 $CaSO_3$ 及少量的 $CaSO_4$，难溶于水，无二次污染问题。但是此系统所需钙硫比较高，为 $1.3 \sim 1.5$；脱硫效率较低，一般只能达到 70% 左右，很难满足催化裂化装置日益严格的环保要求。

9 钠法、石灰石/石灰-石膏法、镁法脱硫技术各有什么优缺点？

烟气脱硫技术中钠法、石灰石/石灰-石膏法、镁法等脱硫效率均可达 95% 以上，可以满足脱硫的基本要求，这一类吸附剂来源广泛。

钠法中所用的 NaOH 是炼油和化工行业烟气脱硫塔中使用最多的吸收剂。NaOH 与 SO_2 反应生成可溶于水的 Na_2SO_3 和 Na_2SO_4。Na_2SO_3 和 Na_2SO_4 溶解在脱硫塔排出的废水中，排到炼油厂污水处理场或在烟气脱硫装置中设置氧化处理设施将其中的 COD 降低到污水处理场的进水水质要求。优点是：①炼油厂内都有碱液储存、配制、废碱渣处理设施可以依托；②采用 NaOH 溶液作为吸收剂不会在设备内产生碳酸盐结垢现象，脱硫塔连续运转周期长，装置的建设投资低；③SO_2 的脱除效率可达 95% 以上。钠法在火力发电厂的应用中也有采取亚硫酸钠法回收的工艺，其工艺流程可分为四个工序——循环吸收、中和除杂、浓缩结晶、干燥包装。该工艺是将 NaOH 吸收烟气中 SO_2 生成的 $NaHSO_3$ 溶液引入中和槽，除去其中的 CO_2、铁、重金属离子并脱色，再将除去杂质的 Na_2SO_3 清液送入浓缩锅，加热浓缩至析出一定量的无水 Na_2SO_3 结晶，母液循环使用，最后将甩干的 Na_2SO_3 结晶烘干，由旋风分离器分离后包装。由于催化裂化烟气中含有催化剂，故回收 Na_2SO_3 的方法在催化裂化装置没有应用业绩。

镁法脱硫技术的稳定性也非常好，SO_2 脱除效果也很高，价格相对比较便宜。但缺点是在洗涤设备中(主要是在污水处理部分)结垢，造成操作难度增加，其装置占地较钠碱洗涤法大，受资源分布的影响，镁法脱硫技术在世界上应用相对较少。日本的柯斯莫(Cosmo)石油制油所、三菱石油水岛制油所和我国的台湾等都有以 $Mg(OH)_2$ 为吸收剂的 FCC 烟气脱硫装置，吸收塔分别为喷淋填料塔和喷淋塔等，

SO_2 去除率 90% 以上，吸收产物 $MgSO_4$ 随废水排放。在大中型火力发电厂及集中供热锅炉的烟气脱硫也有采取将含结晶水的 $MgSO_3$ 和 $MgSO_4$ 生成物煅烧分解成 SO_2 和 MgO，然后 MgO 进行循环使用的方法。其原理是采用 MgO 浆液作吸收剂，吸收烟气中的 SO_2，$Mg(OH)_2$ 与烟气中的 SO_2 反应生成含结晶水的 $MgSO_3$ 和 $MgSO_4$，随后将这些生成物煅烧分解成 SO_2 和 MgO，MgO 水合后循环使用，SO_2 气体作为副产品回收利用。MgO 浆液在吸收塔内与烟气逆向接触发生反应，吸收烟气中的 SO_2，吸收后的浆液先进行离心脱水，干燥后再经回转窑加热煅烧，使之分解。为了还原 $MgSO_4$，还需向煅烧炉内添加少量焦炭，这样煅烧炉内的 $MgSO_3$ 和 $MgSO_4$ 就可分解成高浓度的 SO_2 气体和 MgO，MgO 进入浆液槽，重新水合后循环使用。

石灰石石膏法大量用于电厂烟气脱硫，优点是石灰价格最低，废水中没有可溶性的固体物，但在催化裂化装置上还没有被广泛应用。主要原因是：①钙会在脱硫塔中有碳酸盐结垢，容易造成脱硫系统停工。在结垢过程中，脱硫系统的操作也会发生变化，使系统的操作稳定性降低。石灰石向设备中投放时会大量放热，可能有液体沸腾现象发生。②石灰石是以固体的形态进入系统，而且排放的副产品为固体的石膏，厂内需要有较大的固体储存堆放空间，且催化剂会进入石膏产品，使石膏很难作为产品使用。优点是：脱硫剂的成本最低。

10 用 NaOH 脱除烟气中的酸性物质的反应机理是什么？

首先，烟气中的二氧化硫与水接触，生成亚硫酸：

$$SO_2 + H_2O \longrightarrow H_2SO_3$$

亚硫酸与 NaOH 反应生成 Na_2SO_3，Na_2SO_3 与 H_2SO_3 进一步反应生成 $NaHSO_3$，$NaHSO_3$ 又与 NaOH 反应加速生成亚硫酸钠；生成的亚硫酸钠一部分作为吸收剂循环使用，未使用的另一部分经氧化后，作为无害的硫酸钠水溶液排放。

$$H_2SO_3 + NaOH \longrightarrow Na_2SO_3 + 2H_2O$$

$$Na_2SO_3 + H_2SO_3 \longrightarrow NaHSO_3$$

$$NaHSO_3 + NaOH \longrightarrow 2Na_2SO_3 + 2H_2O$$

$$Na_2SO_3 + 1/2O_2 \longrightarrow Na_2SO_4$$

此外，还有其他反应，如三氧化硫、盐酸、氢氟酸与氢氧化钠反应，形成硫酸钠、氯化钠等混合物。

$$NaOH + SO_3 \longrightarrow Na_2SO_4 + H_2O$$

$$NaOH + 2HCl \longrightarrow NaCl + 2H_2O$$

11 **SNAP 二氧化硫和氮氧化物吸收工艺的净化原理是什么？该工艺有哪些优缺点？**

SNAP（SO_2-NO_x Adsorption Process）二氧化硫和氮氧化物吸收工艺是 1999 年丹麦科学家发明的烟气净化技术。SNAP 由两个主要环节组成：① SO_2-NO_x 在 Na/γ-Al_2O_3 吸收剂上同时被吸附；② 吸收剂的再生及污染物的再处理。吸收步骤在气体悬浮吸收器（GSA）中进行，GSA 实际上是一种极稀相提升管。粗烟气由提升管底部进入与返混的或再生的吸附剂上行接触。吸附剂的颗粒大小在 50~100μm。GSA 中固相的停留时间为 5s，操作温度在 100~150℃。清洁后的烟气直接排入大气。吸收剂粉尘在气体排入大气前以过滤袋进行回收。SNAP 的吸收剂再生又分两个阶段进行：①在流化床式再生器中将吸收剂分步加热到 500℃，释放 NO_x；NO_x 随后被通入的天然气还原为 N_2 和 O_2。②脱除 NO_x 的吸收剂再经天然气和水蒸气处理将 SO_2 转化为 H_2S，完全再生的吸收剂返回 GSA 中。图 3-4 为 GSA 提升管的示意图。图中的提升管高径比为 9.38 左右。为了回收吸附剂粉尘，此过程使用了旋分器和布袋过滤器。SNAP 过程最大的特点是使用了极稀流化床，导致气相压降小，气固接触充分；当然，它的另一关键之处是使用了高效吸附剂 Na/γ-Al_2O_3。SNAP 过程的脱硫率高于 95%，脱氮率高于 80%。该工艺的缺点是难以适应催化裂化装置较大幅度调整加工量以及使用激波进行吹灰的情况，在烟机突然停机或前部热工系统取热器发生"爆管"的情况下，会出现吸附剂大量跑损和烟气净化数据不合格的情况。

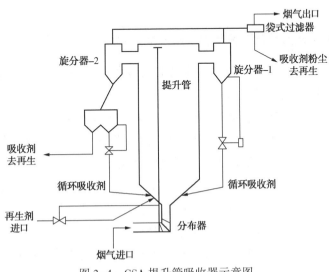

图 3-4　GSA 提升管吸收器示意图

12 **Mitsui-BF 活性炭法烟气净化技术的原理是什么?**

Mitsui-BF 活性炭法烟气净化技术是由 Mitsui 公司和德国 Bergbau-Forschung 公司开发的,其主体设备为活性炭移动床吸附器。烟气首先进入吸附器的下段与下流的吸附剂接触,使 SO_x 首先被吸附;烟气离开吸收塔与氨气混合,再进入吸收塔上段使得 NO_x 被还原为 N_2 和 O_2,最后排空。由吸收塔底流出的废吸收剂转移到再生塔加热再生,富集的 SO_2 视实际情况再行处理。此过程用于 FCC 烟气处理的脱硫率 90%,脱氮率 70%。图 3-5 为 Mitsui-BF 活性炭法烟气净化过程的示意图。

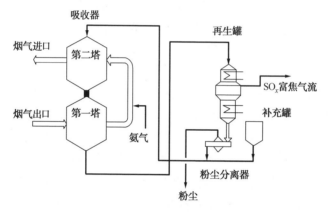

图 3-5　Mitsui-BF 活性炭法烟气净化过程的示意图

13 **典型的干法活性焦可再生脱硫技术是怎样的?**

干法活性焦可再生脱硫技术可实现脱硫废水"零排放",在吸附剂循环使用和酸性气 SO_2 回收利用等方面具有独特优势,符合循环经济和绿色发展理念的要求。在冶金、钢铁、电力、水泥、陶瓷、玻璃等领域有很多成功的应用案例和良好业绩,酸性气 SO_2 回收后大部分用于制硫酸。图 3-6 为典型活性焦可再生烟气脱硫工艺流程示意。干法活性焦工艺通过活性焦作为吸附剂,完成对烟气中 SO_2 的吸附和脱附过程以及对 NO_x 的选择性催化还原过程,可同时实现烟气脱硫脱硝一体化协同治理与净化,避免了烟气脱硫高盐废水排放问题。活性焦消耗主要分为物理消耗与化学消耗两部分,化学消耗是指在脱硫脱硝过程中碳元素参与化学反应过程的消耗;物理消耗是指在活性焦循环过程中由于物理摩擦、挤压和物料循环路径上的磨损等因素造成的损耗。控制原料烟气进吸附塔温度和再生塔温度,防止在吸附塔和再生塔内出现活性焦细粉爆燃,是干法(活性焦)烟气脱硫工艺安全设计的核心。2016年12月5日,国家能源局发布《活性焦干法脱硫技术规范》(DL/T 1657—2016),该标准于2017年5月1日实施。其中第5.3.3条规定,活性焦吸附塔入口烟气温度不应大于150℃。事故状态下,入口烟气温度不超过180℃,时间不超过2h。2017年4月12日,国家工业和信息化部发布《活性炭吸附脱硫脱硝技术装备》(JB/T 13172—2017),该标准于2018年1月1日实施。其中,第4.3.3条规定,脱硫脱硝反应器床层温度应控制在80~145℃,在系统运行初期宜按上限不高于110℃控制。第4.3.4条规定,脱硫脱硝反应器应设置氮气喷入系统。当脱硫脱硝反应器床层活性炭严重超温(超过145℃)时,应打开系统旁路,关闭脱硫脱硝反应器的烟气入口和出口切断阀,并打开氮气喷入阀,以防止发生火灾。

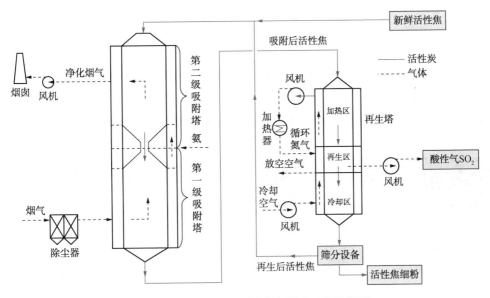

图3-6 典型活性焦可再生烟气脱硫工艺流程图

14 典型的干法活性焦可再生脱硫技术有哪些关键控制点?

(1)婚再生温度控制

《活性炭吸附脱硫脱硝技术装备》(JB/T 13172—2017)第4.5.5条规定,再生塔活性炭温度宜控制在360~450℃;第4.5.6条规定,冷风循环设备应确保出再生塔的活性炭温度不高于120℃;第4.8.3条规定,脱硫脱硝反应器在内部活性炭温度达到145℃时报警,达到155℃时系统自动打开旁路烟道,同时,活性炭移动床喷入氮气；第 4.8.4 条规定，再生塔应能实现报警和喷入氮气的自动联锁，再生塔在内部活性炭温度达到 450℃ 时报警，达到 470℃ 时自动喷入氮气。

（2）烟气细颗粒物控制

活性焦具有吸附除尘作用，烟气中的细颗粒物会进入活性焦孔隙，导致吸附净化效率降低，一般在烟气干法（活性焦）脱硫设施上游设置除尘设施，确保脱硫设施稳定运行。《活性焦干法脱硫技术规范》（DL/T 1657—2016）第 5.3.2 条规定，吸附塔入口烟气粉尘的质量浓度不宜高于 30mg/m³。

（3）活性焦细粉

活性焦在吸附塔和再生塔之间循环利用，磨损的活性焦细粉通过振荡筛除去，同时补充新鲜活性焦，维持循环系统内活性焦的优良吸附性能。2020 年 11 月 27 日，国家生态环境部、国家发展改革委、公安部、交通运输部和国家卫生健康委等联合颁布《国家危险废物名录》中明确规定，烟气、VOCs 治理过程产生的废活性炭属于危险废物，需要妥善处置。

（4）净化烟气与酸性气 SO_2

净化烟气中含有少量活性焦细粉，需要进一步除尘才能实现烟气中的颗粒物达标排放。酸性气 SO_2 中也含有少量活性焦细粉，要根据酸性气 SO_2 利用方案判定是否需要进一步脱除颗粒物，满足下一道工序对原料的要求。

15 在电厂已成熟应用的烟气循环流化床（CFB-FGD）半干法脱硫技术原理是什么？该技术在催化裂化烟气脱硫除尘方面的适用性如何？

循环流化床半干法烟气脱硫技术（CFB-FGD）吸收德国 LLAG 公司的专利技术——清洁烟气再循环系统，在电厂的 CFB 锅炉有着较好的应用。现对这种工艺进行介绍：

典型的 CFB-FGD 工艺系统由吸收塔、脱硫除尘器、脱硫灰循环及排放、吸收剂供应、工艺水以及电气仪控系统等组成，其工艺流程见图 3-7。

烟气一般以 120~150℃ 左右，从底部进入吸收塔，在吸收塔的进口段，高温烟气与加入的吸收剂、循环脱硫灰充分预混合，进行初步的脱硫反应，在这一区域主要完成吸收剂与 HCl、HF 的反应。烟气通过吸收塔底部的文丘里管加速，进入循环流化床床体，物料在循环流化床里，气固两相由于气流的作用，产生激烈的湍动与混合，充分接触，在上升的过程中，不断形成絮状物向下返回，而絮状物在激烈湍动中又不断解体重新被气流提升，使得气固间的滑落速度高达单颗粒滑落速度的数十倍；吸收塔顶部结构的惯性分离进一步强化了絮状物的返回，

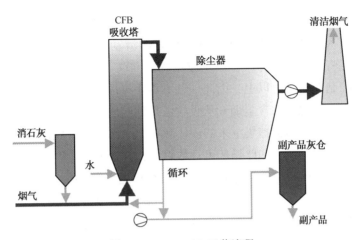

图 3-7　CFB-FGD 工艺流程

且提高了塔内颗粒的床层密度及 Ca/S 比。这样的一种气固两相流机制，通过气固间的混合，极大地强化了气固间的传质与传热，为实现高脱硫率提供了根本的保证。在文丘里的出口扩管段设一套喷水装置，喷入的雾化水一是增湿颗粒表面，二是使烟温降至高于烟气露点 15℃ 左右，使得 SO_2 与 $Ca(OH)_2$ 的反应转化为可以瞬间完成的离子型反应。吸收剂、循环脱硫灰在文丘里段以上的塔内进行第二步的充分反应，生成副产物 $CaSO_3 \cdot 1/2H_2O$，还与 SO_3 反应生成相应的副产物 $CaSO_4 \cdot 1/2H_2O$ 等。无论烟气负荷如何变化，通过清洁烟气再循环烟道的调节作用，烟气在文丘里段以上的塔内流速均保持在 4~6m/s 之间，为满足脱硫反应的要求，烟气在该段的停留时间至少为 3s 以上，通常设计时间在 8s 左右。烟气在上升过程中，颗粒一部分随烟气被带出吸收塔，一部分因自重重新回流到流化床中，进一步增加了流化床的床层颗粒浓度和延长吸收剂的反应时间。

从化学反应工程的角度看，SO_2 与 $Ca(OH)_2$ 的颗粒在循环流化床中的反应过程是一个外扩散控制的反应过程。SO_2 与 $Ca(OH)_2$ 反应的速度主要取决于 SO_2 在 $Ca(OH)_2$ 颗粒表面的扩散阻力，或者说是 $Ca(OH)_2$ 表面气膜厚度。当滑落速度增加时，由于摩擦程度的增加，$Ca(OH)_2$ 颗粒表面的气膜厚度减小，SO_2 进入 $Ca(OH)_2$ 的传质阻力减小，传质速率加快，从而加快 SO_2 与 $Ca(OH)_2$ 颗粒的反应。

只有在循环流化床这种气固两相流动机制下，才具有最大的气固滑落速度。同时，吸收塔内的气固最大滑落速度是否能在不同的烟气负荷下始终得以保持不变，是衡量循环流化床干法脱硫工艺先进与否的重要指标，也是鉴别干法脱硫能否达到较高脱硫率的重要指标。如果滑落速度很小，或只在吸收塔某个局部具有滑落速度，要达到很高的脱硫率是不可能的。喷入用于降低烟气温度的水，以激烈湍动的、拥有巨大的表面积的颗粒作为载体，在塔内得到及时的、充分的蒸发，保证了进入后续除尘器中的灰具有良好的流动状态。由于 SO_3 全部得以去除，烟气露点将大幅度下降，一般从原烟气的 90℃ 左右下降到 50℃ 左右，而排烟温度始终控制在设定值以上，因此烟气不需要再加热，同时整个系统也无须任何的防腐处理。净化后的含尘烟气从吸收塔顶部侧向排出，然后转向向下进入脱硫除尘器。经脱硫除尘器捕集下来的固体颗粒，大部分通过脱硫灰循环系统，返回吸收塔继续参加反应，如此循环可达数百次，多余的少量脱硫灰渣则通过气力输送系统输送至脱硫灰库，再通过罐车或二级输送设备外排。脱硫灰大量循环，脱硫除尘器的入口烟气粉尘浓度为 $500 \sim 1000 g/m^3$（标准状态），带有大量脱硫灰的烟气经脱硫除尘器进行除尘，净化后的清洁烟气经脱硫引风机排入烟囱。塔内生成的脱硫灰的主要成分为 $CaSO_3 \cdot 1/2H_2O$、$CaSO_4 \cdot 1/2H_2O$、$CaCO_3$、CaF_2、$CaCl_2$ 及未反应的 $Ca(OH)_2$ 和杂质等。这些脱硫灰目前的主要用于废矿井填埋、高速公路路基、吸声材料制作、水泥掺合料等。

吸收塔是整个脱硫反应的核心。CFB-FGD 吸收塔为文丘里空塔结构，为建立良好的流化床，预防堵灰，吸收塔内部气流上升处均不设内撑。吸收塔采用文丘里喷嘴形式。吸收塔底部及转弯处均设有气流分布装置及压缩空气吹扫系统。由于文丘里段的流速最高达 50m/s 以上，经文丘里段加速，流化床内的物料被完全托起，只有非常少量的大颗粒沉降回吸收塔进口烟道，通过进口烟道输灰机排放。吸收塔的典型外形图如图 3-8 所示。

布袋除尘器系统采用脱硫专用低压回转脉冲布袋除尘器，布置在吸收塔之后，从吸收塔出来的烟气采用上进风方式进入布袋除尘器，其中粗颗粒粉尘利用重力原理直接进入灰斗（见图 3-9）。布袋除尘器主要由灰斗、烟气室、净气室、进口烟箱、出口烟箱、低压脉冲清灰装置、电控装置、阀门及其他等部分组成，并配有布袋清灰风机。整套布袋除尘器系统采用不间断脉冲清灰方式，利用不停回转的清灰臂对滤袋进行脉冲喷吹，保证脱硫除尘器出

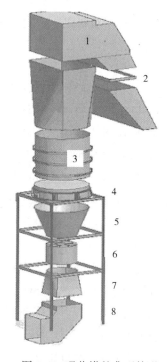

图 3-8 吸收塔的典型外形
1—出口烟道；2—膨胀节；
3—流化床段；4—环梁基座；
5—锥形段；6—文丘里段；
7—进口烟道；
8—吸收剂及循环物料加入段

口粉尘浓度≤50mg/m³(标准状态)。

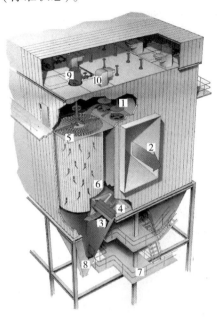

图 3-9 循环流化床半干法烟气脱硫原理图

1—出口风门；2—出风烟道；3—进风烟道；4—进口风门；
5—花板；6—布袋；7—检修平台；8—灰斗；9—脉冲阀；10—旋转喷吹机构

布袋除尘器可采用上进风方式，降低入口粉尘浓度。由于进口烟道烟气流速较低，含尘烟气中的粗颗粒自然沉降分离，并利用布袋除尘器的自平衡性，使进入各个室的气流分布均匀。这一结构既可减小烟气的运行阻力，又可以充分利用重力，使 CFB-FGD 脱硫产生的凝聚"链团结构"颗粒直接进入灰斗，减少滤袋的负荷和磨损，提高滤袋的使用寿命。布袋除尘器可采用经特殊表面处理的聚苯硫醚(PPS)改性滤料。采用经特殊表面处理的进口 PPS 改性滤料，可很好地适应长期使用要求，持续运行温度为 70~150℃。采用不间断回转的脉冲清灰方式，利用不停旋转的清灰臂输送反吹脉冲空气，对准整个室的每一条滤袋口，进行周期性的脉冲喷吹，使所有滤袋的压差基本相等。椭圆形的滤袋结构沿同心圆分圈辐射形布置，最大限度地利用了袋室的空间，减少了占地。在同等的过滤面积情况下，比常规的逐行脉冲喷吹清灰方式减少 30%左右。

从以上烟气循环流化床(CFB-FGD)半干法脱硫技术脱硫原理可看出，如将该技术应用于催化裂化会出现：①吸收剂和催化剂无法有效分离的情况；②催化剂有极强的吸水性，其比表面积在 100~300m²/g，一旦接触水后催化剂会迅速吸水并变得黏稠，很容易吸附在设备表面并结垢；③催化剂对设备的磨损能力远远大于锅炉的灰分，会对设备具有极强的磨损破坏能力。④催化裂化的操作调整较为频繁，不同的气速下还出现不同的脱硫率，难以实现随加工量变化进行稳定脱硫的要求，而且一旦催化出现停烟机或高温取热设备发生"爆管"，吸附剂很可能会和催化剂一样大量跑损，也可能造成催化裂化装置憋压的情况。不过布袋除尘的烟道设计经验或许值得催化裂化再生烟气选择性催化还原（SCR）技术进行借鉴。

16 THIOPAQ 生物脱硫技术的基本原理是什么？该工艺有哪些优缺点？

THIOPAQ 工艺是荷兰 PAQUES 生物系统公司（THIOPAQ 是 PAQUES 生物系统公司的注册商标）近年研究开发的生物脱硫技术。该工艺采用活微生物，在严格控制条件下进行脱硫，主要由两步组成。具体工艺流程见图 3-10。

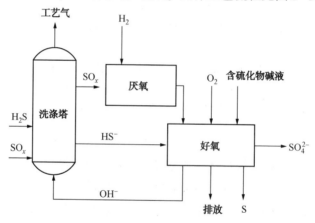

图 3-10　THIOPAQ 工艺流程

该工艺初期用 NaOH 吸收烟气中的 CO_2 后生成 $NaHCO_3$ 缓冲液，用此缓冲液循环通过洗涤器吸收 SO_2 生成亚硫酸氢钠，部分亚硫酸氢钠氧化成硫酸钠。此液体经过过滤器除去催化剂粉尘和颗粒物后进入第一生物反应器，在此反应器内加入乙醇、甲醇或氢气，使亚硫酸氢钠和硫酸钠还原成硫氢化钠（NaHS）。从厌氧反应器出来的含硫化合物的洗涤液，在自身重力作用下，流入好氧反应器。在第二个生物反应器（需氧微生物）内硫化钠氧化成单质硫和碳酸氢钠，硫的回收率可达 97% 以上，碳酸氢钠循环回烟气洗涤器，整个过程不消耗碱。此方法采用 DynaWave 反喷洗涤器。将烟气自上而下通过一个立管，在其中与用一个大孔喷嘴喷出的洗涤液滴碰撞接触，形成一个所谓"泡沫段"，使烟气急冷至绝热饱和温度而吸收 SO_2，并有效除去催化剂颗粒。气液混合物进入一个分离器，液体进入容器中的液槽，气体通过叶片式破沫器后排放。收集的液体用循环泵送回喷嘴。喷嘴用碳化硅制造，可耐催化剂粉尘冲触。SO_2 吸收率可达 99%，颗粒物脱除率大于 85%。现在全球已有 20 套 THIOPAQ 装置在造纸、化工、采矿及炼油业中运转。由于使用生物反应器，添加的化学试剂成本很高，在催化裂化脱硫除尘上的应用仍存在较多的技术问题。

17　湿烟气制硫酸工艺(WSA)脱硫除尘的基本原理是什么？该工艺有哪些优缺点？

湿烟气制硫酸工艺，即 Wet-gas sulfuric-acid(WSA)，是 Haldor Topsoe 公司开发的独特工艺：烟气通过固相转换器使 SO_2 氧化为 SO_3，SO_3 经水吸收为硫酸，图 3-11 为 WSA 的示意流程图。此过程的脱除率可达 95%。其特点是不消耗化学试剂和吸收剂、不产生废弃物、过程简单而使得操作维护费用低、可生产商业级(质量分数 93.0%~98.5%)的浓硫酸。以下是在 WAS 工艺中发生的反应：

燃烧：$H_2S + 3/2O_2 \longrightarrow H_2O + SO_2$ 　　　　　　+518kJ/mol

氧化：$SO_2 + 1/2O_2 \longrightarrow SO_3$ 　　　　　　　　　+99kJ/mol

水合：$SO_3 + H_2O \longrightarrow H_2SO_4$ 　　　　　　　　+101kJ/mol

冷凝：$H_2SO_4(g) + 0.17H_2O \longrightarrow H_2SO_4(l)$ 　　+69kJ/mol

WSA 技术一般在该技术的上游通过使用过滤器除去烟气中的粉尘，PALL 过滤器曾在催化裂化装置上有过用于净化烟气粉尘方面的业绩，但是使用过滤器难以适用于有外取热器、内取热器或高温取热炉等热工系统的催化裂化装置，否则一旦前部的取热盘管发生"爆管"，大量催化剂涌出会堵塞过滤器，给催化裂化装置造成威胁。即使 WSA 技术通过使用过滤器滤掉了绝大部分的催化剂粉尘，还是会有部分粉尘进入硫酸产品，另外，该技术中换热设备较多，总流程压力损失较大，且烟气流程在降温后又涉到升温，这样一方面会降低烟气发电的效率，另一方面又增加了能量消耗。

从 1980 年以来陆续建成的 20 多套应用 WSA 技术的工业装置中，只有一套用于催化裂化，该装置于 1995 年建成，烟气处理量 560dam³/h，入口烟气 SO_x 含量(体积分数)为 0.4%。

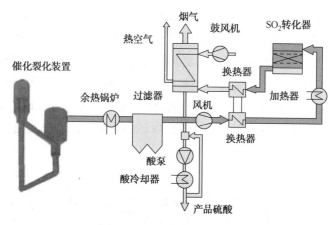

图 3-11　WSA 示意流程图

18　填料吸收塔海水脱硫技术的工作原理是什么？

填料吸收塔海水脱硫技术是利用海水的弱碱性来洗涤烟气中的二氧化硫，达到烟气净化的目的。海水采用一次通过的方式吸收烟气中的 SO_2。烟气中的 SO_2 首先在吸收塔中被海水吸收生成亚硫酸根离子（SO_3^{2-}）和氢离子（H^+）。SO_3^{2-} 不稳定，容易分解。H^+ 显酸性，海水中 H^+ 浓度的增加，导致海水 pH 值下降成为酸性海水，吸收塔排出的酸性海水依靠重力流入海水处理场。

在海水处理场的曝气池中鼓入大量的空气，SO_3^{2-} 与空气中的氧气（O_2）反应生成稳定的硫酸根离子（SO_4^{2-}），以确保氧化过程完成 SO_3^{2-} 向 SO_4^{2-} 的转化。在曝气池中鼓入大量的空气还加速了二氧化碳（CO_2）的生成释放，有利于中和反应，使海水中溶解氧接近饱和水平。在曝气池中利用海水中的碳酸根（CO_3^{2-}）和碳酸氢根（HCO_3^-）离子中和吸收塔排出的 H^+，使海水中的 pH 值达到中性。

主要化学反应方程式如下：

$$SO_2(气) \longrightarrow SO_2(在吸收塔内溶于海水)$$

$$SO_2 + H_2O \longrightarrow SO_3^{2-} + 2H^+$$

$$SO_3^{2-} + 1/2\,O_2(曝气池内) \longrightarrow SO_4^{2-}$$

$$CO_3^{2-} + H^+ \longrightarrow HCO_3^-$$

$$HCO_3^- + H^+ \longrightarrow CO_2 + H_2O$$

总的化学反应方程式如下：

$$SO_2(气) + H_2O + 1/2O_2(气) = \!= SO_4^{2-} + 2H^+$$

$$HCO_3^- + H^+ = \!= CO_2(气+溶于海水) + H_2O$$

该工艺于 1989 年在挪威 Mongstad 炼油厂一次运行成功，采用填料吸收塔，可处理 $51 \times 10^4 m^3/h$ 的催化裂化再生烟气和 $4.2 \times 10^4 m^3/h$ 的克劳斯尾气焚烧炉烟气，装置 SO_2 去除率 98.8％，SO_3 去除率 82.8%。

19　填料吸收塔海水脱硫技术有哪些优缺点？

　　海水通常呈弱碱性，pH 值为 7.5～8.3，因而海水具有天然的酸碱缓冲能力及吸收 SO_2 的能力。国外一些脱硫公司利用海水的这种特性，成功地开发出海水脱硫工艺，填料吸收塔海水脱硫技术即是其中的一种，该技术运行成本低，但大多应用于电厂烟气脱硫，在炼油厂催化装置业绩较少。填料吸收塔海水脱硫技术也有着较明显的缺点，该技术外排水的 COD 较高，一般较难满足日益严格的环保要求。在海水烟气脱硫工艺中，SO_2 的吸收主要是在吸收塔（洗涤塔）内完成，因此必须保证吸收塔（洗涤塔）有足够大的液气比使大量海水与烟气接触才能获得较高的 SO_x 脱除效率，一般要求进入吸收塔（洗涤塔）的海水量约占到循环水总量的 1/6。吸收了 SO_x 的海水 pH 值随 SO_x 含量的增加而降低，不能直接排海，要用新鲜海水中和使其 pH 值升至 6 以上才能排放。为了尽量减少脱硫排水 pH 值对排放海域水质的影响，海水恢复系统的曝气氧化设计至关重要。在曝气池中由曝气风机鼓入大量空气，使曝气池内海水中溶解氧达到饱和并将亚硫酸盐氧化成硫酸盐，同时加速海水中 CO_2 析出，才能使海水的 pH 值恢复到允许排放的正常水平。填料吸收塔不利于有热工系统的催化裂化运行安全，当催化裂化装置的内取热器或外取热器等热工系统发生"爆管"时会造成催化裂化装置再生器和锅炉憋压，在憋压的情况下，锅炉系统很难承受憋压情况下的压力，从而造成事故。另外，无论在吸收塔前采取何种除尘工艺，最后排放的海水中都还会有催化剂，这些固体颗粒物排入大海会对附近的海域环境造成一定的影响。

20　德国 GRE Bischoff 公司的 EP-Absorber 脱硫除尘一体化技术是怎样实现除尘脱硫的？

　　该工艺（见图 3-12）集吸收器和除尘器于一体，SO_2 吸收和相当部分的颗粒物脱除是在一个开放的、无填料的逆流式洗涤器内完成的。饱和水蒸气沿垂直方向自下而上通过洗涤器，洗涤层喷入苛性溶液，饱和水蒸气与苛性溶液形成逆流。该段设有 4 级喷淋层、2 个环形磁头，4 级喷淋层之间设有 3 级上下喷淋和 1 级向下喷淋，该喷淋形式的特点是同气流同向时能使压降最小化，与附近的反向流

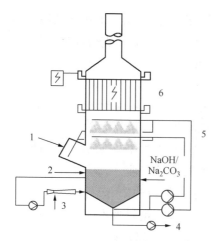

图 3-12　EP-Absorber 脱硫除尘
一体化技术示意图

1—烟气；2—工艺补充水；
3—氧化空气；4—外排浆液；
5—吸收段；6—湿式静电除尘段

碰撞时能产生二次喷淋。Na_2CO_3 或 NaOH 作为反应剂，在该吸收段高效吸收烟气中的 SO_2。喷淋层接一组循环泵，另设有一台公用备用泵，与这组循环泵连接在一起。洗涤器入口处设激冷段，装有喷嘴组以激冷气体。喷嘴组连接事故水系统，以便在循环泵组失效时（如失电情况下）仍能对气体进行激冷。气/液充分接触确保了颗粒物和硫化物的有效脱除。大容量的苛性液收集池起到了缓冲作用，即使在 SO_2 含量处于峰值时，仍能保证 SO_2 的持续脱除。

经过脱硫后的烟气到达位于吸收段上部的湿式静电除尘段。湿法静电除尘器（WESP）与洗涤器在同一罩壳内，位于洗涤器上部。气体通过气体分布板，自下而上进入 WESP。气体流经除尘管束，放电电极沿每根除尘管轴线悬吊。通过高压产生的电场使灰尘及悬浮粒子带电（无论其尺寸大小）。带负电的粒子在收尘电极处被收集。从气体中分离出来的粒子和冷凝液不断滴入下方的洗涤区。本净化段（微米、亚微米粒子级）的压力降不超过 0.5kPa。如需要，可安装冲洗系统以定期清洗。冲洗系统由一组喷嘴组成，安装于收尘电极上方。冲洗用水为清洁水。设置一台泵以满足所需压力。冲洗水流入池中作为工艺用水，以节约用水量。该工艺的压损小，不需要设置增压风机或者压力控制系统。为使排出废液 COD 更低，从洗涤器底部池中抽取液体至外部氧化系统氧化，再回流至洗涤器池中。外部氧化系统由空气喷射器和高压泵等组成，液体被高压泵输送至动力喷嘴，通过喷嘴喷射后，液体变成液滴，随后与喷射空气充分混合，使溶解在洗涤液中的亚硫酸盐与空气发生氧化反应。在空气喷射器之后，含有非常细微分散气泡的洗涤液回流至洗涤器池内，在这些气泡上升至池面的过程中，残余的氧进一步与洗涤液发生氧化反应。

该脱硫除尘工艺的主要业绩为美国北达科他州泰索罗公司曼丹炼油厂 $14.7 \times 10^4 m^3/h$（标准状态）（湿）烟气脱硫除尘和美国伊利诺斯州雪铁戈公司雷蒙特炼油厂约 $40.0 \times 10^4 m^3/h$（标准状态）（湿）烟气脱硫除尘。

该工艺的特点是：①洗涤吸收区为多级，脱硫效率高；②不论烟气中的催化剂颗粒粒径大小，都能高效脱除烟尘；③静电场中颗粒物<1 μm 时，可以进行设计调整；④高效脱除 SO_3（H_2SO_4 悬浮液）及水滴；⑤可通过设计调整分别控制 SO_2 和 SO_3 各自的排放量，实现总体高 SO_x 脱除率；⑥排气总压降低，包括管路不超过 600Pa，余热锅炉改造量小，减少对现有装置的影响；⑦可脱除来自上游 SNCR（选择性非催化还原）/SCR（选择性催化还原）逃逸氨。

21 催化裂化烟气采用静电除尘器有哪些注意事项？

静电除尘器通常安装在烟气冷却系统和烟囱之间，适宜的温度范围为 200~400℃。静电除尘的主要设备有放电级、集尘板、电磁脉冲振打机构、高压变压器系统和收尘料斗和料仓等。出于安全考虑，静电除尘器需要采取一系列安全措施，如：箱体内正压保护，除尘器入口 CO 浓度和 O_2 浓度的检测，以及联锁切断电源的自动控制系统等。静电除尘器的去除效率与烟气的停留时间，颗粒物的电阻系数、粒径、电场强度、烟气温度、水分含量等有关。有时需要向上游烟气中注入氨或水来提高效率。收到集尘板上的颗粒物经振动靠重力调入下面的料斗，再经重力、螺旋或气力输送系统运走。

静电除尘器产生较低的压降和电力消耗，去除效率大于 90%，颗粒物排放浓度可以达到 20~30mg/m³（标准状态），在吹灰情况下可达到 50mg/m³（标准状态）以下。静电除尘器在欧洲的一些催化裂化装置有应用，但是其安全问题是要关注的重点，尤其是在催化裂化装置开停车以及发生事故时，必须保证烃类不能进入静电除尘器的壳体内，否则火花可能引起爆炸事故。当催化裂化反应温度低时，再生剂就可能带油，在烟囱冒黄烟的情况下就可能发生爆炸事故，因此，可以考虑在反应温度低时装置联锁动作切断静电除尘器。静电除尘的方法只有在原料油中含硫量在 0.12%~0.50% 范围时较为合适，当含硫量超过 0.5% 时，该技术没有较大优势。

22 WGS 湿法洗涤工艺脱除颗粒和 SO_x 的工作原理是什么？

WGS（Wet Gas Scrubber）湿法洗涤工艺是 Exxon 公司于 20 世纪 70 年代开发的一种有效的催化裂化烟气湿法脱硫除尘技术，首套工业化装置于 1974 年投用。

该工艺主要包括两部分，即湿法气体洗涤装置（WGSR）和净化处理装置（PTU）。该工艺使用碱性溶液作为吸收剂（洗涤液），烟气首先进入 WGSR，并在其中脱除颗粒和 SO_x。WGSR 主要包括一个文丘里管和分离塔，吸收剂与烟气同向进入文丘里管，吸收过程发生在文丘里管湍流部分。吸收剂液体在缩径段的壁上形成一层薄膜，然后在咽喉段的入口被分割成液滴，由于相对速度差的存在，气体与液滴间发生惯性碰撞，催化剂颗粒在咽喉段被捕捉，用缓冲溶液洗涤除去；SO_x在咽喉段和扩径段被吸收，生成亚硫酸钠及硫酸钠（图 3-13 和图 3-14）。

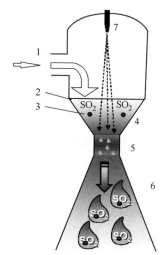

图 3-13 二氧化硫和粉尘吸收过程

1—催化裂化烟气；2—二氧化硫；3—颗粒物；4—缩颈段；

5—咽喉段；6—扩颈段；

7—塔底循环浆液回流至文丘里顶部喷淋

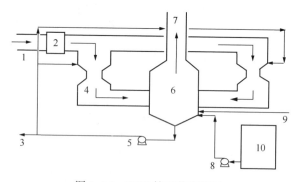

图 3-14 WGS 的工艺流程图

1—催化裂化来再生烟气；2—烟气冷却器；3—去往排液处理装置；4—洗涤器；

5—循环浆液泵；6—分离罐；7—烟囱；8—碱液加注泵；9—补充水；10—碱罐

气液混合物切向进入分离塔中，并在洗涤器内按相同方向旋转，实现清洁气体与脏吸收剂液体分离。分离塔中的脱夹带设施具有高效、低堵塞、低压力降的特点，将气体夹带的吸收剂液体脱除，并通过塔外循环线返回塔底，外循环降液管的吸收剂溶液同时对塔底浆液起到搅拌作用，使塔底浆液中的催化剂粉尘处于均匀悬浮的状态。清洁气体通过分离器上部的烟囱排入大气(见图 3-15)。吸收剂溶液循环使用，为防止催化剂积累，装置运行中将排出部分洗涤液进入洗涤液处理装置。排出的洗涤液在澄清池中沉降，将其中催化剂颗粒沉淀，含有一定量液体的催化剂沉淀物经过滤脱水，固体物(催化剂)运出厂外填埋。澄清池分离的澄清液约含 5% 的可溶解盐(主要是硫酸钠)，排到后处理设施(PTU)，经过 pH 值调节混合器、氧化塔(含盐污水排放)，用空气氧化法降低其 COD，氧化处理后排液进入污水处理场进一步处理(见图 3-16)。

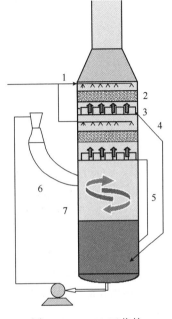

图 3-15 WGS 工艺的
脱硫除尘工作原理

1—喷淋水；2—吸收格栅；3—烟囱塔盘；
4，5—外循环降液管；6—文丘里管下部弯头；
7—分离器

该技术可用于催化裂化烟气脱硫的文丘里洗涤器有两种，即高再生烟气的压力和低再生烟气的压力(采用抽空器)两种。高再生烟气的压力洗涤器，在文丘里管喉部以上注入洗涤液，通过文丘里管时压力下降，将液体雾化。如锅炉出口烟气压力大于 10kPa，则可在气液比(进口烟气体积与循环洗涤液体积比)370~1400 的情况下操作；如锅炉出口烟气压力小于 10kPa，文丘里洗涤器必须采用抽空器类型，即采用更小的气液比 75~150，使洗涤液能高速进入文丘里管喉部雾化，该技术的电耗、洗涤液消耗和水耗很高。早期 WGS 技术使用 JEV 喷射式文丘里管(见图 3-17)，改进后使用 HEV 高能式文丘里管(见图 3-18)，后者的效能较高。

为了满足清除烟气中 NO$_x$ 的要求，WGS 湿法洗涤工艺也可以在洗涤塔内预留脱硝空间，该技术采用氧化法，采用强氧化剂(NaClO$_2$ 或 NaClO)，氧化剂的费用较高，但操作简单、平稳。

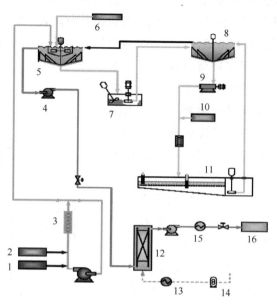

图 3-16　WGS 湿法洗涤工艺的废液处理单元流程图
1—外排浆液；2—碱液；3—混合器；4—沉淀器上清液泵；5—沉淀器；
6，10—絮凝剂加注设施；7—搅拌设备；8—浓缩池；9—浓缩泵；11—脱水机床；
12—氧化罐；13，15—冷却器；14—鼓风机；16—外排水

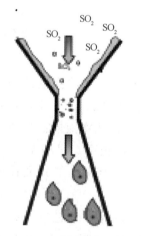

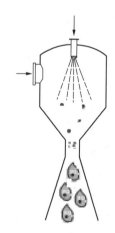

图 3-17　JEV 喷射式文丘里管　　图 3-18　HEV 高能式文丘里管

23 美国诺顿（Norton）公司的文丘里洗涤系统 VSS 经历了怎样的发展过程？其作用原理是什么？

1972 年埃索（ESSO，埃克森美孚前身）公司将文丘里技术应用于催化裂化装置烟气洗涤领域，并成功将其商业化。技术发明人为 John D. Cunic。1991 年埃克森美孚（ExxonMobil）公司催化裂化装置烟气文丘里洗涤技术（WGS）专利失效。1996 年诺顿工程公司对埃克森美孚公司的 WGS 进行升级改造。2001 年诺顿公司开发完成拥有自主知识产权的催化裂化装置烟气洗涤技术 VSS。2002 年埃克森美孚公司将 WGS 技术商标使用权和出售权授权给哈曼（Hamon）公司，诺顿工程公司开始向哈曼公司提供工艺包设计及专有设备方面的技术支持。2005 年诺顿公司不再向哈曼公司提供技术支持。

诺顿文丘里洗涤系统主要包括烟气进气管道、文丘里洗涤器、联接弯头、分离桶和烟囱几部分组成（见图 3-19 和图 3-20）。烟气进气管道通常是圆柱形的，外部为绝缘碳钢。烟气从进气管道出来之后，进入文丘里洗涤器，烟气和液体在此进行激烈的接触，从而除去粉尘、硫氧化物以及烟气中其他的溶于水的杂质。典型的喷射式文丘里洗涤器由以下几部分组成：①喷射式文丘里喷嘴。喷射式文丘里喷嘴是喷射式文丘里的核心部分。它是一种使用动能来形成液滴的单一流体喷嘴。②收缩段。收缩段特殊的几何形状具有以下几个特点。首先保证了洗涤液均衡和完全的覆盖。其次，收缩段以及喷嘴的形状设计优化了液滴的分布，在保证压力恢复最大化的同时加强了粉尘颗粒物和 SO_2 的去除效率。③喉管：喉部的设计对于在保持稳定性的同时保证气液良好接触是非常关键的。④扩散段。文丘里装置的扩散段可以达到两个目的：第一，经过合理设计，可以得到压力恢复。这样可以在保证洗涤效率的前提下降低整个系统的压降。VSS 的设计充分利用这一原则，最大限度地使压力得到恢复。第二，经过合理设计之后，液滴可以进行聚合，增大液滴的尺寸，利于接下来的气液分离。联接弯头是将向下流的气-液混合物输送到分离桶的装置。这个弯头可以作为液滴撞击的"缓冲"，降低腐蚀。离开联接弯头之后，气体进入分离桶（分离桶内件见图 3-21 和图 3-22）。烟气进入诺顿 VSS 技术脱硫系统时的压力不小于 0.5kPa。这一分离桶的主要作用是将干净气体从含有污染物的洗涤液中分离出来。另外，这一分离桶同样可以用来储存洗涤浆液。分离桶的底部可以用来储存洗涤浆液，洗涤浆液的液位可以用来控制补充水的流量。分离桶的底部被设计为圆锥形，来降低形成固体沉淀的可能性。为节省空间，烟囱直接安装在分离桶的上方。由于烟气在相对较高的位置接触到喷淋的液体，之后烟气迅速达到饱和状态，温度降低后烟气体积缩小，因此诺顿的洗涤系统的占地面积较小(具体实例见图 3-23),浆液后处理系统也可以因地制宜地移至催化裂化装置的有效空地。

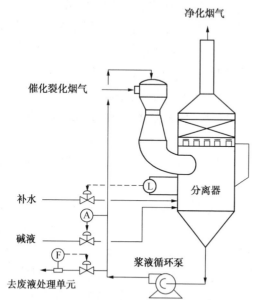

图 3-19 诺顿文丘里洗涤系统示意图

图 3-20 诺顿文丘里洗涤系统的
工业应用照片

图 3-21 烟囱塔盘
(分离桶内件)

图 3-22 除雾格栅
(分离桶内件)

图 3-23 诺顿烟气
洗涤系统和催化裂化
装置的紧凑布置

诺顿 VSS 系统的一个特点是操作简单，运行可靠。VSS 系统的控制回路非常简单，只有 2 或 3 个简单的控制回路。当催化裂化装置运行发生异常时，如催化剂粉末大量逸出时，无需对 VSS 系统的运行进行任何变动，系统仍可以保持正常运行。该技术优势已经在系统运行中得到印证。当催化裂化装置催化剂逸出量从 1.5t/d 迅速增至 15t/d，装置仍可以正常运行。另一个特点是适应性强。可适应烟气量大范围变化，两套催化装置可合用一个洗涤系统，当 VSS 系统接入一套或两套催化装置时（烟气处理量变化 50% 左右），该洗涤系统均可良好运行。诺顿烟气洗涤系统具有处理 7.5Mt/a 催化裂化装置烟气的工业应用业绩。

24　EDV 湿法烟气净化技术如何实现催化裂化烟气脱硫除尘?

EDV 湿法洗涤技术由美国 Dupont Belco 公司开发。首套工业化装置于 1994 年投用，投用后就显示出其优异的操作性和可靠性，至今在全世界的应用业绩已超过 70 套，是目前世界上在催化裂化烟气脱硫除尘领域应用最广泛的技术。

EDV 湿法烟气净化技术主要由烟气系统、洗涤吸收系统和废水处理系统三部分组成。工艺水和用作脱硫剂的碱液分别送往除尘脱硫塔，碱液进入除尘脱硫塔后经循环泵循环喷淋，与自下而上的烟气进行逆向接触，充分地进行反应。洗涤吸收系统是由喷淋脱硫部分、滤清模块和水珠分离器组成，所有设备元件全部安装集成在一个上流式的塔体内。催化裂化来的烟气在除尘脱硫塔内被冷却到饱和温度，而后与含有吸收剂溶液的喷射液滴接触，将催化剂颗粒物洗涤并吸收 SO_x。喷嘴喷出的是相对较大的液滴，以防止薄雾的形成，从而无须使用易堵塞的传统除沫器。当上游系统出现故障带入大量催化剂时，也不会出现堵塞问题，塔内有多层喷射喷嘴和急冷喷嘴（LAB-G 喷嘴），独特设计的喷嘴是该系统的关键，具有不堵塞、耐磨、耐腐蚀、能处理高浓度浆液的特点。

饱和气体离开喷淋脱硫部分后直接进入 EDV 滤清模块除去细小颗粒，通过饱和、冷凝和过滤除去细颗粒。饱和状态的气体经稍微加速后，通过绝热膨胀达到过饱和状态，细颗粒和酸雾就会冷凝集聚，颗粒尺寸急剧增大，大大降低除去这两类物质需要的能量和复杂性。滤清模块底部装有向上喷射的 LAB-F 喷嘴，扑集细小颗粒和酸雾，其优点是在相对较低的压降下，除去细小颗粒，同时对气体流量的变化不敏感。

为保证烟气进入烟囱不含液滴，设置了水珠分离器用于进一步将烟气中的细微液脱除，水珠分离器为空心结构，内有螺旋导向片，引导气体作螺旋状流动，当气体沿向下流动时，在离心力作用下被甩至器壁，从而与气体分离。该设备没有易堵部件，压降极低。分离液滴后的清洁气体通过上部的烟囱排入大气，吸收剂溶液循环使用，为防止催化剂积累，装置运行中将排出部分洗涤液这部分洗涤液进入排出液处理系统(PTU)。

排出的部分洗涤液(外排浆液)由泵打入沉淀器进行固液分离，分离出来的催化剂通过脱水后形成泥饼，拉往场外填埋，沉淀器的上清液返回除尘脱硫塔。上排清液进入氧化罐再次氧化后达标排放，具体工艺流程如图 3-24 所示。

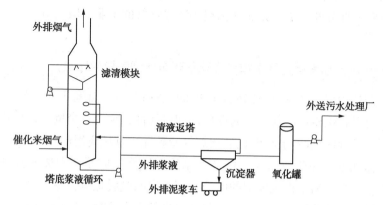

图 3-24 EDV 湿法脱硫工艺流程图

EDV 湿法烟气净化技术的除尘脱硫塔设置了可应对催化裂化多种极端工况下的联锁自保措施，且自保系统操作简单；除尘脱硫塔内无可移动的设备，这也大大提高了该技术长期运行的可靠性，该烟气脱硫装置最长运行周期已达 7 年以上，完全满足和催化裂化装置长周期同步运行的需要；由于循环的吸收液基本维持中性，对设备材质要求不高，因而整个装置的建设成本也相对较低；采用该技术，只需稍做改动即可增加 LoTO$_x^{TM}$ 烟气脱硝技术。

EDV 湿法烟气净化技术可使用不同的吸附剂处理各种废气。配合拉索博再生脱硫系统处理 SO$_2$ 可使吸附剂再生循环利用，降低成本。EDV 用于催化裂化再生烟气脱硫可使用的吸收剂有：氢氧化钠、碳酸钠、碳酸钠晶体、氢氧化镁、海水、双碱法的再生液、拉索博(Labsorb)再生缓冲液等，其中使用拉索博再生缓冲液可实现无废液排放及低试剂消耗费用。

国内一般对烟囱排放高度有要求，所以绝大多数烟囱较高。美国对于烟气脱硫除尘脱硝有具体的环保指标，但是对烟囱高度没有要求，因此，国外部分催化裂化的烟囱可以建得很低，这也较好地降低了建设投资，具体实例如图 3-25 所示。

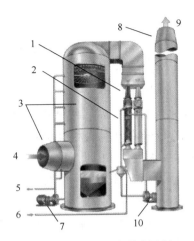

图 3-25 EDV 湿法脱硫图例

1—滤清模块；2—水珠分离器；3—洗涤塔；4—脱前烟气；

5—浆液外甩至后处理单元；6—水和碱液注入口；7—塔底浆液循环泵；

8—烟囱；9—净化烟气；10—滤清模块循环泵

25 EDV 湿法烟气净化技术有哪些特点？

① EDV 湿法烟气净化工艺安全可靠，即使在催化裂化装置烟机突然停机和热工系统的取热设备发生"爆管"的情况下也不会给催化裂化装置和 EDV 烟气净化系统带来严重威胁，较高的水气比以及事故下能大量喷水的自保系统保证了 EDV 烟气净化系统在催化裂化装置运行不正常和污染物浓度不稳定的状况下依然能够运行。

② EDV 湿法烟气净化工艺可较好地适用于已运行的催化裂化装置，该工艺的除尘脱硫设备布置可充分考虑现场条件，尽可能地利用原有的设备和公用工程设施，其中脱硫塔和后处理设施 PTU 部分可因地制宜地分开布置，较好地利用催化裂化装置现场的小面积空地。

③ EDV 湿法烟气净化工艺的脱硫塔内结构简单、系统压降小、除尘效率高、能耗较低，脱硫除尘设备的器壁不容易结垢，能较好地实现长周期运行。

④ EDV 湿法烟气净化工艺操作弹性大，该烟气净化系统可以在 50%~110% 负荷下有效运行，甚至在负荷接近于零的情况下也可以正常运行。

⑤ EDV 湿法烟气净化工艺的专利喷嘴喷出的水滴大小合适并分布狭窄，形成水帘，它能与气体充分接触达到高清除率而又不产生雾气腐蚀和阻塞洗涤塔。气体在塔内的速度并不快，水滴不会转化成浓雾。元件有自清洗功能，运行时不会有堵

塞的现象。

⑥ EDV 湿法烟气净化工艺不会产生酸雾。湿法脱硫工艺要尽可能避免产生"雾"状气体,"雾"会携带酸性物质形成酸雾,一旦产生酸雾,酸雾的强腐蚀性就会对设备和环境造成极大的影响。

⑦ 在一个系统里一体化控制多种烟气污染物,如颗粒物、SO_2、NO_x 和 SO_3 等。EDV 湿法烟气净化工艺是采用分层式和模块式的设计,烟气净化部分可先增上脱硫除尘部分,当环保要求进一步降低烟气中的氮氧化物时,该工艺可在脱硫塔上再增上罗塔斯($LoTO_x$™)脱硝部分,罗塔斯($LoTO_x$™)工艺中的 NO_x 与臭氧反应形成的化合物可以很容易地在清除颗粒物和 SO_2 的过程中从烟气中清除掉。只需要改造脱硫塔就能够满足脱硝要求,后处理设施 PTU 部分不需要动改,改造过程施工简单。

26 可再生湿法脱 SO_2 工艺的原理是什么?有哪些典型的代表工艺?这些工艺的优缺点有哪些?

可再生湿法脱 SO_2 工艺的原理是采用可再生的吸收剂溶液对烟气进行洗涤,将烟气中的 SO_2 吸收,生成不稳定性的盐类富吸收溶液,再进一步对盐类富吸收溶液进行加热再生,再生后的吸收剂循环使用。再生释放出的 SO_2 一般作为炼油厂内硫黄回收装置的原料生产硫黄,也可压缩后直接制成液体 SO_2 产品。该类工艺净化度高,脱硫效率可达到 96% 以上。以美国 Belco 公司的 Labsorb 可再生湿气洗涤工艺和加拿大 Cansolv 公司的 Cansolv 可再生湿法脱硫工艺最具代表性。Labsorb 可再生湿气洗涤工艺首套工业化装置于 2003 年投用,Cansolv 可再生湿法脱硫工艺首套工业化装置于 2002 年投用。

Labsorb 可再生湿法洗涤工艺是使用一种可再生的非有机药剂——磷酸钠溶液来吸收 SO_2,磷酸钠溶液在 EDV 洗涤器中循环(见图 3-26),与烟气中 SO_2 反应将其脱除,富含 SO_2 的溶液送入 Labsorb 再生系统再生。

Labsorb 可再生湿法洗涤工艺的主要反应过程是气态的 SO_2 进入到液体里后被重亚硫酸钠捕获,Na_2HPO_4 同时被转换成更酸性的 NaH_2PO_4,这个反应是瞬时并可逆的,正反应在 SO_2 吸收时发生,而逆反应在再生过程中发生。在蒸发器里,缓冲液中 Na_2HPO_4 过饱和,有 Na_2HPO_4 的结晶物沉淀。如果烟气中有氧,吸收塔里就会有硫酸钠形成,然而系统的缓冲液阻止了这种不被期望的反应。

EDV 部分和 Labsorb 再生系统由四部分组成,即预洗涤塔、吸收塔、蒸发系统和处理系统。预洗涤塔是使用低 pH 值的水循环来清除颗粒物和 SO_3;吸收塔

的主要功能是吸收 SO_2；蒸发系统的作用是从吸收了 SO_2 的再生缓冲液中释放 SO_2；处理系统主要是清除堆积的硫酸钠。预洗涤塔把烟气降温到绝热饱和状态并且清除气态污染物和颗粒污染物。预洗涤塔只用水，因此，这是一个低 pH 值的操作避免了 SO_2 的吸收。SO_2 的吸收专门放在吸收塔部分，用再生缓冲液吸收。富含 SO_2 的溶液再生之前，先与再生后的贫溶液换热并用蒸汽进一步加热后送入 Labsorb 双循环蒸发系统，通过两次加热、分离。冷凝后分离出水分和 SO_2，不含 SO_2 的贫溶液返回洗涤系统，蒸发后的水分和 SO_2 再进入汽提塔，汽提塔顶设置冷凝装置，气体有冷凝液冷却，冷却后 SO_2 浓度达到 90% 送到硫黄回收装置，汽提塔底排出的贫溶液返回洗涤系统(见图 3-27)，富吸收剂再生采用汽提塔蒸汽直接汽提方案。

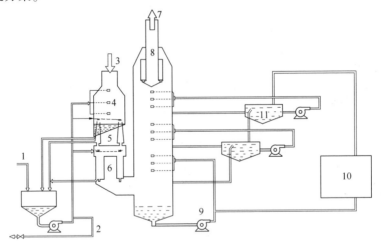

图 3-26　Labsorb 可再生湿法洗涤工艺的 EDV6000 流程图
1—补水；2—浆液外甩至沉淀器；3—脱前烟气；4—预洗涤段；
5—滤清模块；6—除尘区；7—净化烟气；8—水珠分离器；
9—塔底浆液循环泵；10—Labsorb 再生区；11—再生液

　　再生流程可应用叠置床式洗涤塔、盘式洗涤塔或者喷淋塔等。叠置床式或盘式洗涤塔适用于粉尘含量低的烟气，而特殊的喷淋塔可有效处理颗粒物含量高的烟气或有可能带来大量颗粒物的烟气中的 SO_2。各种催化裂化装置就是会产生高颗粒物含量的烟气装置，这更适合于采用湿法洗涤技术。吸收塔部分可分成几个层次进行逆流操作，每一个层次都有自己的液体循环系统。在一个吸收塔里有三个层次的配置，而预洗涤塔在其底部。再生部分的蒸发器使用了标准的设计。在场地紧张的情况下，蒸发器可以放在远离洗涤塔的地方。对大型的再生器，如使用双效蒸发可降低电耗。

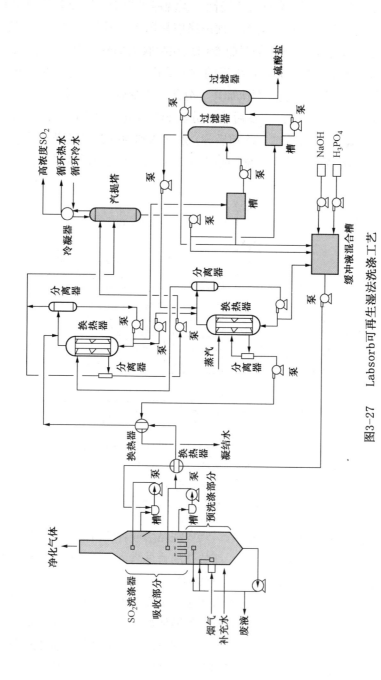

图3-27 Labsorb可再生湿法洗涤工艺

该工艺的优点是：烟气净化度高，溶剂为常规的化工原料（NaOH+H_3PO_4），价格便宜，热稳定性和化学稳定性好，年消耗量仅为开工用量的2%。这种再生式洗涤技术的一个优势就是SO_2的氧化率极低，硫酸钠可选择性清除。根据实验报告，SO_2氧化率小于被吸收的SO_2的0.5%，缓冲液盐的高密度使得氧化率很低。在烟气中由于有O_2的存在造成了高"盐析出"。然而，SO_3的存在也能引起硫酸盐的堆积，产生的硫酸盐堆积尽管小也需要放出以避免过饱和及硫酸盐沉积。蒸发器沉积包括Na_2HPO_4和Na_2SO_4与$Na_2S_2O_5$混合在一起的混合物。再生器的硫酸盐形成量相对较小，如果可以接受排放一定量的蒸发器沉积物，则硫酸盐的堆积就可以避免。该工艺的系统压降仅为1.765kPa（180mmH_2O）。

Labsorb可再生湿法洗涤工艺提供了一次洗涤的流程来处理大量的各种固体/液体排放物，缓冲液的再生极大地减少了操作费用。在这个再生SO_2吸收流程中是水性磷酸钠溶液作为SO_2吸收剂，再生由蒸发实现。这种流程具有高吸收循环能力、高清洗率、完全的化学稳定性、有效抑制亚硫酸盐氧化能力、低化学消耗、可接受的能量消耗、很少的副产品沉积等优势。该系统可与标准设备组合。回收的SO_2可以稳定转换成液体SO_2、硫酸或硫单质。特殊的电/蒸汽消耗（每清除一吨SO_2需数吨蒸汽）随着循环SO_2的吸收能力增加而减少。这个流程特别适合SO_2含量高的烟气，如克劳斯尾气等。然而，即使对SO_2含量低的烟气如烧化石燃料的锅炉产生的富含SO_2的焚烧气，这个技术也具有很大的优势。

该工艺的缺点是：流程较复杂，投资较高，操作较复杂；因SO_2纯度仅为90%，不能直接生产SO_2成品，只能采用硫黄回收或生产硫酸的工艺处理，成本较高。该工艺在意大利Eni集团的Sannazzaro炼油厂有过应用业绩。Sannazzaro炼油厂的FCCU的产能大约是5500t/d（约合38000bbl/d），该装置使用混合蜡油作进料。

Cansolv可再生湿法洗涤工艺由烟气预洗涤、溶剂吸收、溶剂再生、热稳定盐净化等系统组成。自催化裂化来的高温再生烟气在预洗涤器（文丘里）与急冷水直接逆向接触，再生烟气被急冷并饱和，其中的粉尘及微量元素被吸收。急冷水经冷却后循环使用，部分急冷水用过滤器连续过滤，过程烟气急冷降温产生的含尘废水经注碱处理后排入污水处理场处理（见图3-28）。急冷后的烟气预再生系统来的贫胺液逆向接触，烟气中的SO_2被胺液吸收，净化后的再生烟气预烟气换热后排入催化烟囱放空。吸收了SO_2的富溶剂经泵加压和贫富溶剂换热后入再生塔，塔底由重沸器供热，塔顶气体经冷却后进入分液罐，分离出的酸性气送至硫黄回收装置（见图3-29），分离出的酸性液经泵返塔作为回流。塔底贫液经贫富溶液换热器换热并进一步冷却后泵送至吸收塔循环使用(见图 3-30)。在贫液进吸收塔前分流少量的贫液送入热稳定盐净化设施脱除其中的热稳定盐。

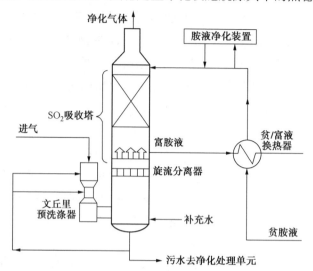

图 3-28 Cansolv 工艺的脱硫除尘示意图

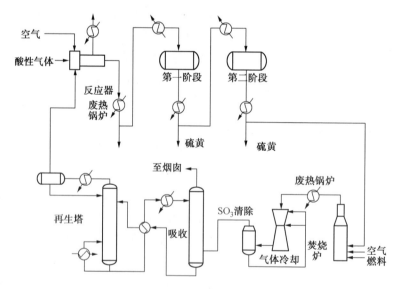

图 3-29 Cansolv 工艺与传统硫黄回收工艺结合的流程

该工艺的急冷与吸收化学反应在 SO_2 吸收塔内分段进行,吸收塔为填料结构,系统压力降较大,因此对催化烟机操作工况影响也较大,其富吸收剂再生采用再生塔重沸器低压蒸汽供热方案。该工艺优点是:烟气净化度高,溶剂热稳定

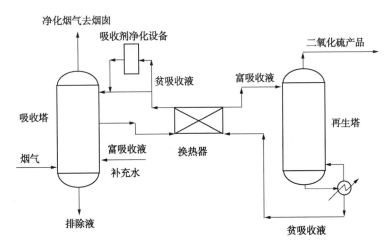

图 3-30 Cansolv 可再生湿法洗涤工艺

性和化学稳定性好，年消耗量为开工用量的 20%~30%。缺点是：能耗较高，1t 溶剂循环量需要低压蒸汽 200~300kg/h；系统压降大，对于固体含量在200mg/m³ 的烟气，系统压降为 5.39kPa(550mmH₂O)；投资较高。到目前为止，该工艺的 工业应用业绩较少，应用于国外催化裂化烟气脱硫的工程案例仅有一套，装置位 于美国特拉华州炼油厂。

可再生湿法脱 SO_2 工艺如果设置填料段用于吸收 SO_2 会给有外取热器、内取 热器、高温取热器的催化裂化带来运行安全问题。对于有这些热工系统的催化裂 化，一旦这些热工系统发生"爆管"，再生器内的催化剂会大量涌出，填料段可 能会出现堵塞，从而造成再生器和锅炉憋压，引发生产事故。另外，烟气中 2~ 3μm 的催化剂细粉很难完全脱除，部分细粉会在溶剂再生系统内富集，富集的催 化剂会对触及到的设备造成堵塞和严重的磨损，因此，采取该技术要充分考虑溶 剂再生系统的设备磨损问题。

美国 BELCO 公司的 Labsorb 可再生湿气洗涤工艺和加拿大 Cansolv 公司的 Cansolv 可再生湿法脱硫工艺吸收 SO_2 的原理都是用吸收剂消耗 H^+ 以促使 SO_2 的 吸收，然后在再生部分再释放 H^+。具体吸收原理见以下方程式(吸附剂用字母 A 表示)：

$$SO_2 + H_2O \Longleftrightarrow H SO_3^- + H^+$$

$$HSO_3^- \Longleftrightarrow SO_3^{2-} + H^+$$

$$A + H^+ \Longleftrightarrow AH^+$$

其中，BELCO 公司的 Labsorb 工艺采用的是 $(Na^+)_2HPO_4^{2-}$ 磷基吸收剂：

$$HPO_4^{2-} + H^+ \Longrightarrow H_2PO_4^{2-}$$

Cansolv 公司的 Cansolv 工艺采用的是 $H^+NRN\,(SO_4^{2-})_{1/2}$ 胺基吸收剂：

$$H^+NRN + H^+ \Longrightarrow H^+NRNH^+$$

相对来讲，胺基的吸收剂不易产生沉淀，磷基有时会产生沉淀。

27　可再生循环吸收法的工艺流程主要由哪几部分组成？

可再生循环吸收法的工艺流程主要由烟气洗涤、SO_2 吸收、富液再生和产品回收四部分组成。其中烟气洗涤要脱除直径大于 $3\mu m$ 的粉尘颗粒和 SO_3；SO_2 吸收是烟气在喷淋吸收塔内与吸收剂贫液进行顺流或逆流接触，吸收 SO_2 的过程；富液再生是吸收了 SO_2 的吸收剂富液进入再生装置，通过加热或汽提解吸 SO_2，同时吸收剂得到再生；回收的产品是解吸的高浓度的 SO_2，可以直接作为产品，也可以与硫酸装置或硫黄装置联合，生产硫酸或硫黄产品。

28　氨法烟气脱硫技术的脱硫原理是什么？工艺流程是怎样的？该技术的工艺适用性如何？

氨法烟气脱硫工程是以水溶液中的 NH_3 和 SO_2 的反应为基础的工艺过程。氨是一种良好的碱性吸收剂。利用氨的这一特点，以水溶液中的 NH_3 和 SO_2 反应为基础，用氨水将废气中的 SO_2 脱除，生成亚硫酸氢铵和亚硫酸铵溶液，经氧化后得到硫酸铵溶液，进而结晶干燥得到硫铵产品。

20 世纪 70 年代初，日本及意大利等国开始研制氨法脱硫工艺并相继获得成功。20 世纪 90 年代后，随着氨法脱硫工艺的不断完善和改进，其应用呈逐步上升的趋势。国外的专业脱硫公司如美国的 Marsulex（GE）、Pricon；德国的 Lentjecs、Bischof、Krupp Kopper，日本的 NKK、IHI、千代田和荏原等开始研究氨法脱硫工艺并相继获得成功。美国 GE 从 1990 年开始建成多个大型示范装置，德国 Krupp Koppers 在德国曼海姆电厂的氨法脱硫装置处理烟气的体积流量为 $750km^3/h$（标准状态），脱硫效率达 90.9%。1994 年，美国北达科他州大平原合成燃料厂在美国能源部的资助下，建造了第 1 个 300MW 机组烟气氨法脱硫工程。

氨法烟气脱硫工程以水溶液中的 NH_3 和 SO_2 的反应为基础，得到亚硫酸铵中间产品：

$$SO_2 + H_2O + xNH_3 \Longrightarrow (NH_4)_xH_{2-x}SO_3 \tag{1}$$

亚硫酸铵氧化为硫铵：

$$(NH_4)_xH_{2-x}SO_3 + 1/2H_2O + (2-x)NH_3 \rule[0.3em]{1.5em}{0.05em} (NH_4)_2SO_4 \qquad (2)$$

采用空气对亚硫铵直接氧化，并利用烟气的热量浓缩生产硫铵母液。

具体工艺流程(见图3-31)为：烟气进入脱硫塔后，先被洗涤降温，然后用氨化吸收液循环吸收烟气中的SO_2生成亚硫酸铵，脱硫后的净烟气经除雾、再加热后或直接经脱硫塔顶的烟囱排放。吸收剂氨与吸收循环液混合后进入吸收塔，吸收烟气中的SO_2形成亚硫酸铵溶液，亚硫酸铵溶液在吸收塔底部被鼓入的空气氧化成硫酸铵溶液，硫酸铵溶液送入洗涤降温段洗涤烟气，利用烟气本身的热量使溶液得到浓缩。浓缩液经结晶增稠后成为硫铵浆液，浆液经离心脱水后送干燥，干燥后的成品硫铵浆液送硫铵包装、储存。离心产生的清液返回系统循环使用。此外，系统还设置了除灰离心机，以保证脱硫系统的稳定运行以及副产硫酸铵的品质。

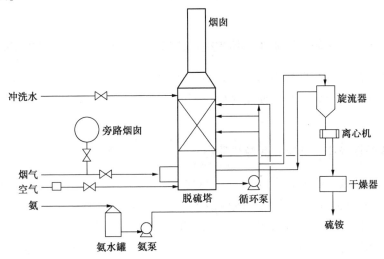

图3-31　氨法烟气脱硫工艺简图

氨法脱硫的脱硫剂是质量分数为5%～10%的氨水溶液。液氨和高含量氨水属于危险化学品，安全管理要求高，如果没有足够的安全生产和运行管理经验，风险较大。因此，在选择氨法脱硫时，应充分考虑氨的供应和安全管理问题。附近有化肥厂、焦化厂、合成氨厂等氨水产生的企业，可以考虑氨法脱硫，以降低风险、减少管理成本。

氨法脱硫工艺虽然被不断完善和改进，但大规模的应用还有待关注。尤其是在系统防腐、烟气二次污染、烟尘对系统的堵塞、副产品的稳定性等方面需作进一步的技术提升。氨法脱硫涉及了多个化工生产单元，操作单元之间关联紧密，工艺系统相对复杂，操作运行要求高。因此，在自动控制、运行稳定性方面仍需优化。在设计及运行管理上充分考虑异常及事故状态下氨的控制措施。氨法脱硫技术大多应用于电力系统的烟气治理。由于氨法脱硫工艺特性以及脱硫剂本身的危险性，加大了电力行业生产运行和安全管理的难度。关于气溶胶、氨雾等导致的氨逃逸问题，虽然国内多家公司已声称可较好地控制氨逃逸问题，但据实际考察，效果不佳。催化裂化装置再生烟气中 SO_3 含量较电厂烟气更高，更容易产生气溶胶。在运行成本方面。液氨价格一般是硫酸铵价格的 2~4 倍，因此，从经济性方面考虑，采用氨法脱硫经济性较差。催化裂化装置烟气中含有大量催化剂颗粒，这些颗粒会使产品带入钒、铬、镍等重金属，如作为化肥会给土壤带来污染，国内氨法烟气脱硫的硫酸铵产品只能作为复合肥低价出售。硫酸铵结晶过程需要消耗大量蒸汽。此外，氨法烟气脱硫对于装置的腐蚀性(包括对周边设施的腐蚀)等也是不容忽视的问题。该工艺在催化裂化装置上的业绩很少。

29 可再生烟气脱硫技术路线的化肥法应用在催化裂化装置会面临哪些问题？

化肥产品中含有催化剂粉尘，影响化肥产品的质量及销路，催化裂化装置的催化剂上含有重金属，长期使用含催化剂的化肥会对土壤和水环境造成影响。

30 双循环新型湍冲文丘里除尘脱硫技术工艺流程是怎样的？

中石化宁波工程有限公司和中国石化大连(抚顺)石油化工研究院联合开发的"双循环新型湍冲文丘里除尘脱硫技术"采用了具有专利技术的文丘里组件和湍冲组件，以高效双塔双循环烟气脱硫系统为核心，形成烟气分级处理、吸收液分级配置的烟气除尘脱硫工艺。该技术包括除尘激冷预洗涤系统、洗涤吸收系统和废水处理系统三部分。具体流程如下：来自催化裂化装置余热锅炉的烟气首先送入除尘激冷塔，在其中烟气由上到下分别经过格栅式文丘里段和湍冲喷淋段后，除尘并降温至饱和状态，烟气中的大部分二氧化硫、颗粒物以及其他酸性气体被吸收；经过格栅式文丘里后，脱除一部分 SO_2 和粒径较大的颗粒，紧接着烟气进入湍冲段，在湍冲段内降温至饱和状态，烟气中的大部分 SO_2 和颗粒物以及其他酸性气体被吸收。除尘脱硫后的烟气进入主塔，上升进入除泡器，通过除泡器，更细的粉尘得到浓缩和过滤，细微颗粒物和 SO_3 雾气聚积，无雾气产生，不结垢，且压力降低，能自行清洗。经过除泡器气体的烟气上升进入上的喷淋层，烟气在喷淋区进一步和循环浆液充分混合，脱除烟气中残余的二氧化硫。后经除雾器除去水雾后的净烟气经上部烟囱排入大气。外排浆液由泵打入胀鼓式过滤器进行固液分离，分离后浓浆液通过真空带式脱水机沉淀脱水后形成泥饼，拉出场外填埋。上排清液进入氧化罐再次氧化后达标排放。

31　双碱法气动再生脱硫技术如何实现催化裂化烟气脱硫除尘？

双碱法气动再生脱硫技术是中国石化燕山石化公司、中国航天空气动力技术研究院、中国石化北京化工研究院燕山分院共同开发的 DRG（Dynamic Regeneration Gypsum）催化裂化再生烟气脱硫技术，首套工业化装置于 2011 年投用。DRG 催化裂化再生烟气脱硫技术是在气动脱硫技术与双碱法脱硫技术的基础上发展起来的，它利用钠盐在脱硫塔内进行脱硫，然后用熟石灰对脱硫后的钠盐进行再生，通过增设酸化系统，利用烟气里 SO_2 形成的酸性溶液对再生产物进行酸化和氧化，最终生成稳定的副产物——石膏。具体工艺过程如下：

烟气首先进入脱硫酸化塔的酸化段，酸化溶液吸收烟气中的 SO_2 提高酸化溶液的酸性，烟气随后上升进入脱硫段。在脱硫段的气动脱硫单元内，脱硫溶液中的 $NaOH$、Na_2SO_3 与烟气中 SO_2 发生快速化学反应，生成 Na_2SO_3、$NaHSO_3$，并除去烟气中大部分催化剂粉尘。酸化段内的溶液与酸化罐之间不停地进行浆液循环，利用酸化溶液吸收的 SO_2 对进入酸化罐的再生浆液进行酸化。脱硫段不仅吸收 SO_2，还捕获烟气粉尘，并通过脱硫段排浆泵将脱硫段浆液输送至沉淀器，脱硫浆液经过沉淀后，上清液进入再生系统，底部高浓度催化剂粉尘沉淀进行固液分离，分离出来的催化剂通过脱水后形成泥饼，拉出场外填埋，沉淀器的上清液返塔回用。

双碱法脱硫工艺对脱硫后生成的含有亚硫酸钠、亚硫酸氢钠和硫酸钠的脱硫浆液进行再生处理，脱硫浆液采用 $Ca(OH)_2$ 浆液进行再生置换，生成亚硫酸钙沉淀和 $NaOH$ 溶液。再生浆液经沉淀浓缩后，含有 $NaOH$ 的上清液作为脱硫剂回用，底流则进入酸化系统。在酸化系统内生成亚硫酸氢钙，随后进入氧化系统，通空气氧化，同时结晶，生成石膏晶体并长大，最后经真空皮带机产成石膏。

双碱法气动再生脱硫技术的流程特点是：①脱硫液再生后循环利用，降低了脱硫液的使用量；②工艺中增加软化系统，采用补加 Na_2CO_3 的方法降低再生液的结垢趋势；③在石膏生成系统中首先将再生分离的沉淀物进一步采用旋液分离器浓缩处理，减少了沉淀物酸化时的用酸量；④底流酸化的用酸取自酸化系统，无外加硫酸，工艺更加环保；⑤硫以稳定的石膏形式脱除，降低了二次污染的风险。

双碱法脱硫过程中发生的反应如下：

① SO_x 吸收过程。

$$Na_2SO_3 + SO_2 + H_2O \longrightarrow 2NaHSO_3 \quad (pH = 5 \sim 9 \text{时}) \tag{1}$$

$$2NaOH + SO_2 \longrightarrow Na_2SO_3 + H_2O \quad (pH > 9 \text{时}) \tag{2}$$

$$2NaOH + SO_3 \longrightarrow Na_2SO_4 + H_2O \tag{3}$$

其中，式(1)是运行过程的主要反应式；式(2)和式(3)是再生液 pH 值较高时的主要反应式。

② 再生过程。

$$2NaHSO_3 + Ca(OH)_2 \longrightarrow Na_2SO_3 + CaSO_3 \cdot 1/2H_2O \downarrow + 3/2H_2O \tag{4}$$

$$2Na_2SO_3 + 2Ca(OH)_2 + H_2O \longrightarrow 4NaOH + 2CaSO_3 \cdot 1/2H_2O \downarrow \tag{5}$$

$$Na_2SO_4 + Ca(OH)_2 + 2H_2O \longrightarrow 2NaOH + CaSO_4 \cdot 2H_2O \downarrow \tag{6}$$

由于的 $CaSO_4$ 在水中溶解度远远大于 $CaSO_3$ 的溶解度，式(6)的反应在再生阶段不易进行，需要溶液中的 Ca^{2+} 浓度保持在较高浓度条件下才能发生。

③ 酸化过程。

$$SO_2 + H_2O \longrightarrow H_2SO_3 \tag{7}$$

$$SO_3 + H_2O \longrightarrow H_2SO_4 \tag{8}$$

$$CaSO_3 \cdot 1/2H_2O + H_2SO_3 \longrightarrow Ca(HSO_3)_2 + 1/2H_2O \tag{9}$$

④ 氧化结晶过程。

$$Ca(HSO_3)_2 + O_2 \longrightarrow CaSO_4 + H_2SO_4 \tag{10}$$

$$CaSO_4 + 2H_2O \longrightarrow CaSO_4 \cdot 2H_2O \tag{11}$$

钠-钙双碱法是为了克服石灰石(石灰)-石膏法易结垢的缺点而发展起来的，该法实现了吸收剂的再生和脱硫渣的沉淀独立于吸收系统之外。该技术以 $NaCO_3$ 或 $NaOH$ 溶液作为第一碱吸收烟气中的 SO_2 生成 $NaHSO_3$ 和 $NaSO_3$，然后用石灰或石灰石作为第二碱再生出 $NaOH$ 同时得到 $CaSO_3 \cdot 1/2H_2O$ 后经氧化得到 $CaSO_4 \cdot 2H_2O$ 晶体。钠基脱硫液溶解度大，减少了堵塞现象，便于设备运行与保养，提高了运行的可靠性；钠基脱硫液液气比小，脱硫效率高，一般在90%以上。但是吸收系统中副产的 $NaSO_4$ 再生困难，需要向系统内补充 $NaCO_3$ 或 $NaOH$。

钠-钙双碱法有一个突出的优点是可以和 EDV 湿法脱硫工艺形成组合工艺，组合工艺可以较好地利用 EDV 系统的高脱硫效率，在钠-钙双碱法石膏系统故障时可再利用 EDV 的后处理系统保证外排水的处理，这种处理方案既可以将烟气中的二氧化硫转化为固体石膏，也可以将烟气中的二氧化硫转化为浓盐水，可以有效地控制浓盐水的外排量，也可以两条处理路线同时开启。实际运行中还发现 Belco 技术的脱硫塔产生的亚硫酸根离子多于中国航天空气动力技术研究院开发的脱硫塔，亚硫酸根离子越多，越有利于后续碱液再生反应的进行，因此，如果两套催化裂化装置处理量不同，处理量大的催化裂化装置采用 Belco 技术较好。在组合流程中，两套脱硫工艺共有一套沉淀器和污泥脱水系统，可有效地降低总投资，具体组合工艺流程见图 3-32。

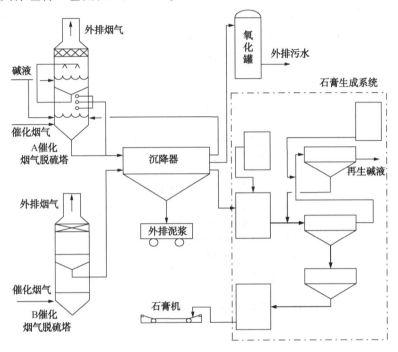

图 3-32　EDV 湿法脱硫工艺和钠-钙双碱法脱硫工艺相组合的流程

32　双碱法气动再生脱硫技术中补充 Na_2CO_3 溶液的作用是什么？

$CaCO_3$ 的溶度积为 2.8×10^{-9}，$CaSO_3$ 的溶度积为 6.9×10^{-8}，$CaSO_4$ 的溶度积为 9.1×10^{-6}，因此，利用 $CaCO_3$ 的溶度积远小于 $CaSO_3$ 和 $CaSO_4$ 的溶度积的原理，通过加入适量的 Na_2CO_3 溶液，使再生液中与 $CaSO_3$ 和 $CaSO_4$ 饱和的 Ca^{2+} 生成 $CaCO_3$ 沉淀，降低再生液中的 Ca^{2+} 浓度，从而减小 $CaSO_3$ 和 $CaSO_4$ 的结垢倾向。同时，过量的 Na_2CO_3 可以起到补充脱硫剂的使用。虽然加入 Na_2CO_3 降低再生液中的 Ca^{2+} 浓度后再生液也为 $CaCO_3$ 的饱和溶液，也可能会引起 $CaCO_3$ 结垢，但是，由于沉淀后溶液中的 Ca^{2+} 浓度已经很低，结垢的能力已经很小，即使结垢，垢量也会比 $CaSO_3$ 和 $CaSO_4$ 的少，而且生成的是 $CaCO_3$ 垢，比 $CaSO_4$ 垢容易处理。

33 **pH 值对石膏和 CaSO₃的溶解度有怎样的影响?**

在脱硫塔内,pH 值越高,脱硫效率越好,但是催化裂化装置或者是一些外来水源会把钙带入到脱硫塔,脱硫塔里既可能有 $CaSO_3$,又可能有 $CaSO_4$。当 pH≥6.0 时,$CaSO_3$几乎不能溶解,浆液中的 $CaSO_3$浓度超过临界饱和浓度时会沉淀,还容易造成浆液沉淀,堵塞设备,造成脱硫效率下降,所以运行中应控制合理的控制 pH 值。50℃下 pH 值对石膏和 $CaSO_3$的溶解度影响如图 3-33 所示。

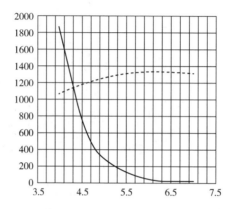

图 3-33   50℃下 pH 值对石膏和 CaSO₃的溶解度影响

34 **双碱法气动再生脱硫技术中气动脱硫段的工作原理是什么? 气动脱硫技术有何技术特点?**

气动脱硫段由若干个气动脱硫单元并联组成,在每个脱硫单元内,烟气从气动脱硫单元下方进入,在旋流器的作用下,形成具有一定速度的向上的旋转气流,将上层喷淋管路注入的吸收液托住反复旋切,形成一段动态稳定的液粒悬浮层,由于气相流速高,剪切力强,所以气液两相的比表面积高,掺混强度大,传质效率高。与喷淋塔等相比,气动脱硫塔变“气包液”为“液包气”,能够以较低的液气比实现较高的脱硫效率和除尘效率。

气动脱硫技术的技术特点是:①提高气液两相分散掺混强度,增大脱硫浆液的比表面积,从而提高传质效率;②与喷淋塔相比,启动脱硫塔液气比小,吸收液循环量小,系统可控性好,运行费用低;③气动脱硫单元中旋流器有效地提高了气液两相之间的传质效果,减薄气膜和液膜的厚度;④气液剧烈掺混,能够捕捉到大部分的超细粉尘。

35 近期催化裂化湿法烟气脱硫技术有哪些主要研发方向？

目前催化裂化湿法脱硫技术研究的主要方向有：①开发高效传质技术和装备，改善气液接触条件，增加传质效果。②研究高效的液相脱硫剂，提高脱硫效率。③研究新型的防腐材料、防结垢材料。④开发高效节水和防止内部结垢的除雾器。⑤开发高效的污泥脱水设备，降低污泥处理成本。⑥缩短烟气脱硫技术总流程，开发节能高效的浓盐水蒸发技术。⑦进一步回收余热锅炉出口烟气的能量，降低烟气脱硫装置的水耗。⑧解决烟气因形成的气溶胶而造成的"拖尾"问题。⑨实现进一步的烟气污染物超低排放问题。

36 什么是折点氯化法？

折点氯化法是污水处理工程中脱氮的一种工艺。

折点氯化法（Break Point Chlotination）是将氯气通入废水中达到某一点，在该点时水中游离氯含量较低，而氨的浓度降为零。当氯气通入量超过该点时，水中的游离氯就会增多。因此，该点称为折点。该状态下的氯化称为折点氯化。折点氯化法除氨的机理为氯气或次氯酸钠与氨反应生成无害的氮气，其主要反应方程式为：

$$NH_3 + HOCl \longrightarrow NH_2Cl(一氯胺) + H_2O$$

$$NH_3Cl + HOCl \longrightarrow NHCl_2(二氯胺) + H_2O$$

$$NHCl_2 + HOCl \longrightarrow NCl_3(三氯化氮) + H_2O$$

上述反应与 pH 值、温度和接触时间有关，也与氨和氯的初始比值有关，大多数情况下，以一氯胺和二氯胺两种形式为主。其中的氯称为有效化含氯。在含氨水中投入氯的研究中发现，当投量达到氯与氨的摩尔比值 1:1 时，化合余氯即增加，当摩尔比达到 1.5:1 时（质量比 7.6:1），余氯下降到最低点，即"折点"。为了保证完全反应，一般氧化 1mg 氨氮需加 9~10mg 的氯气。pH 值在 6~7 时为最佳反应区间，接触时间为 0.5~2h。折点氯化法的处理率达 90%~100%，处理效果稳定，不受水温影响，投资较少，折点氯化法的缺点是加氯量大，费用高，工艺过程中，副产物氯胺和氯代有机物会造成二次污染。

折点氯化法在美国等国家可以使用，在德国禁止使用。

第二节　烟气脱硝技术

1 炼油企业传统的降低各类燃料的烟气中氮氧化物的方法是怎样的？该处理方式有哪些优缺点？

传统的降低各类燃料的烟气中氮氧化物的方法是采用低 NO_x 燃烧设备来减少 NO_x。低 NO_x 燃烧设备就是在原有传统燃烧器的基础上增加空气分级、燃料分级以及烟气再循环等优化手段，减缓燃烧剧烈程度，降低火焰高温区的温度，减少 NO_x 的生成量，从而达到降低 NO_x 排放的目的。部分对加热炉等燃烧设备要求严格的地区还要采取低 NO_x 燃烧设备和选择性催化还原方法（SCR）相结合的脱硝方式进行脱硝治理。选择性催化还原方法是利用适当的催化剂，在一定的反应温度下以液氨（或氨水）等作为还原剂，在催化剂的作用下利用还原剂的还原选择性，优先与 NO_x 发生反应使其转化为无环境污染的氮气和水的一种脱硝方法。

无论采用燃烧技术还是采用 SCR 技术减少 NO_x，目前都还无法做到零排放。降低 NO_x 的过程不是投资以获得商品利润的过程，而是改善环境、奉献社会的过程。在 SCR 技术使用液氨过程中要加强液氨的管理，疏于对设备管线等的管理和维护，液氨泄漏会对环境产生影响，这将是 SCR 项目实施潜在的风险，应加以规避。采用低 NO_x 燃烧技术减少 NO_x 时，炉膛内 CO 的生成量会增加，应加强对 CO 以及炉膛内火焰燃烧情况的监测，根据监测的数据及时进行调整，对于加热炉还要防止在加热炉的尾部发生二次燃烧的危险及熄火的危险。对于炼油企业，燃烧系统使用的燃料油、燃料气成分经常变化，油、气混烧的比例也根据炼油厂里不同工况经常性的变化。采用的低 NO_x 燃烧器和增加烟气再循环系统的脱硝方案主要对热力型 NO_x 的产生有较强抑制作用，对燃料型 NO_x 的产生抑制作用不明显。

2 烟气再循环技术降低烟气中 NO_x 排放量的基本过程是怎样的？

在降低烟气中 NO_x 排放量的各类技术中，除将燃烧器改造为低氮燃烧器，分级配风来降低 NO_x 排放量之外，还可从锅炉的出口处抽取温度较低的烟气，通过再循环风机将抽取的烟气送入空气烟气混合器，和空气混合后一起送入炉内，采用烟气再循环技术来降低 NO_x 排放量。采用烟气再循环技术，循环回来的烟气中 O_2 含量明显降低，而 CO_2 浓度有一定程度的整体增加，加之锅炉内需要加热的烟气量的增加，导致炉膛温度有所下降，进而对于炉膛内热力型 NO_x 的产生起到了很大的抑制作用。另外，对于炉膛内燃料型 NO_x 的生成也起到一定的抑制作用。烟气再循环技术的具体工艺过程见图3-34。

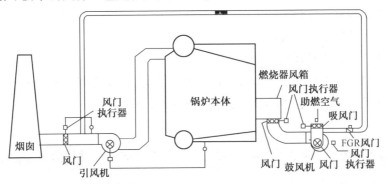

图3-34 烟气再循环技术的工艺流程

烟气再循环法降低 NO_x 排放技术的关键是：①再循环率。一般当烟气再循环率为15%～20%时，煤粉炉的 NO_x 排放浓度可降低25%左右。②炉内燃烧温度和燃料种类。燃烧温度越高，烟气再循环对降低 NO_x 排放的影响越大。当燃烧不同燃料时，采用烟气再循环降低 NO_x 排放的效果也不同。③烟气送入炉膛的位置。当烟气直接送入炉膛时，从炉膛下部和从炉膛上部送入对降低 NO_x 排放的效果也有很大影响。

3 催化裂化烟气脱硝主要有哪些技术？

催化裂化烟气脱硝主要采用还原法和氧化法。还原法是一种在燃料基本燃烧完毕后通过还原剂把烟气中的 NO_x 还原成 N_2 的一种技术。在催化裂化烟气脱硝中，还原法有选择性催化还原法脱硝技术（selective catalytic reaction，SCR）和选择性非催化还原法脱硝技术（selective non catalytic reaction，SNCR）。氧化法是用氧化剂将 NO_x 氧化成可用水吸收成酸类物质，再用碱中和的方法。氧化法有臭氧氧化技术（LoTO$_x^{TM}$）和液体氧化脱硝技术。此外，还有荷兰 Paques Natural Solutions 公司开发的生物反应器脱除 NO_x 技术，但是该技术目前难以适应日益严格的环保要求，脱除 NO 的效率为80%左右。

4 选择催化裂化烟气脱硝技术的一般原则是什么？

① NO_x 排放浓度、排放量均能满足国家、地方有关部门的环保排放标准要求。

② 技术成熟，运行可靠，有良好的运行业绩，在此基础上争取主要装置和设备为国产化或能逐步实现国产化。

③ 脱硝剂有可靠稳定的来源，贮存输送方便、安全，质优价廉。

④ 能源消耗少，资源消耗少，运行费用低。

⑤ 脱硝过程不对环境产生二次污染。

⑥ 脱硝系统工艺简单，布置合理，占地面积小，对锅炉装置影响小。

⑦ 该脱硝技术不会影响催化裂化装置的运行安全。

5 选择性催化还原法（SCR）脱硝技术的原理是什么？该技术有哪些优缺点？

选择性催化还原法（SCR）脱硝技术通常使用 $TiO_2/V_2O_5/WO_3/MoO_3$ 整装填料催化剂，在 300~380℃ 时引入还原剂，则 NO 或 NO_2 被 NH_3 还原生成氨。适当的烟气中过剩氨浓度有利于 NO_x 的转化。NH_3 选择性催化还原 NO_x 的主要反应如下：

$$4NH_3 + 4NO + O_2 \longrightarrow 4N_2 + 6H_2O \tag{1}$$

$$4NH_3 + 2NO_2 + O_2 \longrightarrow 3N_2 + 6H_2O \tag{2}$$

脱氮反应过程完成要经历以下五个步骤：①反应物扩散到催化剂表面；②活性点对氨的吸附；③氨和氮氧化物的反应；④反应产物氮气与水蒸气扩散到烟气中；⑤钒等活性位的再氧化，具体扩散步骤见图 3-35。

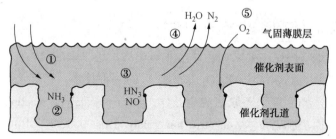

图 3-35　脱氮反应机理

SCR 高温催化还原脱硝技术需要一套单独的类似于一套中型锅炉大小的装置（见图 3-36），它包括 SCR 反应器、催化剂床层，以及脱硝剂储存及输送系统、水系统、蒸汽系统、压缩空气系统及脱硝配电和仪表控制（见图 3-37~图 3-40）。

SCR 工艺一般分为高温（450~600℃）SCR、中温（320~450℃）SCR 和低温（120~300℃）SCR。目前，商业上应用比较广泛的是中温 SCR 催化剂，中温 SCR

反应器对催化余热锅炉或 CO 锅炉结构影响较大，在已有的催化余热锅炉或 CO 锅炉上实施中温 SCR 技术难度很大。开发低温 SCR 催化剂，将低温 SCR 反应器设置在催化余热锅炉或 CO 锅炉后部，可以降低工程实施的难度。与催化余热锅炉或 CO 锅炉排烟温度（180~230℃）匹配的低温 SCR 催化剂开发是目前研究热点。Shell GS（壳牌全球解决方案）公司的低温去除氮氧化物（Shell DeNO$_x$ System，SDS）技术通过氧化钛/氧化钒催化剂与氨作用，将氮氧化物转化为无害的氮气和水。该系统主要由侧流反应器（LFR）的高活性、专利的催化剂组成，在较低的温度（120℃）和较低的压力降（1~2kPa）下可以使氮氧化物排放体积分数小于 10~50μL/L，氨逃逸体积分数小于 5~10μL/L。

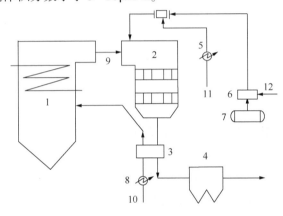

图 3-36　典型的火力发电锅炉 SCR 烟气脱硝系统
1—蒸汽发生器；2—SCR 反应器；3—空气预热器；4—电除尘；5，8—加热器；
6—蒸汽加热器；7—氨罐；9—烟气；10，11—空气；12—蒸汽

图 3-37　NH$_3$ 喷射栅格和静态混合器

图 3-38　氨的流量分配阀门站

图 3-39　氨的存储系统　　　　　图 3-40　氨的蒸发器

　　SCR 技术对催化剂的形状(填料催化剂本身形成的压降和催化剂孔道是否存在易于积存催化剂粉尘的缺陷等)、脱硝反应器的设计以及脱硝部分的烟气管道的设计要求极高,否则很难保证催化裂化装置的长周期运行。一般较常用的 SCR 脱硝技术的催化剂要求处理的烟气温度在 350~380℃ 之间。如果烟气温度高于 400℃ 则大部分的还原催化剂会烧熔,从而造成对 SCR 反应器的致命破坏,并堵塞烟气的正常流径,从而很有可能迫使烟机或锅炉的摘除,使烟气从三旋或四旋直接旁路到烟囱排放的大气中;如果改走旁路操作不及时还有可能造成催化装置的停车。如果烟气的温度低于催化剂要求指标(如有的催化剂要求不能低于 350℃),则脱硝催化的反应效率急剧下降,完全不能达到脱硝的环保要求。另外,催化装置的锅炉每天都有吹灰的操作。催化装置本身存在着催化剂大量跑失和/或烟机摘除,烟气出现较高温的紧急工况,都会带来影响长周期运转方面的问题。而且,该技术对烟气中的 SO_3 浓度要求也较为严格,如 SO_3 浓度较高时,在一定温度下 SO_3 和 NH_3 反应生成硫酸铵或硫酸氢铵,这些产物将以颗粒状态降低烟气透明度,或以黏稠酸性物状态沉积在设备上,造成通道堵塞和设备损坏。其中 NH_4HSO_4 的沉积温度为 150~200℃,其黏度较大,加剧对空气预热器换热元件的堵塞和腐蚀。催化裂化反应过程较为复杂,反应过程中产生的杂质以及脱硫产物有导致催化剂中毒的可能。催化裂化催化剂硬度大,尤其在吹灰时催化剂浓度较高,容易造成 SCR 催化剂的磨损。另外,催化裂化烟气中的含水量对催化剂的活性也有明显影响(见图 3-41),而不同的催化裂化装置的烟气含水量也有一定的差异,因此,即使在催化裂化烟气中氮氧化物含量相同,SCR 催化剂装填方案一致的情况下,脱硝率也会有差异。SCR 催化剂的活性受温度影响也很大,具体影响曲线见图 3-42。

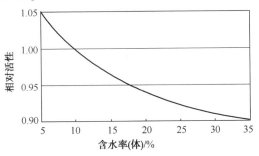

图 3-41 烟气含水率对催化剂活性的影响

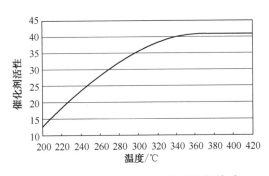

图 3-42 催化剂活性和温度之间的关系

在能够满足脱硝要求的情况下，用于脱硝的催化剂用量越少越好，催化剂的空隙大点为好，一般控制脱硝率<75%为佳，这并不是 SCR 技术难以达到更高的脱硝率，而是要追求更高的脱硝率将会使脱硝设备出现的问题更多，导致脱硝设备无法运行下去的可能性也就成倍地增加。

6 应用在催化裂化装置上的典型的 SCR 烟气脱硝技术设计是怎样的?

SCR 烟气脱硝系统包括还原剂制备单元和 SCR 脱硝反应单元两部分，见图 3-43。在还原剂制备单元中来自界区外的液氨在液氨蒸发器中气化为氨气，采用热水加热，氨气经氨气缓冲罐缓冲后送反应区氨/空气混合器。在该单元设置有一台氨稀释罐，处理事故工况下系统排放的氨。液氨蒸发器液氨进口、氨气出口，氨气缓冲罐氨气出口管线上均设有安全阀，安全阀起跳排放的氨送氨稀释罐用大量水稀释，含氨废水送污水处理厂处理。该单元还设置有消防水喷淋系统，一旦发生氨泄漏，立即启动喷淋系统对泄漏的氨进行吸收。在 SCR 脱硝反应单元中，引自余热锅炉蒸发段的锅炉烟气，经烟道进入 SCR 脱硝反应器，来自脱硝剂制备单元氨气缓冲罐的氨气进入氨/空气混合器，与来自稀释风机的空气按一定比例混合，氨/空气混合气体经氨喷射系统自 SCR 脱硝反应器前部烟道喷入原烟气中，并与原烟气均匀混合，然后进入 SCR 脱硝反应器；在 SCR 脱硝反应器中，氨与烟气中的 NO_x 在催化剂的作用下发生还原反应，生成 N_2 和 H_2O，净化后的烟气经 SCR 脱硝反应器后部烟道返回余热锅炉省煤器前。催化剂为蜂窝式催化剂，采用"2+1"方式布置，初始安装 2 层，预留 1 层位置。为防止积灰，为每层催化剂设置蒸汽吹灰器和声波吹灰器。设置氮气吹扫系统，在脱硝系统启停时对管道中的氨进行置换，防止事故发生。

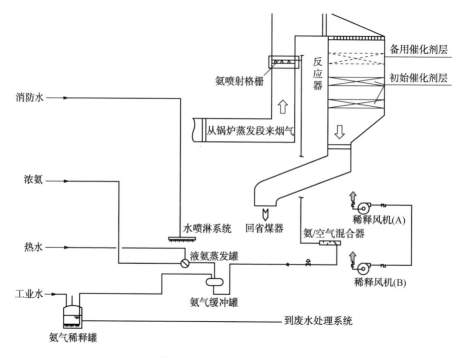

图 3-43　SCR 脱硝工艺流程

在 SCR 的一些设计要点上要注意，喷氨系统设置位置主要考虑因素为：尽量使氨与烟气均匀混合，设计时根据 CFD 模拟结果，留出尽量长的烟道混合段。导流板及烟气整流装置的安装是为了保证氨与烟气均匀混合，根据 CFD 模拟结果，在 SCR 反应器前烟道内设置烟气导流板，在 SCR 反应器入口帽罩内设置烟气整流装置。稀释风流量应按设计和校核工况中的较大耗氨量，稀释后混合气体中氨气的体积浓度不高于5%进行设计。有的催化裂化装置余热锅炉为微正压炉，在确定稀释风机风压时，应充分考虑需要克服的烟气压力、风管上的调节阀压损、稀释风管路沿程压力损失等因素。根据《固定式压力容器安全技术监察规程

》(TSG R0004—2009)，对于液化气体临界温度≥50℃，且无保冷设施的情况，规定温度下的工作压力取 50℃饱和蒸气压力，液氨临界温度 132.25℃，50℃饱和蒸气压力为 2.032MPa。因此液氨储存设施工作压力应取 2.032MPa，液氨储存设施的设计压力不应低于工作压力，参考国家质量技术监督局颁布的《压力容器安全技术监察规程》(质技监局锅发〔1999〕154 号)，液氨推荐的设计压力为 2.16MPa。根据《压力管道规范工业管道第 3 部分：设计和计算》(GB/T 20801.3—2006)，与设备相连的管道设计压力不应低于设备设计压力。因此，液氨蒸发器内筒设计压力取 2.16MPa，与液氨蒸发器内筒相连接的液氨管道设计压力也取 2.16MPa。氨气系统设计压力的确定该项目在液氨蒸发器出口氨气管线和氨气缓冲罐出口氨气管线上均设有安全阀，起跳压力设定值均为 0.5MPa。因此氨气缓冲罐设计压力取 0.6MPa，与氨气缓冲罐相连接的氨气管道设计压力也取 0.6MPa。

7　SCR 催化剂的应用有哪些技术要点？

SCR 催化剂适用于烟气的脱硝系统，主要有蜂窝式、波纹板式和板式 SCR 催化剂(SCR 催化剂外观见图 3-44~图 3-46)，蜂窝式 SCR 催化剂主要的国外供应商有 Argillon、Babcock Hitachi(BHK)，波纹板式 SCR 催化剂主要的国外供应商有 Haldor Topsoe、Hitachi Zosen(Hitz)，板式 SCR 催化剂主要的国外供应商有 Cormetech、Argillon、Ceram 和 CCIC。蜂窝式 SCR 催化剂的优点是比表面积大、抗热冲击能力强；缺点是抗灰阻塞能力一般。板式 SCR 催化剂的优点是抗阻塞性好、烟气阻力小、结构强度高；缺点是多层结构，表层活性材料易脱落。催化剂的选型主要因素有烟气中飞灰的含量、烟气中飞灰颗粒尺寸、反应器布置空间、SCR 烟气阻力要求等因素。催化剂的主要生产工序有配料混合、挤出成型、干燥、烧结、切割成型、质量检验、组装等过程。SCR 催化剂设计中还要考虑其他诸多因素，其中包括催化剂的寿命、SO_2 到 SO_3 的转化率、使用 NH_3 的烟气最低温度、高温下催化剂的烧结、As 的毒化、碱土金属(如 CaO 等)、碱金属(Na、K)的毒化、卤素(Cl)的毒化、飞灰磨损等因素。在 SCR 催化剂的应用上只有掌握了流场分析手段，才能真正掌握 SCR 烟气系统的设计核心，才具备进一步改善烟气流动，提高混合效果的技术基础。在 SCR 催化剂的应用上应建立 SCR 流场模型实验室并组织相关人员展开 SCR 流场的研究工作。气动实验室应包括流场分布、气体示踪、积灰分布等各项必须的实验科目。SCR 反应器结构比较复杂，重量很大，工作条件恶劣，安装位置高，不便施工，特别是对于改造项目，因此，实施 SCR 技术的厂家要具备工厂化加工的技术实力。工厂化加工的主要优点是：①加工误差小，现场组装时进度快，工作量减小很多，降低对其他安装工作或正常生产的影响；②工厂和实验室研发紧密结合在一起，随时可以纠正结构偏差，保证反应器的优良性能；③可进一步降低工程造价。国外 SCR 反应器大部分采用工厂化加工，现场组装的模式。

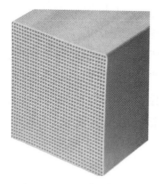
图 3-44　蜂窝式
SCR 催化剂

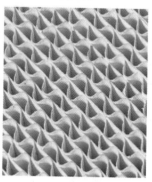
图 3-45　波纹板式
SCR 催化剂

图 3-46　板式
SCR 催化剂

8 催化剂在气固体系分类中属于哪一类颗粒，各类颗粒在气固环境中有哪些特性？

1973 年 Geldart 在大量实验的基础上，提出了具有实用意义的颗粒分类法——Geldart 颗粒分类法。该分类方法根据不同的颗粒粒度及气固密度差，将颗粒分为 A、B、C、D 4 种类型，用以说明气固流化床中颗粒的粒度和颗粒的表观密度与气体密度之差对流化特性的影响。这种分类方法只适用于气固体系。

A 类颗粒称为细颗粒或可充气颗粒，一般具有较小的粒度（30～100μm）及颗粒密度（$\rho < 1400$ kg/m³）。A 类颗粒的初始鼓泡速度（U_{mb}）明显高于最小流化速度（U_{mf}），并且床层在达到鼓泡点之前有明显的膨胀，且密相中的气固返混严重，气泡相和密相之间气体交换速度较高。随着颗粒粒度分布变宽或平均粒度变小，气泡尺寸随之减少。催化裂化装置的催化剂颗粒是典型的 A 类颗粒物料。

B 类颗粒物料称为粗颗粒或鼓泡颗粒，一般具有较大的粒度（100～600 μm）及密度（$\rho > 1400$ kg/m³）。其初始鼓泡速度（U_{mb}）和最小流化速度（U_{mf}）相等。因此，气速一旦超过最小流化速度，床层内立即出现两相（气泡相和乳化相），乳化相又称密相，且乳化相中气固返混较小。气泡相和乳化相之间气体交换速度也较低，且气泡尺寸几乎与颗粒粒度分布宽窄及平均粒度无关，砂粒是典型的 B 类物料。

C 类颗粒属于黏性颗粒或超细颗粒，一般平均粒度在 20 μm 以下。此类颗粒由于粒径很小，颗粒间作用力相对较大，极易导致颗粒的团聚。因其具有较强的黏聚性，极易产生沟流，所以极难流化。传统上的观点认为这类颗粒物料不是很适宜流化床的操作。

D 类颗粒属于过粗颗粒或喷动用的颗粒，一般平均直径在 0.6mm 以上。该类颗粒流化时产生极大气泡或节涌，使操作难以稳定。它更适用于喷动床。玉米、小麦颗粒等均属于这类颗粒。

在烟气系统内存留的颗粒主要是 C 类颗粒，这类颗粒极易团聚的黏聚性会对烟气脱硫除尘脱硝造成较大的影响，尤其在应用 SCR 技术时，C 类催化剂会在 SCR 催化剂上吸附而改变 SCR 的流场，由于其难以流化甚至流动的特性，也使催化剂吸附在烟道或 SCR 催化剂床层的局部位置，难以清除。在脱硫塔的塔底管线也发现，如果催化剂细粉吸收了水分，处于液固环境的催化剂也具有极强的黏聚性。如脱硫的塔底备用浆液循环泵入口管段，极其容易被沉积的催化剂细粉堵死，这些沉积的催化剂细粉在普通的外力作用下很难清理，只有靠高压水进行持续冲洗才能较好地疏通管线，因此，在实际生产中，浆液循环泵一般需要 20 天切换一次，否则浆液循环泵入口即被堵死。或者不留备用浆液泵，而是准备浆液循环泵的各种配件和电机，一旦浆液循环泵出现故障时就采取迅速换件维修的办法，保证浆液循环泵迅速恢复运行。浆液循环泵既可采取开二备一的方案，也可采取开二无备用泵而进行快速维修的方案。这些特点都是由于 C 类颗粒极易团聚的黏聚性所决定的。

9　选择性非催化还原法脱硝工艺（SNCR）的原理是什么？该技术有哪些优缺点？

选择性非催化还原法脱硝工艺（SNCR），是在没有催化剂存在的条件下，利用还原剂将烟气中的氮氧化物还原为无害的氮气和水的一种脱硝方法。该方法首先将含有氨基的还原剂喷入炉膛内适合的温度区域。高温下，还原剂迅速分解为氨并于烟气中的氮氧化物进行还原反应生成氮气和水，SNCR 典型流程图见图 3-47。以还原剂 NH_3 为例，SNCR 脱硝技术是在 850～1020℃ 时引入 NH_3，NO 或 NO_2 被 NH_3 还原生成氨。过剩氨的浓度保持 10～50μL/L，NO_x 的脱除率为 30%～70%。

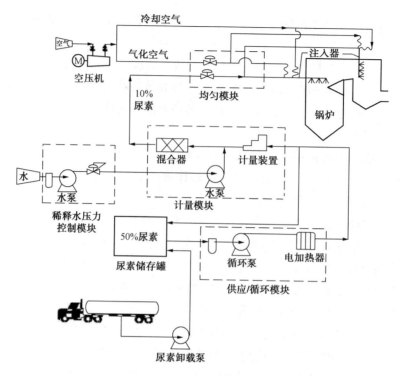

图 3-47　SNCR 典型流程图

因为 SNCR 脱硝技术是将化学反应剂喷入炉内正确的位置且随锅炉负荷变化而调整是非常重要的，因此要求 SNCR 技术在设计阶段对每台对象机组实施计算机模拟分析，从而设计出随温度场变化的运行控制系统。使用计算机流体力学(CFD)和化学动力学模型(CKM)进行工程设计，即将先进的虚拟现实设计技术与特定燃烧装置的尺寸、燃料类型和特性、锅炉负荷范围、燃烧方式、烟气再循环(如果采用)、炉膛过剩空气系数、初始或基线 NO_x 浓度、炉膛烟气温度分布、炉膛烟气流速分布等相结合进行工程设计；实际运行时 SNCR 的反应窗将随温度场的分布而实施自动追踪调整，不受燃料种类或煤的质量变化的影响。

选择性非催化还原法以炉膛为反应器，投资相对较低，施工期短。但该法获得的脱硝效果不如催化还原法(SCR)。由于该技术要求在 $850 \sim 1020\,^{\circ}\!C$ 下操作，因此只能在余热锅炉操作温度能达到此温度和有高温取热炉的催化裂化装置上实施，另外，由于该技术对 NO_x 的脱除率较低，较难满足日益严格的环保要求。

10　SNCR 和 SCR 脱硝技术相比有哪些不同之处？

① SNCR 不使用催化剂。因为没有催化剂，因此，脱硝还原反应的温度比较高，但是当烟气温度大于 1050℃时，氨就会开始被氧化成 NO_x，到 1100℃，氧化速度会明显加快，一方面，降低了脱硝效率，另一方面，增加了还原剂的用量和成本。当烟气温度低于 870℃时，脱硝的反应速度也大幅降低。为了满足反应温度的要求，喷氨控制的要求很高。喷氨控制成了 SNCR 的技术关键，也是限制 SNCR 脱硝效率和运行的稳定性和可靠性的最大障碍。

② SNCR 漏氨率一般控制在 5~10μL/L，而 SCR 控制在 2~5μL/L。有时为了控制氨的泄漏量，脱硝效率达不到 50%，脱硝效率远低于 SCR 技术。但 SCR 在催化剂的作用下，会把部分 SO_2 会转化成 SO_3，而 SNCR 没有这个问题。

③ SNCR 参加反应的还原剂除了可以使用氨以外，更常使用尿素。而 SCR 烟气温度比较低，尿素必须制成氨后才能喷入烟气中。

总之，SNCR 的优点是投资省，适用于不需要快速高效脱硝的工业炉和城市垃圾焚烧炉，可以直接使用尿素，且不存在 SO_2 转化成 SO_3 的问题，其缺点是脱硝效率太低、运行的可靠性和稳定性不好。

11　SNCR 在操作温度超出合理的反应温度时会出现什么问题？

实验研究表明，当温度超过 1093 ℃时，NH_3 会被氧化成 NO，反而造成 NO_x 排放浓度增大。其反应方程式为：

$$4NH_3+5O_2\longrightarrow4NO+6H_2O$$

而温度低于 927 ℃时，反应不完全，氨逃逸率高，造成新的污染。可见温度过高或过低都不利于对污染物排放的控制。由于最佳反应温度范围窄，随负荷变化，最佳温度位置就会发生变化，为适应这种变化，必须在炉中安置大量的喷嘴，且随负荷的变化，改变喷入点的位置和数量。此外，因为反应物的停留时间很短，很难与烟气充分混合，造成脱硝效率低。

12　炼油企业生产的液氨用于烟气脱硫和脱硝可能会遇到哪些问题？烟气脱硫和脱硝用液氨在质量方面有哪些要求？

炼油企业在生产过程中可产生少量含油、含尘及含硫液氨，目前该副产品直接作为电厂烟气脱硫脱硝原料来使用，尽管处置费用低廉，但由于物料本身含油含尘较多,在使用过程中出现蒸发器和管线堵塞及二次污染等不良现象;同时,也无法满足精细化工等高价值利用要求。

烟气脱硫和脱硝用液氨一般要满足《液体无水氨》(GB 536—1988)一级品标准,指标如下:

指标名称		指 标		
		优等品	一等品	合格品
氨含量/%	≥	99.9	99.8	99.6
残留物含量/%	≤	0.1(重量法)	0.2	0.4
水分/%	≤	0.1	—	—
油含量/(mg/kg)	≤	5(重量法) 2(红外光谱法)		
铁含量/(mg/kg)	≤	1		

13 **SCR 和 SNCR 脱硝工艺中的还原剂(尿素、液氨和氨水)各有什么优缺点?还原剂的选择要注意哪些问题?**

若还原剂使用液氨,其优点是脱硝系统储罐容积可以较小,还原剂价格也最便宜;缺点是氨气有毒、可燃、可爆,储存的安全防护要求高,需要经相关消防安全部门审批才能大量储存、使用,液氨的使用也使环保工程成了重大危险源建设工程。如按一般液氨运输车为7t载重,每年要有几十辆甚至上百辆液氨车次运输这些液氨,这些车辆随时都面临交通事故的危险,而一旦发生交通事故导致液氨泄漏,后果将不堪设想。另外,输送管道也需特别处理;需要配合能量很高的输送气才能取得一定的穿透效果,一般应用在尺寸较小的锅炉或焚烧炉。若还原剂使用氨水,氨水有恶臭,挥发性和腐蚀性强,有一定的操作安全要求,但储存、处理比液氨简单;由于含有大量的稀释水,储存、输送系统比氨系统要复杂;喷射刚性、穿透能力比氨气喷射好,但挥发性仍然比尿素溶液大,应用在墙式喷射器的时候仍然难以深入到大型炉膛的深部,因此一般应用在中小型锅炉上。还原剂采用尿素,尿素不易燃烧和爆炸,无色无味,运输、储存、使用比较简单安全;挥发性比氨水小,在炉膛中的穿透性好;效果相对较好,脱硝效率高,适合于大型锅炉设备的 SNCR 脱硝工艺。近年来,SNCR 装置在火电厂中有较多的应用,国内尚没有应用于催化裂化的 SNCR 技术。

还原剂的选用应根据厂址周围的环境、脱硝工艺、脱硝系统的投资、系统的年运行费用及药剂来源的安全性及可靠性因素,经技术经济综合比较及安全评价后确定。对于 SCR 烟气脱硝工艺，若要增上脱硝技术的装置地处城镇边缘，而液氨产地距装置较近，在能保证药剂安全、可靠供应的情况下，宜选择液氨作为还原剂；若装置位于人口密度高的中心城市、港口、河流位置，宜选择尿素作为还原剂。

14　无水氨有哪些特性？

无水氨（anhydrous ammonia），又名液氨，为《危险货物品名表》（GB 12268—2012）规定的危险品，危险货物编号 23003。无水氨是无色气体，有刺激性恶臭味。分子式为 NH_3，相对分子质量 17.03，相对密度 0.7714g/L，熔点 -77.7℃，沸点 -33.35℃，自燃点 651.11℃，相对蒸气密度 0.6，蒸气压 1013.08kPa（25.7℃），水溶液呈强碱性。氨逸散后的特性：无水氨通常储存的方式为加压液化，液态氨变气态氨时会膨胀 850 倍，并形成氨云，另外液氨泄入空气时，会形成液体氨滴，放出氨气，其相对密度比空气大，虽然它的相对分子质量比空气小，但它会和空气中的水形成水滴状的氨气从而形成云状物，所以当氨气泄漏时，氨气并不会自然地往空中扩散，而会在地面滞留，给附近民众及现场工作人员造成伤害。

氨蒸气与空气混合物爆炸极限为 16%~25%（最易引燃浓度为 17%），氨和空气混合物达到上述浓度范围遇明火会燃烧和爆炸，如有油类或其他可燃性物质存在，则危险性更高。与硫酸或其他强无机酸反应放热，混合物可达到沸腾。泄漏时，会对在现场工作的工人及住在附近社区的居民造成相当程度的危害。液态氨会侵蚀某些塑料制品、橡胶和涂层，不能与乙醛、丙烯醛、硼、卤素、环氧乙烷、次氯酸、硝酸、汞、氯化银、硫、锑、双氧水等共存。

若与氨直接接触，会刺激皮肤，灼伤眼睛，使眼睛暂时或永久失明，并导致头痛、恶心、呕吐等。严重时，会导致呼吸系统积水（肺或喉部水肿），可能导致死亡。长期暴露在氨气中，会伤肺，导致产生咳嗽或呼吸急促的支气管炎。

15　有水氨有哪些特性？

有水氨（Ammonia water），即氨溶液（35%<氨含量<50%），为《危险货物品名表》（GB 12268—2012）规定之危险品，危险货物编号为 22025。分子式为 NH_3OH，相对分子质量 35，相对溶解度 0.91，无色透明液体，有强烈的刺激性

气味，用于脱硝的还原剂通常采用 20%~29% 浓度的氨水，较无水氨相对安全，其水溶液呈强碱性，具有强腐蚀性，当空气中氨气在 16%~25% 爆炸极限范围内，会有爆炸的危险性，所以氨水与液氨皆具有燃烧、爆炸及腐蚀的危害性。有水氨的禁忌物有酸类、铝、铜。

氨水对生理组织具有强烈腐蚀作用，进入人体之途径有四种：① 吸入方式；② 皮肤接触；③眼睛接触；④吞食。其暴露途径与液氨非常相似，对人体的危害为可能造成严重刺激或灼伤、角膜伤害、反胃、呕吐、腹泻等现象，也可能造成皮肤病、呼吸系统疾病加剧等。

16 尿素有哪些特性？

尿素分子式是 NH_2CONH_2，相对分子质量为 60.06，含氮(N)通常大于 46%，显白色或浅黄色的结晶体。它易溶于水，水溶液呈中性反应，吸湿性较强，因在尿素生产中加入石蜡等疏水物质，其吸湿性大大下降。

与无水氨及有水氨相比，尿素是无毒、无害的化学品，无爆炸可能性，完全没有危险性。尿素在运输、储存中无需安全及危险性的考量，更不须任何的紧急程序来确保安全。使用尿素取代液氨运用于脱硝装置中可获得较佳的安全环境，因为尿素是在喷进混合燃烧室之后转化成氨，从而实现氧化还原反应的，因此，可以避免氨在电厂储存及管路、阀门泄漏而造成的人体伤害。

17 尿素法 SCR 有哪些技术要点？

尿素法 SCR 是利用一种设备将尿素转换为氨之后输送至 SCR 触媒反应器，它转换的方法为将尿素注入分解室，此分解室提供尿素分解所需的混合空间、停留时间及温度，由此室分解出来的氨及氮基产物即成为 SCR 的还原剂、通过触媒实施化学反应后生成氮及水。尿素于分解室中分解成氨的方法有热解法 (thermal decomposition) 及水解法(hydrolyser)。水解法一般需要有高压设备(转化反应容器)，这使一般用户难以接受，相比来讲，热解法是一种更简单、更实用、更好的工艺，尿素法 SCR 的典型流程见图 3-48。

尿素法 SCR 的还原剂可以选择尿素溶液和固态尿素，通常选用 40%~70% 浓度的尿素，如果选用固态尿素，推荐采用即时的批量溶解方式，固态尿素的储存和处置系统是可行的，但是储存尿素溶液更好些。

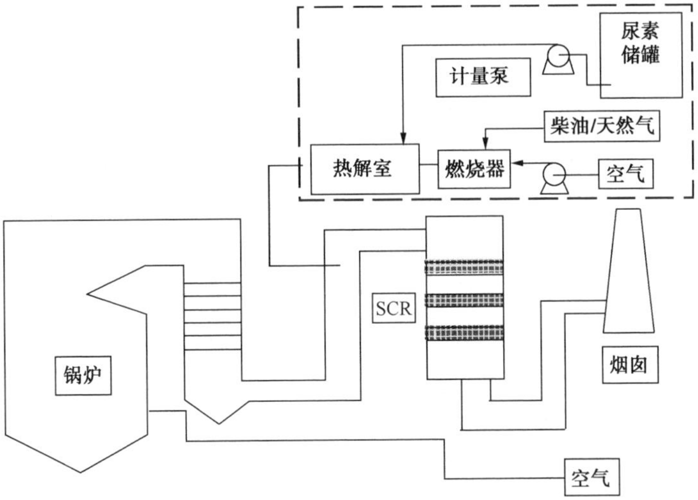

图 3-48　尿素法 SCR 的典型流程

18 | **SNCR 脱硝工艺系统采用尿素作为还原剂时的主要设备设计原则是怎样的？**

SNCR 系统主要由尿素储存与尿素溶液制备系统，尿素溶液传输模块以及尿素溶液喷射系统组成。

（1）尿素储存与尿素溶液制备系统的设计原则

作为还原剂的固体尿素，被溶解制备成浓度为 10% 的尿素溶液，尿素溶液经尿素溶液输送泵输送，在喷入炉膛之前，再经过计量分配装置的精确计量分配至每个喷枪，然后经喷枪喷入炉膛，进行脱氮反应。

固体尿素运送到现场后，进入尿素储存仓内进行储备。尿素储存仓的容积足够储存脱硝系统运行 7d 所需要的尿素的量。溶解池的设计容积按照脱硝系统运行 10h 所需要的 10% 尿素溶液的量进行设计。10% 尿素溶液的制备通过称重给料机进行。

尿素储存仓要有足够的储存空间。尿素如果储存不当，容易吸湿结块。因此，尿素储存仓要求干燥、通风良好、温度在 20℃以下，若购买的尿素为袋装式的，则储仓地面用木方垫起 20cm 左右，上部与仓顶要留有 50cm 以上的空隙，以利于通风散湿，垛与垛之间要留出过道，以利于检查和通风。若为散装尿素，则储存仓应注意防潮，保持物料的流动性。

称重给料机是减少配料劳动量的必要设计。按照水和尿素的比例，称重给料机向溶解池内输送所用尿素量，配制为10%浓度的尿素溶液供使用。配制的方式为定时配制。时间间隔为10h。

尿素溶解池要采用钢构或钢筋砼结构。所用溶解水为去离子水、去矿物质水、反渗透水或者冷凝水。

（2）尿素溶液输送系统的设计原则

尿素溶液输送泵采用离心泵。输送泵设有备用，对于输送供给系统，输送泵应采用一用一备的设计方案考虑。输送供给系统设置加热器，补偿尿素溶液输送途中热量损失的需要。为避免杂物对泵机及喷嘴的损坏，溶解池到输送泵入口设有滤网。

（3）尿素溶液喷射系统的设计原则

尿素溶液喷射系统的设计应能适应锅炉最低稳燃负荷工况和其他负荷下的持续安全运行，并应尽量考虑利用现有锅炉平台进行安装和维修。喷射区数量和部位由锅炉的温度场和流场来确定。还原剂喷嘴布置在锅炉温度 900～1150℃ 区域内，10%尿素溶液在通过喷嘴喷出时被充分雾化后以一定的角度喷入炉膛内。尿素溶液喷射系统要保证尿素溶液和烟气混合均匀，喷射系统设置流量调节阀，能根据烟气不同的工况进行调节。喷射系统具有良好的热膨胀性、抗热变形性和抗震性。

19 SNCR 脱硝工艺的溶液喷射系统喷射器有哪些类型？其适用性如何？

SNCR 的溶液喷射系统喷射器有墙式和枪式两种类型。墙式喷射器在特定部位插入锅炉内墙，一般每个喷射部位设置一个喷嘴。墙式喷嘴一般应用于短程喷射就能使反应剂与烟气达到均匀混合的小型锅炉和尿素 SNCR 系统。由于墙式喷嘴不直接暴露于高温烟气中，其使用寿命要比喷枪式长。枪式喷射器由一根细管和喷嘴组成，可将其从炉墙深入到烟流中。喷枪一般应用于烟气与反应剂难以混合的氨喷 SNCR 系统和大容量锅炉。在某些设计中喷枪可延伸到锅炉整个断面。喷枪可按单个喷嘴或多个喷嘴设计。后者的设计较为复杂，因此，要比单个喷嘴的喷枪和墙式喷嘴价格贵些。因喷射器忍受着高温和烟气的冲击，易遭受侵蚀、腐蚀和结构破坏。因此，喷射器一般用不锈钢制造，且设计成可更换的。除此以外，喷射器常用空气、蒸汽和水进行冷却。为使喷射器尽量少地暴露于高温烟气中，喷枪式喷射器和一些墙式喷嘴也可设计成可伸缩的。当遇到锅炉启动、停运、季节性运行或一些其他原因 SNCR 需停运时，可将喷射器退出运行。反应剂用专门设计的喷嘴在有压下喷射，以获得最佳尺寸和分布的液滴。用喷射角和速度控制反应剂轨迹，尿素系统常通过双流体喷嘴（如空气或蒸汽），与反应剂一起喷射。有高能和低能两种喷射系统。低能喷射系统利用较少和较低压力的空气，而高能系统需要大量的压缩空气或蒸汽。用于大容量锅炉的尿素系统一般均采用高能系统。高能系统因需装备较大容量空压机、制造坚固的喷射系统和消耗较多的电能，其制造和运行费用均较昂贵。

20 在实际生产中，影响 SNCR 脱硝效果的主要因素有哪些？

① 温度窗口的选择。在 SNCR 技术应用中，温度窗口的选择非常重要。不论选用的还原剂是氨水或是尿素，均存在一最佳反应温度区。尿素和氨水最佳反应温度分别为 800~1100℃ 和 850~1250℃，低于其下限温度，反应不完全，氨逃逸率高，造成新的污染；而高于其上限温度，氨气被氧化成 NO，反而造成 NO_x 浓度增大。

② 还原剂停留时间。任何化学反应都需要时间，所以还原剂需在合理温度范围内有足够的停留时间，这样才能保证烟气的脱硝率。因此设计时应根据烟气流速场和喷嘴喷射特性综合考虑喷嘴的布置，以延长还原剂的停留时间。

③ $n(NH_3)/n(NO_x)$ 比值（氨氮比）的选择。氨氮比大小对脱硝率影响很大，按照化学反应方程式，氨氮比应该为 1，但实际上大于 1 才能取得较高的脱硝率。要达到较高的脱硝效率，氨氮比应控制在 1.1~1.2。若氨氮比过大，虽然有助于提高还原率，但氨逃逸又会变成新的问题，同时会增加运行费用。

④ 混合均匀性。烟气与还原剂的充分均匀混合也是保证较高脱硝率的关键，所以需要根据烟气 NO_x 浓度场的三维分布图（或断面图）确定喷嘴的喷射特性、数量和安装位置，以确保混合相对均匀。

21 SCR 和 SNCR 脱硝工艺在什么情况下容易产生铵盐腐蚀和堵塞后续设备？

因 SCR 和 SNCR 脱硝工艺产生的水蒸气会与硫化气体结合。在烟气温度逐渐下降至 150℃ 时就会出现结露，形成强酸，腐蚀后续设备和管道，同时生成的 $(NH_4)_2SO_4$ 和 NH_4HSO_4 也会腐蚀和堵塞后续设备。一般工程设计上都不在静电除尘器以上的烟道中附加任何脱硝设施。

22 SCR 如何实现注氨的自动控制?

SCR 利用还原剂(液氨或氨水)"有选择性"地与烟气中的 NO_x 反应并生成无毒无污染的氮气和水。选择性催化还原系统中,一般由氨的储存系统、氨和空气的混和系统、氨喷入系统、反应器系统及监测控制系统等组成。SCR 反应器大多安装在余热锅炉的蒸发段与省煤器之间,因为此区间的烟温刚好适合 SCR 脱硝还原反应(320~400℃),氨则喷射于蒸发段与 SCR 反应器之间烟道内的适当位置,使其与烟气混合后在反应器内与 NO_x 反应。SCR 注氨的控制原理如图 3-49 所示。

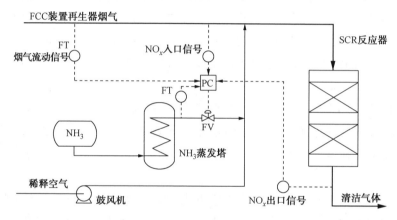

图 3-49　SCR 注氨控制原理图

余热锅炉烟气自蒸发段与高温省煤器之间引出,由反应器上部进入,经过稀释的氨气由氨喷射格栅在反应器前部烟道处送入,经过静态混合器混合均匀后进入反应器,在此烟气中的 NO_x 与氨在催化剂的作用下生成氮气和水,净化后的烟气由反应器下部排出返回余热锅炉省煤器前。液氨(或氨水)储槽中的液氨输送到液氨蒸发槽内蒸发为氨气,经氨气缓冲槽来控制一定的压力及其流量,然后与稀释空气在混合器中混合均匀,再由氨喷射格栅送入催化裂化烟气,随烟气进入脱硝反应器。SCR 催化剂支撑结构在保证牢固的情况下要合理排列并辅以加强筋和支撑构件来满足各种应力要求,避免产生烟气涡流和回流。

23 采用 SCR 的烟气脱硝项目工艺设计基本原则有哪些?

① 要规定 100% 烟气条件下脱硝效率要不小于多少,脱硝装置结构及相关系

统按脱硝效率不小于多少进行规划设计，催化剂层一般要设有一个备用层。

② 脱硝系统吹灰器一般采用蒸汽吹灰器。

③ 明确吸收剂是采用纯氨、氨水或尿素。

④ 明确脱硝设备年利用小时的最低值及年可用小时的最低值。

⑤ 明确脱硝装置可用率最低值（百分数）。

⑥ 脱硝装置服务寿命至少为 30 年。

⑦ 一般将 SCR 系统和还原剂供应系统分区域布置。

SCR 脱硝工艺设计考虑的主要因素包括：烟气的温度、飞灰特性和颗粒尺寸、烟气流量、中毒反应、NO_x 的脱除率、烟气中 SO_x 的浓度、压降、催化剂的结构类型和用量等。脱硝反应一般在 300~420℃ 范围内（该温度会因制造厂商不同而略有不同）进行，此时催化剂活性最大，所以 SCR 反应器布置在催化裂化余热锅炉蒸发段和省煤器之间的联箱中间。在脱硝同时会也有副反应发生，如 SO_2 氧化生成 SO_3，在低温条件下 SO_3 与氨反应生成 NH_4HSO_4。NH_4HSO_4 会附着在催化剂或余热锅炉换热元件表面上，导致脱硝效率降低或系统压降增加。

氨的过量和逃逸取决于 NH_3/NO_x 摩尔比、工况条件和催化剂的活性以及用量。一般设计氨逃逸量不大于 3μL/L，SO_2 氧化生成 SO_3 的转化率不大于 1%。

烟气的组成成分（如粉尘浓度、粉尘颗粒尺寸、碱性金属和重金属等）的含量是影响催化剂选型的主要参数。针对催化裂化装置的实际情况，一般选用节距较大的催化剂，可以避免催化剂在运行中产生堵塞。一般普通的 SCR 催化剂能够长期承受的温度是不得高于 430℃，短期承受的温度不得高于 450℃，超过该限值，会导致催化剂烧结。

如果 SCR 脱硝系统采用的还原剂为氨（NH_3），其爆炸极限（在空气中体积分数）16%~25%，为保证氨注入烟道的绝对安全以及均匀混合，需要引入稀释风，将氨浓度降低到爆炸极限以下，一般项目设计上控制在 5%（体积分数）以内。

24 如何确定 SCR 脱硝装置的性能考核？

（1）规定 NO_x 脱除率、氨的逃逸率和 SO_2/SO_3 转化率

在设计条件下，对 NO_x 脱除率、氨的逃逸率和 SO_2/SO_3 转化率同时进行考核：要规定脱硝装置在性能考核试验时的 NO_x 脱除率不小于多少，脱硝装置出口 NO_x 含量不大于多少 mg/m³（标准状态）情况下，氨的逃逸率不大于 3μL/L，$SO_2/$

SO_3转化率小于0.9%(含氧量为多少的情况下)。催化裂化装置的基本运行参数如下:

① 锅炉负荷可在百分之多少至百分之多少之间运行。

② 烟气中NO_x含量在多少 mg/Nm^3至多少 mg/Nm^3之间(干基,含氧量低于百分之多少)。

③ 脱硝系统入口烟气含尘量不大于多少 g/Nm^3(干基,含氧量低于百分之多少)。

(2)规定压力损失

① 从脱硝系统入口到出口之间的系统压力损失在性能考核试验并按脱硝效率百分之多少时不大于多少 Pa。

② 从脱硝系统入口到出口之间的系统压力损失按脱硝效率百分之多少(如50%)时不大于多少 Pa;按脱硝效率百分之多少(如80%)时不大于多少 Pa。

③ 化学寿命期内,对于 SCR 反应器内的每一层催化剂,由于黏污和堵塞等原因导致的压力损失应保证增幅不超过百分之多少,初始的压力损失数据在试运行的时候确定。

(3)规定脱硝装置可用率

在质保期内,脱硝整套装置的可用率在最终验收前不低于百分之多少(鉴于日趋严格的环保制度,该数值应达到100%)。

(4)催化剂寿命

从脱硝装置投入商业运行开始到更换或加装新的催化剂之前,催化剂的运行小时数作为催化剂化学寿命(NO_x脱除率不低于性能保证要求,氨的逃逸率不高于 $3\mu L/L$)。要保证催化剂的化学寿命不少于多少小时(一般 3 年以上)。

(5)系统连续运行温度

在满足 NO_x脱除率、氨的逃逸率及 SO_2/SO_3转化率的性能保证条件下,要保证 SCR 系统具有正常运行能力。最低连续运行烟温下限是多少,最高连续运行烟温上限是多少。

(6)氨耗量

在 100%负荷工况,保证值脱硝效率条件下,最大氨耗量不超过多少 kg/h。此消耗值为性能考核期间 48h 的平均值。

(7)其他消耗

在 100%负荷工况,含尘量多少 g/Nm^3(干基,含氧量百分之多少)时,以下消耗品的值,此消耗值应为性能考核期间 48h 的平均值。

① 吹扫的单位时间内的蒸汽耗量(t/h)。

② 每次吹扫期间的蒸汽耗用总量(t)。

25 氨站区区域布置要注意哪些问题？

氨站区区域布置要符合国家规范要求。氨站的工程储罐与建筑物(一级，二级)的防火间距按《建筑设计防火规范》确定，要不小于 20m，与甲类厂(库)房以及民用建筑的防火间距不小于 25m，与明火或散发火花地点的防火间距不小于 37.5m。储罐与主要道路、次要道路间距不小于 15m 和 10m。储罐之间间距按《建筑设计防火规范》要求，不小于 0.8m。

26 什么是铵盐？铵盐受热分解分哪几种情况？

氨气与不同的酸作用可得到各种相应的盐，这种盐称作铵盐。如氨气和盐酸、硫酸、硝酸、磷酸、碳酸相作用时可得到 NH_4Cl、$(NH_4)_2SO_4$、NH_4NO_3、$(NH_4)_3PO_4$、NH_4HCO_3 等铵盐。

$$NH_3 + HCl \longrightarrow NH_4Cl$$

$$2NH_3 + H_2SO_4 \longrightarrow (NH_4)_2SO_4$$

$$NH_3 + HNO_3 \longrightarrow NH_4NO_3$$

$$3NH_3 + H_3PO_4 \longrightarrow (NH_4)_3PO_4$$

$$NH_3 + CO_2 + H_2O \longrightarrow NH_4HCO_3$$

铵盐均是易溶于水的盐，在受热的条件下均能分解，形成氨气和相应的酸，但是，由于形成铵盐的酸的特性不同，铵盐分解初步有以下规律：

如果组成铵盐的酸是挥发性的，则固体铵盐受热解时，氨气与酸一起挥发，冷却时又重新结合成铵盐。如 NH_4Cl 为此类铵盐。

$$NH_4Cl \longrightarrow NH_3 + HCl$$

若将 NH_4Cl 在试管内加热，固体 NH_4Cl 好像发生升华一样(实际上不是升华，而是 NH_4Cl 的"迁移"，升华为物理变化，而"迁移"为化学变化)，在试管壁冷的部分生成白色薄膜(NH_4Cl 晶体)，这是由于 NH_4Cl 受热分解生成挥发的 HCl 和 NH_3，HCl 和 NH_3 遇冷又结合生成 NH_4Cl 晶体。

如果组成的铵盐是难挥发性酸，则固体铵盐受热分解时只有氨呈气态逸出，而难挥发性的酸残留在加热的容器中，如 $(NH_4)_2SO_4$、$(NH_4)_3PO_4$ 为此类铵盐。

$$(NH_4)_2SO_4 \longrightarrow 2NH_3\uparrow + H_2SO_4$$

$$(NH_4)_3PO_4 \longrightarrow 3NH_3\uparrow + H_3PO_4$$

如果组成的铵盐的酸是具有强氧化性的酸，在较低的温度下慢慢分解可得到 NH_3 和相应的酸，如 NH_4NO_3。

$$NH_4NO_3 \longrightarrow HNO_3 + NH_3\uparrow$$

可由于生成的氨气具有还原性，硝酸具有氧化性，生成的 NH_3 易被 HNO_3 氧化，由于反应时的温度不同，形成氮的化合物也不同，如将 NH_4NO_3 从微热加热至不同的温度分别可得到 N_2O、NO_2、N_2O_3、N_2 等。硝酸铵在不同温度下的分解反应如下：

在110℃时：$NH_4NO_3 \longrightarrow NH_3 + HNO_3 + 173kJ$

在185~200℃时：$NH_4NO_3 \longrightarrow N_2O + 2H_2O + 127kJ$

在230℃以上时，同时有弱光：$2NH_4NO_3 \longrightarrow 2N_2 + O_2 + 4H_2O + 129kJ$

在400℃以上时，发生爆炸：$4NH_4NO_3 \longrightarrow 3N_2 + 2NO_2 + 8H_2O + 123kJ$

各种铵盐只有在固态时，才能较好地受热分解。在强碱性加热条件下，铵盐也会分解为氨。

27 SCR 反应器的设计要点有哪些？

SCR 反应器一般安装在独立的金属构架平台上，截面成矩形，并且由起到加强作用的钢板托起，反应器的载荷通过它的侧墙均匀地分布，向下传递，利用它的弹性和滑动轴承垫传到它的支撑结构上。SCR 反应器被固定在中心并向外膨胀，使水平膨胀位移量最小。SCR 反应器外壁一侧在催化剂层处有检修门，用于将催化剂模块装入催化剂层。每个催化剂层都设有人孔，在设备停运时可进入内部检查催化剂模块。

烟气流程设计上一般使烟气水平地进入反应器的顶部并且垂直向下通过反应器，进口罩使进入的烟气更均匀地分布。栅状均流器安装在进口罩和反应器主体之间的边界上，其最佳几何尺寸、安装形式及设置的必要性通过流体模拟试验方法确定。催化剂层的外部由支承催化剂模块的钢梁组成，反应器横截面和催化剂的层间距设计，符合催化裂化烟气的特点要求、催化剂的运行要求及脱硝装置运行维护与检修的要求。

反应器主要技术数据包括每个模块中的单体数、模块尺寸、催化剂模块重量、每层模块数、模块布局方式、反应器内空尺寸、反应器内层数、截面面积、反应器数量。

28 采取了模块式设计的蜂窝式催化剂装载系统的催化剂安装过程是怎样的？

采取了模块式设计的脱硝装置配置有必要的催化剂装填系统。催化剂装载系统包括蜂窝式催化剂翻转装置、单轨吊车、催化剂搬运器。

催化剂一般采用塑料密封包装。催化剂模块运到现场后用催化剂翻转装置将模块旋转90°后吊至反应器的催化剂装载平台上。使用手推车将催化剂运进反应器内部，再用催化剂搬运器将催化剂模块就位，其中手推车由安装单位负责。采取模块式设计的催化剂填装系统能方便催化剂的安装、拆除及更换。

较普遍的 SCR 项目是每台反应器设置三层催化剂层，最上层为备用层，下两层为初装层。安装催化剂时，只安装下两层，当催化剂的活性不能满足要求的脱硝效率时才安装备用层。安装顺序从上至下，即安装完上一层后再安装下一层。

催化剂的装载系统设计遵循如下操作流程：

① 采用单轨吊车将旋转90°后的催化剂模块吊到催化剂层的装载平台，然后用手推车将催化剂模块推到反应器催化剂装载门。

② 在将模块装入反应器前，将吹灰器控制于"停车"位置，以保证催化剂安装需要的足够空间。

③ 用外部可移动连接轨道将反应器装载门处的单轨吊车轨道和反应器内部固定轨道连到一起；将催化剂吊装到反应器内部。

④ 在反应器内部，采用带液压升降台的铁轨搬运器(催化剂搬运器)，用人工手推将催化剂模块沿轨道移进到正确的位置。然后通过液压控制降低搬运器升降台，将模块放置于支撑梁上再退出；连续操作，除该层每排的最后一块模块外，完成该层催化剂模块的全部安装。在装载每排的最后一块模块之前，将搬运器从其铁轨上提升，并从 SCR 反应器移出；铁轨间栅格作为安装催化剂时操作人员的操作平台，根据安装位置可移动。当全部模块安装完成后，将栅格移出反应器。

⑤ 每排的最后一块模块用单轨吊车放置。催化剂安装完毕后，移去装载门处单轨吊车的可移动连接轨道，将催化剂模块之间和反应器护板墙处的密封片安装就位。最后，关闭装载门，装好保温材料。

⑥ 拆除催化剂模块，按相反的顺序进行。

29 SCR 采用的吹灰器有哪些设计要点？

SCR 技术一般采用耙式吹灰器装在每个催化剂层的上方，采用过热蒸汽(喷头处压力约为 0.5MPa，350℃≤蒸汽温度<430℃）吹灰，吹掉催化剂上的积灰。催化剂预留层初装时不安装吹灰器，但预留以后安装吹灰器的位置及蒸汽管道接口，方便用户增加备用层催化剂安装吹灰器。吹灰器的启动根据反应器催化剂层的阻力由 DCS 控制，吹灰器的控制为顺序吹灰。吹灰器由阀门、阀门启闭机构、内管、吹灰枪（耙管）、大梁、跑车（减速箱）及电动机、吹灰器炉外支撑、吹灰器炉内耙管支撑系统、弹性电缆组件、前端托架、接口墙箱、电气控制箱及行程开关等组成。耙式吹灰器的支吊分内部支吊和外部支吊两部分：内部的吹灰器滑行道轨悬吊于上一层催化剂支撑梁下部；外部的吹灰器本体支吊于反应器壳体上。吹灰器本体尾部应配蒸汽压力调节阀，用于运行时控制蒸汽压力、关断和开启蒸汽流量。

30　SCR 的 AIG（氨喷射）系统有哪些设计要点？

SCR 技术一般采用带静力混合器的 AIG 系统，AIG 系统布置于 SCR 入口烟道上。完整的氨喷射系统，保证氨气和烟气混合均匀，喷射系统设置手动阀和孔板流量系统用于在调试运行期间进行调节，使每个喷嘴的氨流量达到运行要求，一旦调好则固定不变。烟道中的每个喷口后面均设有静力混合器。AIG 固定于烟道上，AIG 与 AIG 入口管道间设置有金属膨胀节。

31　SCR 的氨供应系统设备在设计方面有哪些要点？

SCR 技术采用液氨作为还原剂时。液氨用罐车运到现场，通过氨卸载装置卸载到液氨储罐中。储罐中的液氨送到蒸发器中蒸发产生气态氨，气态氨与被加热后的稀释空气稀释后，经氨注射栅格注入 SCR 反应器入口前的烟道中。

（1）氨卸载系统

氨卸载压缩机要满足各种条件下的要求。氨卸载压缩机抽取氨储罐中的氨气，经压缩后将槽车的液氨推挤入液氨储罐中。压缩机排气量已考虑液氨储罐内液氨的饱和蒸气压、液氨卸车流量、液氨管道阻力及卸氨时气候温度等。一般每次卸氨时间不超过 6h。

（2）液氨储罐

液氨储罐容量在设计条件下按每天运行 24h，连续运行 14d 的消耗量考虑。SCR 技术一般装两个卧式液氨储罐，两个储罐互为备用设计。氨罐为三类压力容器。氨罐上安装有超流阀、逆止阀、紧急关断阀和安全阀为氨储罐液氨泄漏保护所用。储罐还装有温度计、压力表、液位计、高液位报警仪和相应的变送器将信号送到脱硝控制系统，当氨罐内温度或压力高时报警。氨罐设计有防太阳辐射措施，四周安装有工业水喷淋管线及喷嘴，当储罐罐体温度过高时自动淋水装置启动，对罐体自动喷淋减温；当有微量氨气泄漏时也可启动自动淋水装置，对氨气进行吸收，控制氨气污染。

（3）液氨供应泵

液氨进入蒸发槽是靠压差和液氨自身的重力势能实现。一般工程设计上采用两个液氨泵，仅用于当冬天室外气温极低时作为液氨罐向蒸发器供氨液用。氨泵设计为一用一备。

（4）氨蒸发器系统

一般液氨蒸发采用电加热器来提供热量，加热介质为乙二醇。蒸发器出口氨气管道上装有压力控制阀和流量调节阀，使进入烟道的氨气压力控制在一定范围。蒸发器上装有压力和温度测量装置，并将测量信号反馈控制系统，控制电加热器，使加热介质的温度维持在一定范围，确保液氨转变为气态。当蒸发器内被加热的液氨超过最高液位时，系统报警并切断液氨进料。蒸发器装有排气阀。

（5）压力控制与流量控制系统

氨蒸发器出口配有气态氨压力控制阀和流量控制系统。气态氨的流量控制根据 SCR 脱硝工艺系统的要求，采用闭环控制系统控制。流量控制阀安装于氨空气混合器入口管路上。

（6）稀释空气系统

喷入反应器烟道的氨气为空气稀释后的不超过 5%氨气的混合气体。所配稀释风机满足脱除烟气中 NO_x 最大值的要求，并留有 10%的余量。

（7）氨/空气混合器

一般每台 SCR 装置设置一台静力式氨/空气混合器。

（8）氨供应区域保障人员安全设备

液氨储存及供应系统周边设有氨气检测器，以检测氨气的泄漏，并显示大气中氨的浓度。当检测器测得大气中氨浓度过高时，在控制室会发出警报，操作人员采取必要的措施，以防止氨气泄漏的异常情况发生。在氨供应区的储罐区域、蒸发区域和卸载区域均布置有氨气泄漏检测器。包括氨卸载与储存区域、氨蒸发器区域的洗眼与淋浴设备，氨泄漏检测和声光报警设备。

（9）排放系统

氨制备区要设有排放系统，氨系统的安全阀的排放要采用水进行吸收；氨罐冷却喷淋水，事故状态下废氨水排放至废水池，再经由废水泵送到废水处理站。

（10）氮气吹扫系统

液氨储存及供应系统保持系统的严密性，防止氨气泄漏与空气混合造成爆炸。氨系统要配有氮气吹扫管线，在液氨卸料之前或系统阀门仪表检修之前，通过氮气吹扫管线对管道系统进行彻底吹扫，清除管道内残余的空气或氨，防止氨气和空气混合造成危险。

32 氨站区域投用前需仔细检查哪些事项？

① 确认氨站的安装已达到全部设计要求。

② 确认氨站已通过竣工验收。

③ 确认氨储罐内已灌满规定量的液氨。

④ 确认减压阀后压力已达规定值。

⑤ 确认氨站区的公用工程设施(水、蒸汽、空气、氮气等)已正确到位。

⑥ 确认仪器、仪表功能的有效性，核定仪表精度等级，调整零点漂移。

⑦ 确认无任何氨泄漏。

33 SCR 区域开工过程中需仔细检查的事项有哪些？

① 确认管道系统是否已吹扫干净。

② 所有公用设施(蒸汽、压缩空气、水、氨气等)是否已正确到位。

③ 检查所有检查门、人孔门、设备进出门是否已可靠关闭。

④ 检查所有膨胀支座和膨胀节工位的正确性，沿膨胀方向上无异物阻挡。

⑤ 检查各层催化剂篮子上面应无任何异物，催化剂无短缺、碎裂。

⑥ 检查 NO_x、O_2 分析仪是否能够正常使用；检查现场是否有氨泄漏。

⑦ 检查所有保温表面的有效性，以防灼伤操作人员及烤坏仪表电器。

⑧ 检查所有仪表的安装质量、功能的有效性、精度等级核定、零点漂移调整等；仪表显示是否正常，与设计是否相符。考察仪器动作情况，如控制阀、联锁阀动作情况。

⑨ 检查所有电路、电气安装的正确性。

⑩ 检查钢结构主要受力，梁挠度是否在允许值范围内。

⑪ 通烟后在预设的检查点检查壳体热变形值。

⑫ 通烟后检查仪表电气工作的正确性。

34 **SCR 系统在什么情况下应该停止喷氨？**

当反应器入口烟气温度超出 SCR 反应的理想温度（如 310~400℃之外），或者氨供应系统存在故障无法满足 SCR 脱硝运行的要求，或者脱硝入口烟气的灰含量持续超过规定的范围，或者催化剂活性未达到设计值导致反应器出口的氨逃逸超过允许的范围时，SCR 系统停止运行，系统应停止喷氨。

35 **采用 SCR 技术时如何改善氨逃逸现象？**

如 SCR 技术可实现喷氨自动精准控制，减少滞后，则可减少氨逃逸量。催化裂化烟气和喷入的氨的流速偏差、烟气中氨的浓度偏差以及烟气流向偏差对氨逃逸量影响较大。对 SCR 模块建议采取以下措施：①采用直插式测量表，喷氨量必须实现自动控制，从而改善喷氨控制滞后状况，控制氨逃逸量不大于 $1.0mg/m^3$，最好控制氨逃逸量为 $0.8mg/m^3$；②确保烟气和氨可以在 SCR 催化剂上实现均匀分布，采取相关的精准喷氨技术；③在余热锅炉的设计过程中考虑旁路烟气增加不经过热段流程，使烟气可以直接进入 SCR 脱硝模块，解决开工初期烟气温度低、影响 SCR 脱硝效果的问题；④开发新一代脱硝催化剂，着重在使 SCR 催化剂具有氨存储和释放性能，注入氨量大于需求量时多余氨被吸附存储，注入氨量小于需求量时催化剂释放部分存储的氨进行脱硝反应，从而减少氨逃逸量；另外要进一步降低 SCR 催化剂对 SO_2 氧化的选择性，减少 SO_3 的生成。

36 **SCR 系统启动时在温度控制上要注意哪些问题？**

在 SCR 系统启动时，温度上升速度对反应器结构和催化剂的影响非常大，过高的加热速度可能使反应器结构损坏，进而破坏催化剂。所以在 SCR 系统启动过程中必须采取必要的措施，控制温度的上升速度，避免对设备造成损害，特别是在冷态启动时必须进行预热。为了减少机械应力，催化剂的温度升高到 120℃前，催化剂的升温速度不超过 10℃/min。催化剂温度高于 120℃到催化剂运行温度间，升温速度可以增加到 60℃/min。

37 **采用 SCR 技术时，在催化裂化装置停工情况下，液氨或氨水应该如何处理？**

在催化裂化装置停工情况下，SCR 技术使用的液氨或氨水应该立即切断。因此，可通过设计催化裂化原料中断的同时、启动切断液氨和氨水的自保来实现。

38 采用 **SCR** 法脱硝的催化裂化装置如何从设计或者操作上改善省煤段炉管结盐结垢问题或改善余热锅炉的操作状况？

省煤段炉管结盐结垢会引发炉管腐蚀，烟气阻力增大，给催化裂化装置的长周期安全运行造成隐患。

对于两段不完全再生催化裂化装置，必须先分析烟气组成，观察烟气中是否存在着大量的氨。对于部分一再贫氧、二再富氧的不完全再生催化裂化，会出现 SCR 长期停止注氨的条件下，脱硝反应的氨逃逸量也会超过指标约数倍的情况。这样烟气中的氨和三氧化硫会导致余热锅炉省煤器上附着产生的亚硫酸氢铵，使锅炉压降上升较快，影响了锅炉的长周期生产和催化装置的掺渣比，而且使脱硫废水中的氨氮长期大于外排指标，对环保压力较大。两段不完全再生催化裂化装置要根据烟气中的氨含量来决定如何设计 SCR 脱硝，甚至是不能采用 SCR 脱硝技术。

由于催化裂化装置烟气波动大以及设计核算误差大等原因，造成部分催化裂化装置的 SCR 的反应温度较理想值偏差较大。例如某催化裂化烟气脱硝的 SCR 催化剂在实际运行时操作温度只有 308℃，导致外排烟气氮氧化物含量较高，要控制氮氧化物达标就必须喷入过量的氨，这样就会产生较多的亚硫酸氢铵，这些产物将以颗粒状态降低烟气透明度，或以黏稠酸性状态沉积在低温省煤器炉管（150~200℃）上，造成结盐结垢问题、炉管腐蚀问题、烟气阻力增大等问题，对装置的长周期安全运行造成隐患。再比如某催化裂化的 SCR 催化剂的实际操作温度为 380~400℃，在装置操作波动的情况下很容易发生催化剂超温烧结，若催化剂活性受影响，将直接影响脱硝效率，影响脱硝单元长周期运行。较好的做法是将蒸发段做成两段，将 SCR 催化剂安装在两段蒸发段时间，就可以较好地解决 SCR 催化剂控制温度偏离控制目标值的问题。

还有某催化除尘脱硫脱硝单元的处理规模 150000Nm³/h，由于装置实际运行的烟气量只有 100000Nm³/h 左右，设计负荷远远大于实际负荷，运行结果表明，该装置各项运行指标明显优于其他 SCR 装置，即使余热锅炉出现了结垢问题也由于床层通道有足够的空间，而不至于导致余热锅炉压降明显上升，因此采取 SCR 技术的催化装置将 SCR 部分的设计按烟气量的 150% 进行设计是催化裂化烟气脱硝较好的技术解决方案，对于大部分装置可较好的解决因床层压降上升导致的无法长周期运行问题。

39 余热锅炉的启停、正常运行、事故状态三个方面的温度变化都会对 SCR 催化剂造成哪些影响？

在余热锅炉的启停、正常运行烟温过高过低、事故状态三个方面都会对 SCR 催化剂造成影响，因此需要针对性地进行 SCR 脱硝系统的保护，制定防止催化剂损坏的措施。尤其是温度变化对 SCR 脱硝催化剂有严重影响。催化剂是 SCR 烟气脱硝的核心，性能直接影响整体脱硝效果，而烟气温度是影响催化剂运行的重要因素，不仅决定反应速度，还决定催化剂的反应活性、催化剂的寿命。当烟气温度低于催化剂适用温度范围下限时，在催化剂上会发生副反应，NH_3 与 SO_3 和 H_2O 反应生成 $(NH_4)_2SO_4$ 或 NH_4HSO_4，减少与 NO_x 的反应，生成物附着在催化剂表面，堵塞催化剂的通道和微孔，降低催化剂的活性；同时局部堵塞还会造成催化剂的磨损。另外，如果烟气温度高于催化剂的使用温度，催化剂通道和微孔会发生变形，导致有效通道和面积减少，从而使催化剂失活。温度越高，越会出现催化剂活性微晶高温烧结的现象，催化剂失活越快。以下将介绍几种情况烟气温度对 SCR 脱硝催化剂的影响。

（1）余热锅炉投用时烟气温度变化对催化剂的影响

在锅炉投用过程中，烟气中的铵盐、硫酸、水和其他凝结物低于各自的露点温度时，催化剂会将其吸入孔内，温度升高时，这些物质蒸发将导致催化剂孔内压力增大，产生的机械应力可能造成催化剂损坏。另启动时燃油沾污催化剂，可能造成在更高温度下燃烧，造成催化剂的烧结现象。停炉过程中，催化剂中残余氨随着烟温的下降形成铵盐。

（2）低负荷运行时烟气温度对催化剂的影响

当催化剂在低于 320℃（对于不同供应商的 SCR 催化剂，该温度值会有所不同）运行时，氨气将与烟气中的三氧化硫反应易生成铵盐，造成催化剂堵塞和磨损，降低催化剂的活性。

（3）烟气温度的影响

烟气温度低于 420~430℃（对于不同供应商的 SCR 催化剂，该温度值会有所不同），催化剂的烧结速度处于可以接受的范围。但当烟气温度高于 450℃，催化剂的寿命就会在短时间内大幅降低，烧结是催化剂失活的重要原因之一。一般来说，SCR 催化剂能满足烟气温度不高于 420℃的情况下长期运行，同时能承受运行温度 450℃不少于 5h 的考验，而不产生任何损坏。

（4）事故状态下烟气温度对催化剂的影响

余热锅炉停炉等情况可导致烟气温度迅速下降，脱硝系统停运，催化剂中残余氨较多。但综合所有事故状态，余热锅炉炉管泄漏对催化剂的影响最大。因为余热锅炉一旦爆管，就会有大量的蒸汽进入烟气，流经催化剂。如果在汽水侧疏水、泄压、降温完成前，烟温下降过快，泄漏处的水蒸气与空气混合造成空气湿度大甚至局部出现水滴，在较短的时间内造成催化剂较大的寿命损耗；并加快催化剂的碱金属中毒，降低催化剂的活性。

40 如何降低或避免余热锅炉的启停、正常运行、事故状态的温度变化对 SCR 催化剂造成的负面影响?

（1）启停过程中的控制措施

① 烟气在升温过程中，应快速通过水和酸的露点温度，不能中断，否则将会引起催化剂活性不可逆转的降低。SCR 反应器进口的烟气温度低于水的露点温度（50~60℃）的时间应越短越好。

② 启动时脱硝入口烟温应尽可能控制升温速率：温度<70℃速率 5℃/min；温度 70~120℃速率 10℃/min；温度>120℃速率 60℃/min。

③ SCR 反应器进口烟气温度达 320℃，连续运行稳定一段时间后方可投入喷氨系统，催化剂投入运行。

④ 停炉过程中停止喷氨后，应维持烟气系统继续运行 30min 左右，使催化剂中残留的氨全部参加反应，防止冷却过程中铵盐的形成。

⑤ 停炉过程中，要启动脱硝蒸汽吹灰器进行吹扫，以清除催化剂表面积灰，避免催化剂暴露在烟气中而逐渐降低活性。

⑥ 停炉后，催化剂冷却过程中应尽快通过水和酸的露点温度。

（2）正常运行中注意事项

定期对催化剂表面进行吹扫，防止积灰造成催化剂孔道堵塞。一般来讲，脱硝部分要布置有蒸汽吹灰和声波吹灰两种形式，声波吹灰器投入周期程控不间断吹灰；蒸汽吹灰器则根据 SCR 反应器的差压进行定期吹灰。吹灰时要确保蒸汽疏水温度达到一定要求具备一定的过热度，以防蒸汽带水损坏催化剂。

（3）反应器入口温度达 420℃时要采取的措施

但当入口温度达 420℃时，应当果断降低余热锅炉的负荷或从催化装置采取措施是温度尽快降低下来，以保护脱硝催化剂。

（4）余热锅炉出现紧急情况时的处理原则

① 脱硝停止喷氨后，应尽可能维持烟气系统继续运行 30min 左右，使催化剂中残留的氨全部参加反应，防止冷却过程中铵盐的形成。

②启动脱硝蒸汽吹灰器，以清除催化剂表面积灰，避免催化剂暴露在烟气中而逐渐降低活性。

③停炉后，催化剂冷却过程中应尽快通过水和酸的露点温度。

（5）锅炉出现炉管泄漏时应采取的措施

锅炉出现炉管泄漏时，应采取以下措施，避免催化剂产生较大的寿命损耗：①泄漏不严重时，烟气中含水量小，控制 SCR 入口烟温在 300℃以上，则不足以凝结，不会对催化剂造成较大影响。②泄漏严重时，无法维持运行时，应视催化装置情况来决定是否可以紧急停炉。③发生泄漏后，及时对汽水侧进行疏水，减少烟气中水含量的增加。④停炉后，催化剂处是否还可以采取其他除湿或者抽湿措施，以减少催化剂表面的水分。

41　废烟气脱硝 SCR 催化剂归类为何种工业废物？

废烟气脱硝催化剂在《国家危险废物名录》（GB 12268—2012）中被归类为"HW49 其他废物"，工业来源为"非特定行业"，废物名称定为"工业烟气选择性催化脱硝过程产生的废烟气脱硝催化剂"。从事废烟气脱硝催化剂收集、贮存、再生、利用处置经营活动的单位，必须办理危险废物经营许可证；转移废烟气脱硝催化剂应执行危险废物转移联单制度；产生废烟气脱硝催化剂的企业，必须将不可再生且无法利用的废烟气脱硝催化剂交由具有相应能力的危险废物经营单位（如危险废物填埋场）处理处置。

42　SCR 烟气脱硝催化剂再生技术状况如何？主要有哪些再生方法？

废弃的钒钛基 SCR 催化剂中含有钒等有毒物质，将造成环境污染问题。研究表明，对可逆性中毒和脱硝活性降低的火电厂烟气脱硝催化剂进行再生工艺处理后，其脱硝活性可恢复至正常水平，再生工程费用仅仅为火电厂更换新的脱硝催化剂工程费用的 40% 左右，大大降低了燃煤火电厂运行成本。因此，使用脱硝催化剂的火电厂通过积极采取有效措施，加大对失活脱硝催化剂的再生力度投入，提高脱硝催化剂在火电厂脱硝装置中的循环综合利用效率，将是降低燃煤火电厂脱硝装置运行投入费用的重要突破口。从降低运行费用，提高综合利用效率角度来看，再生必将成为处理失效催化剂的理想方法。

目前国内 SCR 烟气脱硝催化剂失活后的再生处理主要有两种方案，一是现场再生，二是工厂化再生。这与欧洲和美国最初经历的过程相同，但在 2005 年以后美国已经不再采用现场再生方法。现场再生可以把表面沉积物和附载物用物理化学方法简单清除，再负载一定量的化学活性物质。但是现场再生可能带来危害：失活的催化剂含有砷及钒、钼、钨等重金属，现场再生清洗过程中会产生含有重金属的废水、废渣，加之现场没有无害化处理设备和系统，极易对周边环境和水质形成二次污染，对工作人员产生较大的健康风险。工厂化再生是通过物理和化学方法有机的结合，可以将催化剂表面和微孔堵塞物完全去除，更重要的是把化学中毒物砷、磷和碱金属也有效地去除。工厂化再生可以严格控制烘干、煅烧的参数，这对化学活性物负载过程的有效性至关重要。真正的工厂化再生工艺是一个非常复杂的物理化学过程，通过合适的再生方案，可以使催化剂的活性恢复到新鲜催化剂的90%以上。工厂化再生配有污水处理设施，可以将再生过程中产生的废水处理到达标排放。

环保部在2014年8月26日发布的《废烟气脱硝催化剂危险废物经营许可证审查指南》中明确鼓励脱硝催化剂制造工厂开展再生工程，工厂化再生将必然成为SCR烟气脱硝催化剂再生行业主流技术。

43 **废旧SCR脱硝催化剂在再生时会产生哪些污染？如何进行这些污染物的综合治理？**

废旧SCR脱硝催化剂工厂化再生时产生污染物的环节主要包括预处理、清洗、酸洗、干燥或煅烧、废水处理、废气治理等过程。产生污染物主要有预处理产生的大量粉尘；清洗和酸洗过程中产生的大量清洗废水、废渣，隧道窑产生的大气污染物；废水处理产生的污泥，废气治理产生的粉尘。因此需要针对产污环节及产生的污染物逐一进行治理。

① 废水治理。再生工程排水管道实行雨污分流、清污分流、污污分流的原则。再生过程中产生含砷、钒等的生产性废水，收集后进入独立废水处理系统。废水经处理后总铅、总汞、总铍、总砷、总镉、总铬、六价铬等污染物应符合《污水综合排放标准》(GB 8978—2002)有关要求，总钒量应符合《钒工业污染物排放标准》(GB 26452—2011)的有关规定要求。酸洗废水和浸取液应由专人在厂内进行无害化处理后进入废水处理设施与清洗废水混合处理或委托有资质企业单位进行无害化处置；配备相关处理工艺设施，收集和处理整个工厂区区域的初期雨水，以及由于危险废物溢出或泄漏时产生的污水。处理达到园区接管标准后排入园区污水处理厂。

② 废气治理。再生工程生产过程中产生含粉尘的废气，采用除尘器的净化方法，尾气中粉尘的排放浓度及排放速率均可达到《大气污染物综合排放标准》

(GB 16297—1996)中二级标准要求，达标尾气经排气筒高空排放，去除率98.8%。再生工程生产过程中产生含非甲烷总烃和氨的废气，采用吸收的净化方法，尾气中非甲烷总烃和氨的排放浓度及排放速率均可达到《大气污染物综合排放标准》(GB 16297—1996)表2中二级标准要求，达标尾气经排气筒高空排放，去除率80%。作业区的工人应采取必要的劳动卫生防护措施，同时也要满足《工作场所有害因素职业接触限值——化学有害因素》(GBZ 2.1—2019)要求。

③ 废物(废液)治理。再生工程生产过程中产生的各类粉尘、废酸液、废溶剂、废水处理后的污泥、废渣，建议区别对待，分别处理，尽可能减少固体废物的产生，因此对于再生工程生产过程中产生的粉尘可参照燃煤火电厂的粉煤灰处置方式进行综合利用。对于各种废酸液、废溶剂则建议重复使用，如不能继续使用，则应交给具有相关资质的危险废物经营企业单位进行利用、处理处置。对于污泥、废渣，由于富集了砷、钒等各种有毒有害物质，建议进行无害化处理处置后，交给具有相关资质的危险废物经营企业单位进行利用或安全填埋。

④ 噪声治理。再生工程生产过程中产生的噪声来自压缩机、风机、泵等，针对不同发声源采用相对应的防治措施，如对机泵基础采取减振、在风机的进出口管道上安装消音器等，可使车间噪声符合《工业企业噪声控制设计规范》(GBJ 87—1985)，厂界外噪声符合《工业企业厂界噪声标准》(GB 12348—2008)规定的Ⅲ类标准，即厂界外1m昼间65dB(A)，夜间55dB(A)。

总的来说，要改善我国SCR烟气脱硝催化剂再生过程中产生的环境问题，首先就是推进科学技术创新，进一步促进整个行业的装备水平，提升其深入开发的技术水平，最终实现提升新产品、新技术的开发，从而实现控制火电厂SCR烟气脱硝催化剂再生产生的环境问题的目标。

44　SNCR和SCR混合脱硝工艺有哪些技术特点？

对于具备高温段的装置可以实施SNCR和SCR混合脱硝工艺(见图3-50)，目前国外先进的技术将SNCR和SCR混合脱硝工艺反应温度控制在850~1250℃。其中前段的SNCR过程发生反应：

$$2NO+(NH_2)_2CO+1/2O_2 \longrightarrow 2N_2+2H_2O+CO_2$$

后段的SCR过程发生反应：

$$4NO + 4NH_3 + O_2 \longrightarrow 4N_2 + 6H_2O$$
$$6NO_2 + 8NH_3 \longrightarrow 7N_2 + 12H_2O$$

$$NO + NO_2 + 2NH_3 \longrightarrow 2N_2 + 3H_2O$$

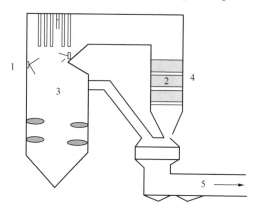

图 3-50 SNCR 和 SCR 混合脱硝工艺
1—尿素或氨 SNCR；2—SCR 催化剂；3—锅炉炉膛；4—省煤段；5—烟气

45 SNCR 和 SCR 混合脱硝工艺具备哪些特征？

① SNCR 和 SCR 混合脱硝工艺可以由尿素制造成氨，完全排除了氨处理的需要。工艺只需要少量的催化剂。

② SNCR 和 SCR 混合脱硝工艺逃逸的氨会随烟气流向下游的 SCR 系统，使其利用率和反应率更为完全。还原剂可使用尿素代替较危险的液氨。

③ SNCR 和 SCR 混合脱硝工艺可以大幅减少其所需要的 SCR 反应容积，进而降低 SCR 系统的装置成本和空间。

④ SNCR 和 SCR 混合脱硝工艺可以根据环保要求进行分布投资和改造，既可以先上 SNCR，也可以先上 SCR，可以分步实施，逐步到位。

⑤ SNCR 和 SCR 混合脱硝工艺可以较好地降低投资成本，降低了 SCR 催化剂的用量，也降低了 SCR 催化剂反应器的体积。

⑥ SNCR 和 SCR 混合脱硝工艺的总压降也比单纯的 SCR 技术要低。

⑦ SCR 工艺对不同的烟气有不同的敏感度，脱硝效率会因烟气不同而不同，而 SNCR 和 SCR 混合脱硝工艺会把 SCR 催化剂的特异性影响降低。

46 在催化裂化装置采用 SCR 脱硝技术要充分考虑哪些问题？

① SCR 技术不宜与烟气脱硫浓盐水蒸发项目同时实施，否则将造成在浓盐蒸发设备处释放大量稀酸酸雾和氨雾，部分铵盐在浓盐水蒸发设备的作用下会分

解或升华。

②采用富氧再生工艺的催化裂化不宜再采用 SCR 技术。SCR 技术对烟气中的 SO_3 浓度要求严格，如 SO_3 浓度较高时，在一定温度下 SO_3 和 NH_3 反应生成硫酸铵或硫酸氢铵，这些产物将以颗粒状态降低烟气透明度，或以黏稠酸性物状态沉积在设备上，造成通道堵塞和设备损坏，其中部分铵盐将进入外排浓盐水。其中 NH_4HSO_4 的黏度较大，将加剧对空气预热器换热元件的堵塞和腐蚀。

③一般较常用的 SCR 脱硝技术的催化剂要求处理的烟气的理想温度在 350~380℃ 之间。如果烟气温度高于 400℃ 则大部分的还原催化剂会烧熔从而造成脱硝效率的降低，如果烟气的温度低于催化剂要求指标（如有的催化剂要求不能低于 350℃），则脱硝催化的反应效率急剧下降完全不能达到脱硝的环保要求。鉴于以上使用要求，一旦烟机停机就会造成 SCR 催化剂超温，如果按余热锅炉内喷水降温方案进行，将意味着大量能耗的损失，如果烟机维修一个月，此时由于锅炉内喷水或烟气走旁路造成的损失将达上百万元。如果炼油厂的中压蒸汽系统比较脆弱，此处将面临更高的经济损失。

④SCR 催化剂怕 As 的毒化，碱土金属（如 CaO 等）、碱金属（Na，K）的毒化，卤素（Cl）的毒化，飞灰磨损等，以上因素将引起催化剂中毒失活。国外催化裂化普遍是加氢后原料作为催化进料和加工蜡油路线，金属污染物较低，而国内很多炼油厂主要以催化裂化装置作为消化减压渣油的主要手段，催化裂化装置的各种金属含量高，从而导致 SCR 催化剂上的各种金属含量成倍增加，催化剂预期寿命会大大低于国外。

⑤SCR 催化剂在电厂的使用情况表明其对不同煤种燃烧产生的烟气进行脱硝时具有一定的特异性，而催化裂化的原料也会随炼油厂加工方案的不同，存在较大的差异，这样采用 SCR 技术进行脱硝时也会存在脱硝效果的差异。

⑥SCR 催化剂怕飞灰磨损，而催化裂化目前较理想的吹灰方式是采用瓦斯爆破式吹灰，瓦斯罐爆破产生的冲击波可能对 SCR 催化剂冲击很大。而 SCR 催化剂上方一般要同时使用耙式蒸汽吹灰器和声波吹灰器，只有两种吹灰器同时使用才能保证吹灰效果（中国石化多家企业的应用情况也表明，蒸汽吹灰和声波吹灰必须同时使用才能满足催化裂化余热锅炉的吹灰效果），因此，在原催化裂化装置上进行脱硝改造的装置将面临 3 种吹灰方式同时存在的情况，这样余热锅炉现场的瓦斯线、蒸汽线和风线同时存在，大大增加流程的复杂性。

⑦ 催化裂化装置增上 SCR 技术之前必须进行全面的流场分析，只有真正掌握全面的流场分析技术才算掌握了 SCR 烟气脱硝系统的设计核心，不是基于全面流程分析的烟道流程很可能使催化裂化装置面临频繁的非计划停工。目前部分厂家是完全照着国外的烟道流程来设计国内的催化裂化烟气脱硝流程，这就出现了只有余热锅炉图纸一模一样的装置才可能设计出合理的烟道，否则烟道压降持续增加问题将会在不同装置上频繁发生。

⑧ SCR 反应器结构比较复杂，重量很大，工作条件恶劣，安装位置高，不便施工，特别是对于改造项目，因此，提供 SCR 技术的厂家要具备工厂化加工的技术实力。这样才能加工误差小，现场组装快，降低安装对正常生产的影响，保证反应器的优良性能，进一步降低工程造价。国外 SCR 成熟技术的反应器都采用工厂化加工，现场组装的模式。

⑨ SCR 技术不适合于使用在掺渣较高、有强大热工系统的催化裂化装置。国外催化原料经过加氢并且普遍将该技术应用于蜡油催化，如应用于重油催化，一旦外取热器发生爆管，装置内大量催化剂涌出，SCR 固定床催化剂将造成催化憋压，造成催化裂化装置的恶性事故，对主风机、烟机和余热锅炉都造成严重伤害。

⑩ 对于改造装置难以在装置找到安放液氨罐的合理位置。氨气有毒、可燃、可爆，储存的安全防护要求高，需要经相关消防安全部门审批才能大量储存、使用。另外，输送管道也需特别处理，需要配合能量很高的输送气才能取得一定的穿透效果，一般应用在尺寸较小的锅炉。若液氨稀释成氨水，氨水有恶臭，挥发性和腐蚀性强，也较难管理。

⑪ SCR 催化剂设计寿命一般只有 24000h。而且部分催化裂化操作条件要远比国外蜡油催化操作苛刻，使得 SCR 技术很难与催化裂化同时达到四年一检修的要求。

⑫ SCR 技术一般无法适用于采取高低汽包形式的余热锅炉，该汽包的耐压能力达不到 SCR 技术对锅炉增压的需要，导致催化裂化的余热锅炉必须重建，余热锅炉改造或重建周期长，一般余热锅炉改建或新建至少需要 40 天，如此改建或新建不在催化裂化装置检修期间进行，催化裂化装置的经济损失将达数百万元。在催化裂化装置不停工时进行过热中压蒸汽、饱和中压蒸汽和 5.5MPa 左右的除氧水线重新配管，施工风险和难度极大。

⑬ 烟气中的含水量变化和 SCR 反应温度变化都会对催化裂化 SCR 脱硝效果有一定的影响，因此，在进行脱硝设计时要留有一定的设计余量。

47 **臭氧氧化法脱硝技术如何实现氮氧化物的脱除？该技术有哪些优缺点？**

臭氧氧化法就是在烟气流中注入臭氧把不可溶的 NO_x 氧化成易溶于水的 N_2O_5，在脱硫塔里 N_2O_5 溶于水形成硝酸，并与脱硫塔内循环浆液中的碱性物质反应生成盐类，从而达到脱硝的目的。

BOC 公司应用该原理开发了不用催化剂的低温氧化脱除 NO_x 的 $LoTO_x$ 技术，$LoTO_x$ 低温脱硝技术是一种低温氧化的脱硝技术（Low Temperature Oxidation），BOC 公司将其专利低温氧化技术（$LoTO_x$）授权给 BELCO 公司，把这种 NO_x 控制技术和 BELCO 公司的湿法洗涤技术结合起来，工艺极其简单实用。$LoTO_x$ 技术所需要的臭氧量由入口烟气中的 NO_x 和烟囱出口处所设定的 NO_x 排放量决定。臭氧一注入系统就与 NO 和 NO_2 迅速反应形成可溶的 N_2O_5，N_2O_5 与水反应生成硝酸。N_2O_5 转化为硝酸的过程是在烟气与所喷水接触的瞬间完成的，并且所吸收 NO_x 的过程是不可逆的，可以除掉烟气中几乎所有的 NO_x（见图 3-51）。$LoTO_x$ 技术所用的臭氧可以在现场由臭氧发生器直接生成，臭氧发生器既可以使用氧气，也可以使用空气来发生臭氧。该技术和 BELCO 公司的 EDV 技术相结合，可以在一个塔里实现脱硝、脱硫和脱颗粒物的 3 个目的。该工艺对温度的要求不敏感，烟气在锅炉后的脱硫装置里温度已经降低到 70℃左右，该技术所需要的唯一塔外设备是几个占地很少的臭氧发生器。$LoTO_x$ 低温脱硝技术非常稳定，由于不需要塔内的任何设备，也不需要催化剂，所以不会有任何造成堵塞的情况。脱硫塔本身具有处理紧急工况的功能，所以集成了 $LoTO_x$ 低温脱硝技术的脱硫塔没有造成催化停车的风险。$LoTO_x$ 低温脱硝技术成熟度高，理论上臭氧产生电耗为 $0.82kW \cdot h/kg\ O_3$，目前国外的催化装置大都

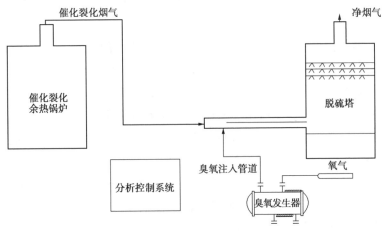

图 3-51　$LoTO_x$ 低温脱硝技术工艺流程

选择可与脱硫脱颗粒的洗涤塔集成在一起的 $LoTO_x$ 低温脱硝技术进行脱硝处理。采用 $LoTO_x$ 技术可得到较高的 NO_x 脱除率，典型的脱除范围为 70%~90%，甚至可达到95%，并且可在不同的 NO_x 浓度和 NO、NO_2 的比例下保持高效率；因为未与 NO_x 反应的 O_3 会在洗涤器内被除去，所以不存在类似 SCR 中 O_3 的泄漏问题；除以上优点外，该技术应用中 SO_2 和 CO 的存在不影响 NO_x 的去除，而 $LoTO_x$ 也不影响其他污染物控制技术。经氧化后生成的 N_2O_5 通过 EDV 洗涤器很容易与烟气中水分发生反应生成 HNO_3，然后再同洗涤剂生成盐类，最后通过洗涤清理排出系统外。在国内，中国石油四川石化分公司的 2.5Mt/a 催化裂化装置、大连西太平洋石化公司的 2.8Mt/a 催化裂化装置、中国石化金陵分公司 3.5Mt/a 催化裂化装置都选择了 $LoTO_x$ 低温脱硝技术进行脱硝处理。

该技术的缺点是电耗略高，但总的降低 NO_x 成本并不高。部分地区对外排污水的含氮化合物有要求，对于此类地区还要考虑对后续的含氮浓盐水进行蒸发成盐或生物降解处理。

48 $LoTO_x$ 技术的脱硝原理是什么？

$LoTO_x$ 是一种低温氧化技术，通过将氧/臭氧混合气注入再生器烟道，将 NO_x 氧化成高价态且易溶于水的 N_2O_3 和 N_2O_5，然后通过洗涤形成 HNO_3。

主要的反应如下：

$$NO + O_3 \longrightarrow NO_2 + O_2 \tag{1}$$

$$2NO_2 + O_3 \longrightarrow N_2O_5 + O_2 \tag{2}$$

$$N_2O_5 + H_2O \longrightarrow 2HNO_3 \tag{3}$$

采用 $LoTO_x$ 技术可得到较高的 NO_x 脱除率，典型的脱除范围为 70%~90%，甚至可达到95%，并且可在不同的 NO_x 浓度和 NO、NO_2 的比例下保持高效率。因为未与 NO_x 反应的 O_3 会在洗涤器内被除去，所以不存在类似 SCR 中 O_3 的泄漏问题。除以上优点外，该技术应用中 SO_2 和 CO 的存在不影响 NO_x 的去除，而 $LoTO_x$ 也不影响其他污染物控制技术。BELCO 公司将 $LoTO_x$ 技术与自己研发的 EDV(Electro-Dynamic Venturei)洗涤系统结合形成一体化的脱硫脱硝系统，用于炼油厂中加热器、锅炉等的废气治理。经氧化后生成的 N_2O_5 通过 EDV 洗涤器很容易与烟气中水分发生反应生成 HNO_3，然后再同洗涤剂生成盐类，最后通过洗涤清理排出系统外。具体的化学反应如下：

$$N_2O_5 + H_2O \longrightarrow 2HNO_3 \tag{4}$$

$$HNO_3 + NaOH \longrightarrow NaNO_3 + H_2O \tag{5}$$

采用 $LoTO_x$ 技术的 EDV 系统可使 NO_x 排放减少到 $10\mu g/g$ 以下，可满足较严格的减排要求。并且不会使 SO_2 转化为 SO_3，此外，烟气中的颗粒物和硫化物对臭氧消耗或 NO_x 脱除效率的影响并不明显，该系统不仅可以高效去除氮氧化物，而且对二氧化硫和粉尘等颗粒物也有明显的去除效果。此外，它不存在堵塞、氨泄漏等问题，是一种应用前景广阔的脱硫脱硝技术。根据 MARAMA2007 评估数据报告，在保证 NO_x 脱除率为 $80\%\sim95\%$ 的情况下，$LoTO_x$ 运行费用为 $1700\sim$ 1950 美元/t NO_x，比 SCR 的运行费用 $2364\sim2458$ 美元/t NO_x 要低。

49 **罗塔斯臭氧氧化技术是如何实现氮氧化物脱除的？该技术有哪些优缺点？**

臭氧氧化技术是在烟气进入脱硫塔前，利用臭氧强制氧化烟气中的低价氮氧化物，使其转化为易溶于水的高价氮氧化物，然后在脱硫塔里，溶于水生成硝酸，并与脱硫塔循环浆液中的碱性物质反应生成盐类，从而达到脱硝的目的。

臭氧氧化技术 NO_x 脱除率较高，一般为 $70\%\sim95\%$，并且可在不同的 NO_x 浓度和 NO、NO_2 的比例下保持高 NO_x 脱除率，使脱后的 NO_x 在 $10mg/Nm^3\sim$ $20mg/Nm^3$ 之间；在脱硫塔内，未与 NO_x 反应的臭氧(O_3)把亚硫酸盐氧化为硫酸盐，所以不存在臭氧泄漏问题。在臭氧氧化技术中，SO_2 和 CO 的存在不影响 NO_x 的去除，同时也不会影响其他污染物控制。其中罗塔斯($LoTO_x^{TM}$)臭氧氧化技术是一种低温氧化脱硝技术，甚至可以处理低于 149℃ 的烟气，它在饱和温度下操作非常有效。其臭氧可在现场由臭氧发生器直接生成。由于罗塔斯技术是低温处理技术，故不需要较高温度的烟气，因此避免了在下游出现硫酸氢铵造成的结垢现象。该技术所需臭氧的量由入口烟气中的 NO_x 量和烟囱出口处设定的 NO_x 排放量所确定，臭氧一注入系统就与不可溶的 NO 和 NO_2 迅速反应形成可溶的 N_2 O_5，高度氧化的 NO_x 元素可溶性很高并与水反应形成硝酸，N_2O_5 转换成硝酸的过程是在洗涤塔中烟气与喷头水接触时完成的，这个反应很快并在碱性环境下进行，且其所吸收 NO_x 的反应是不可逆的。不过该技术也存在易带来废水中总氮含量超标的问题。

50 **臭氧的氧化特性如何？**

臭氧的氧化能力极强，从表 3-5 可知，臭氧的氧化还原电位仅次于氟，比过氧化氢、高锰酸钾等都高。此外，臭氧的反应产物是氧气，所以它是一种高效清洁的强氧化剂。臭氧脱硝的原理在于臭氧可以将难溶于水的 NO 氧化成易溶于水的 NO_2、N_2O_3、N_2O_5 等高价态氮氧化物。

表 3-5　各种强氧化剂标准电极电位对比表

名称 项目	氟	臭氧	过氧化氢	高锰酸钾	二氧化氯	氯	氧
分子式	F_2	O_3	H_2O_2	$KMnO_4$	ClO_2	Cl_2	O_2
标准电极电位/mV	2.87	2.07	1.78	1.67	1.50	1.36	1.23

51 **臭氧在烟气中的停留时间对脱 NO 有何影响?**

臭氧在烟气中的停留时间只要能够保证氧化反应的完成即可,因为关键反应的反应平衡在很短时间内即可达到,不需要较长的臭氧停留时间,反应时间 1s 足矣。一般 Belco 公司要在采用其脱硫技术而未给脱硝技术进行预留的吸收塔(洗涤塔)的总高度基础上再加高约 15m 即可实现脱硝改造;而对于其他未采用 Belco 技术的装置,Belco 公司也可根据其对脱硫塔的核算来增上 LoTOₓ 低温脱硝技术。研究表明:臭氧和 NO 的反应时间在 1~10000s 之间,停留时间对反应器出口的 NO 摩尔数没有什么影响,而且增加停留时间并不能增大 NO 的脱除率。

52 **臭氧脱硝过程的主要影响因素有哪些?**

臭氧脱硝的影响因素主要有摩尔比、反应温度、反应时间、吸收液性质等,这些因素对脱硝和脱硫效率都有不同程度的影响。低温条件下,O_3 与 NO 发生如下关键反应:

$$NO + O_3 \longrightarrow NO_2 + O_2 \tag{1}$$

$$NO_2 + O_3 \longrightarrow NO_3 + O_2 \tag{2}$$

$$NO_3 + NO_2 \longrightarrow N_2O_5 \tag{3}$$

$$NO + O + M \longrightarrow NO_2 + M \tag{4}$$

$$NO_2 + O \longrightarrow NO_3 \tag{5}$$

试验研究表明,在典型烟气温度下,臭氧对 NO 的氧化效率可达 84% 以上,结合尾部湿法洗涤,脱硫率近 100%,脱硝效率在 O_3/NO 摩尔比为 0.9 时达到 86.27%。将臭氧通入烟气中对 NO 进行氧化,然后采用 Na_2S 和 NaOH 溶液进行吸收,最终将 NO_x 转化为 N_2,NO_x 的去除率高达 95%,SO_2 去除率约为 100%。将

O_3注入模拟烟气进行脱除 SO_2 和 NO_x 的研究，然后采用碱吸收塔对烟气进行洗涤，结果表明 NO 的脱除率与 O_3 的注入量有关，当 O_3 加入量为 $200\mu L/L$ 时，NO的脱除效率可达到 85%，此工艺对 NO 和 SO_2 的脱除率最高可分别达到 97% 和 100%。$LoTo_x$ 技术的应用也表明，通过优化设计，也可以达到 SO_2 的存在不影响 NO_x 去除效果的目的。

（1）摩尔比对脱硝的影响

摩尔比（O_3/NO）是指 O_3 与 NO 之间摩尔数的比值，它反映了臭氧量相对于一氧化氮量的高低。NO 的氧化率随 O_3/NO 的升高直线上升。目前已有的研究中，在 $0.9 \leq O_3/NO < 1$ 的情况下，脱硝率可达到 85% 以上，有的甚至几乎达到 100%。根据式（1）可见，O_3 与 NO 完全反应的摩尔比理论值为 1，但在实际中，由于其他物质的干扰，可发生一系列其他反应，式（2）~式（5），使得 O_3 不能 100% 与NO 进行反应。

（2）温度对脱硝的影响

由于臭氧的生存周期关系到脱硫脱硝效率的高低，所以考察臭氧对温度的敏感性具有重要意义。王智化等人在对臭氧的热分解特性的研究中得出在 150℃ 的低温条件下，臭氧的分解率不高，但随着温度增加到 250℃ 甚至更高时，臭氧分解速度明显加快。在 25℃ 时臭氧的分解率只有 0.5%，当温度高于 200℃ 时，分解率显著增加。这些结果对研究臭氧在烟气中的生存时间及氧化反应时间具有重要意义。

（3）反应时间对脱硝的影响

臭氧在烟气中的停留时间只要能够保证氧化反应的完成即可，在 ISHWAR K. PURI 的研究中，反应时间在 $1 \sim 10^4 s$ 之间对反应器出口的 NO 摩尔数几乎没有影响，而且增加停留时间并不能增大 NO 的脱除率。这主要是因为关键反应的反应平衡在很短时间内即可达到，不需要较长的臭氧停留时间。

（4）吸收液性质对脱硝的影响

利用臭氧将 NO 氧化为高价态的氮氧化物后，需要进一步地吸收。常见的吸收液有 $Ca(OH)_2$、NaOH 等碱液。不同的吸收剂产生的脱除效果会有一定的差异。在利用水吸收尾气时，NO 和 SO_2 的脱除效率分别达到 86.27% 和 100%。这是利用气体在水中的溶解度进行吸收，也有试验利用吸收液将高价氮氧化物还原成为 N_2 后直接排入大气中，如 Young Sun Mok 和 Heon-Ju Lee 采用 Na_2S 和 NaOH溶液作为吸收剂，NO_x 的去除率高达 95%，SO_2 去除率约为 100%，但存在吸收液消耗量大的问题。

53 为什么臭氧在烟气中含有 CO 和 SO₂的情况下可较好地降低氮氧化物？

臭氧和氮氧化物的反应速度要远远大于和 CO 以及 SO₂的反应速度（相对反应速度见表 3-6），且和臭氧反应相关的主要物质的溶解度存在较大差异，有利于向着降低氮氧化物的方向进行（溶解度情况见表 3-7），因此，臭氧在烟气中可发挥较好的降低氮氧化物作用。

表 3-6　臭氧和烟气中主要物质的相对反应速度

反应方程式	相对反应速度
$NO+O_3 \longrightarrow NO_2+O_2$	62500
$2NO_2+O_3 \longrightarrow N_2O_5+O_2$	125
$CO+O_3 \longrightarrow CO_2+O_2$	5
$SO_2+O_3 \longrightarrow SO_3+O_2$	1

表 3-7　和臭氧反应相关的主要物质的溶解度

项　　目	NO	NO₂	SO₂	N₂O₅	HNO₃
25℃时的溶解度/(g/L)	0.063	1.260	126	≫126	与水无限混溶
相对溶解度	1	20	2000	≫2000	与水无限混溶

54 一般工业制氧气的原理是什么？

空气中一般氧气含量 21%，氮气含量 78%，其他气体 1%。制氧主要是采用分子筛技术。布满无数超微孔的分子筛有着极强的吸附能力，利用氧分子筛在一定压力下对空气中的 N、O 不同的吸附能力，采用物理吸附分离原理——PSA 变压吸附技术。加压吸附（氮气吸附在分子筛微孔中，氧气则穿其而过），常压解吸（排出被吸附的氮气），周而复始，达到连续不断地从空气中分离高纯度氧气的目的。从而将氧气浓度从 21% 提升到 90% 以上。制氧主要采用两塔分离技术，应用性能优良的 PSA 专用氧分子筛、无油空气压缩机以及气动阀控制系统，进行有效分离氧气。

55 应用于氧气线上的阀门为什么要进行脱脂处理？

一般氧气阀门需要禁油或脱脂是因为氧气属于易燃易爆气体。当管道或阀门中有油脂类的东西时，开启阀门，管道的压力公导致介质流速很快，从而产生摩擦，产生高热。这时油就是一个助燃物，极易发生爆炸，后果不堪设想。这类阀门清洗时都要用紫外线灯照射检查，要求非常严格。连纤维都不可以有，就是为了防止静电的产生。

56　应用于氧气线上的阀门在组装前要进行哪些处理？

用在氧气线上的阀门零部件在组装前必须经过以下过程处理：①根据加工要求，部分零部件需要做抛光处理，表面不能有加工毛刺等；②所有零部件进行脱脂处理，脱脂处理是用丙酮、酒精或其他无机非可燃清洗剂等脱脂溶剂去除零件表面油污的处理过程；③脱脂完成后进行酸洗钝化，要求所用的清洗剂不含磷；④逐个零部件用无纺布进行擦干，不能有线毛等留存部件表面，或者用洁净的氮气进行吹干；⑤用 LUYOR-2130 脱脂检查黑光灯照射阀门表面，无荧光为合格。

57　应用于氧气线上的阀门在组装完成后还要做哪些处理？

① 装配完成的阀门用氮气至少吹扫 1min。
② 气密试验必须是用纯净的氮气。
③ 气密试验合格后进行包封，用干净聚乙烯帽密封，聚乙烯帽使用前应用有机溶剂浸泡，擦拭干净。
④ 再用真空袋进行密封。
⑤ 最后装箱。
⑥ 运输过程中要采取措施保证包封不破损。

58　对应用于氧气线上的阀门有哪些验收要求？

① 用无油干燥的白色滤纸擦拭脱脂件表面、纸上无油脂痕迹为合格。
② 遵循《脱脂工程施工及验收规范》（HG 20202—2000），装配前每个零部件均用干净的精密滤纸进行擦拭（选择部件死角），滤纸不变颜色为合格。

59　一般工业制臭氧的原理是什么？

工业产生臭氧的原理一般是采用电晕放电法获取，就是在常压下使含氧气体在交变高压电场作用下产生电晕放电生成臭氧。电晕放电法臭氧发生器是相对能耗较低、单机臭氧产量最大、市场占有率最高、应用最广的臭氧发生装置。气体中的氧气经过高频高压的轰击，O_2 变成不稳定的 O_3，而 O_3 氧化能力大大提高，其强氧化性可用来进行杀菌、消毒、除味和工业氧化。

60 液体氧化脱硝技术的原理是什么？该技术有哪些优缺点？

液体氧化脱硝技术的原理是采用 $NaClO_2$ 和 $NaOCl$ 溶液在填料上进行脱硝，脱硝废液为 $NaCl+NaNO_3$ 溶液，与脱硫废水混合排放。

主要化学反应方程式如下：

$$2NO+NaClO_2 \longrightarrow NaCl+2NO_2$$
$$NO+NaOCl \longrightarrow NaCl+NO_2$$
$$2NO_2+2Na_2SO_3 \longrightarrow Na_2SO_4+2NaNO_2$$
$$2NaNO_2+O_2 \longrightarrow 2NaNO_3$$

该法可以和采用 $NaOH$ 作为脱硫剂的湿法脱硫技术结合使用，脱硫的反应产物 Na_2SO_3 又可作为 NO_2 的还原剂。采用 $NaClO_2$ 和 $NaOCl$ 溶液进行脱硝的脱硝率可达95%，且可同时脱硫，但 ClO_2 和 $NaOH$ 的价格较高。采用该技术需要新建氧化剂制备储存站、增设固液分离器、氧化格栅填料和支撑及一些泵、管件、喷头等，装置建设和运行费用高。有部分地区对外排污水的含氮化合物有要求，采用该技术也会将氮带入废水中，导致总氮指标超标，对于此类地区还要采取对后续的含氮浓盐水进行蒸发成盐等技术处理。

61 烟气的过氧化氢氧化吸收技术原理是什么？常用的氧化剂有哪些？

烟气所含 NO_x 中绝大部分为 NO，由于 NO 溶解度极低，除了生成络合物之外，不易被水或者碱液吸收；而 NO_2 能够被水或者碱液吸收。因此，为了有效脱除烟气中 NO，可先用氧化剂将 NO 氧化成 NO_2，然后利用湿法脱硫浆液或者碱液将其吸收，从而达到脱除 NO_x 的目的。常用的氧化剂有亚氯酸钠（$NaClO_2$）、高锰酸钾（$KMnO_4$）、臭氧（O_3）和过氧化氢（H_2O_2）等。利用氧化剂使 NO 氧化成 NO_2，再用湿法脱硫浆液或者碱液将其吸收，是燃煤烟气同时脱硫、脱硝一体化研究领域的一个重要方向。

62 EDV 湿法脱硫技术的排出液处理系统（PTU）流程是怎样的？

EDV 湿法脱硫塔的排出液经浆液外甩循环泵至沉淀器，一般沉淀器入口的 TSS 浓度不大于 5000mg/L，经沉淀后的上清液 TSS 浓度不大于 200mg/L，上清液进入氧化罐，经空气氧化，外排盐水的 COD 降低至 100mg/L 以下排放。其中沉淀器沉淀下来的含水污泥进入污泥过滤箱，污泥过滤箱内衬有一次性无纺滤布，含水污泥经滤布过滤后形成较干燥的泥饼，泥饼由专门的垃圾处理公司外运、填埋，PTU 单元基本流程如图 3-52 所示。

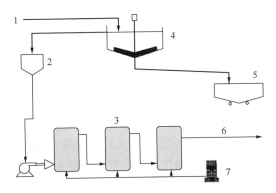

图 3-52　PTU 单元基本流程

1—浆液外甩至沉淀器；2—上清液储罐；3—氧化罐；4—沉淀器；

5—污泥过滤箱；6—外排盐水；7—氧化风机

此外，国内还开发了 PTU 的改进流程如图 3-53 所示，改进流程采用带反冲洗流程的涨鼓式过滤器替代了原有的沉淀器，该流程在中国石化广州石化公司以及中国石化镇海炼化公司的催化车间都有应用。

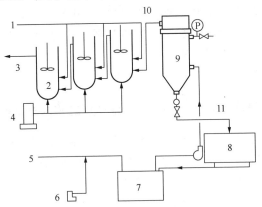

图 3-53　PTU 单元改进流程

1—注碱线；2—氧化罐；3—外排水；4—氧化风机；5—脱硫塔来的外甩浆液；

6—絮凝剂加注泵；7—缓冲池；8—污泥过滤箱；

9—涨鼓式过滤器；10—上清液；11—浓缩渣浆

63 导致废液处理单元 PTU 外排水 COD 增加的因素有哪些？

①外排水量增加，超出了氧化罐的处理能力；②鼓风机故障，导致风量减少或鼓风机停机；③沉淀器内的水场流动异常，正常沉淀器的水面暴露在空气中也能适当降低 COD，沉淀器的操作异常影响了外排水的 COD；④催化裂化烟气中的氧含量发生明显变化，进入脱硫系统的烟气氧含量减少；⑤催化裂化装置的进料硫含量发生变化，使进入脱硫系统的 SO_x 含量增加；⑥新鲜水的 COD 较高，新鲜水随脱硫塔的补水或泵的密封水进入脱硫系统，系统内的水大部分通过烟囱蒸发后会导致新鲜水对外排水的 COD 影响成倍增加，废液处理单元 PTU 的氧化罐仅适合解决亚硫酸盐引起的 COD 升高问题；⑦各种回收或再生利用的水随脱硫塔的补水或地坑回收水的回用进入脱硫塔，导致外排水 COD 增加；⑧设备使用的循环水进入了脱硫系统，一般催化裂化装置的循环水会含有微量污油，氧化罐无法处理污油引起的 COD 升高；⑨由于设备修理或降雨使污油进入烟气脱硫的地坑水回收系统，污油进入烟气脱硫系统后会不断在系统内循环，需要较长时间才能将进入脱硫系统的污油彻底外排，进入烟气脱硫系统的污油会导致外排水 COD 增加；⑩鼓风机出口的氧化风温度过高。氧化风温度过高会导致水沸腾，从而导致氧化风分布管结垢堵塞。由于环保要求的持续提高，氧化罐均已设计成密闭结构，因此罐底的分布管存在着一定的压力，需要保持分布管的出口处的温度不超过 80℃，这也是为什么在鼓风机出口处设计有冷却水注入点；⑪对于再生器分为两部分再生的催化，烟气中可能有 HCN，从而导致脱硫塔浆液中存在 CN^- 离子，CN^- 离子也会导致 COD 数值升高。这种 COD 升高问题无法从氧化罐进行解决，需要从催化裂化装置采取措施。

64 解决废液处理单元 PTU 外排水 COD 增加的技术思路是怎样的？

外排水 COD 超标是烟气脱硫装置较为突出的问题。判断 COD 超标首先要判断 COD 是否可以通过氧化过程将 COD 降下来，即采水样后持续鼓入空气，如果 COD 可以降下来，那么就需要对氧化罐进行改造和操作上的改进，已有多套装置将氧化风的传统分布管改为类似于催化裂化再生器主风分布器的树枝型分布器，并改小分布管上的分布孔，取得了理想的效果。其中要注意氧化风机出口温度超过 80℃时，易在氧化风机的出口布风分布管上结垢，导致布风不均匀、氧化效果不好，可通过出口注除盐水或其他冷却的办法将温度降下来，再使氧化风进入氧化罐。如果 COD 降不下来，就要考虑是否为脱硫塔的补水引起，一般新鲜水的 COD 会因为来水的水源不同而使 COD 在 10~60mg/L 之间。根据外排水量的不同(即蒸发浓缩倍数的影响),到氧化罐时的 COD 会被提高 2~4 倍,这种情况下就要考虑改善脱硫塔的水质。此外,对于再生器分为两部分再生的催化,烟气中可能产生微量的 CN^-,由它引起的 COD 增加也需要从再生器、烟道或余热锅炉方面采取措施解决。实际操作经验摸索出,800℃ 以上的燃烧环境会较好的降低含 CN^- 的化合物对 COD 的影响,当烟气在低于 800℃ 以下的环境下操作时,外排水的 COD 会显著增加。

65　个别烟气脱硫装置出现外排水 pH 值持续升高问题该如何解决?

有个别的催化裂化烟气脱硫的后部氧化罐水质 pH 值在不注碱的情况下较前部氧化罐的 pH 值高,最终导致了外排水的 pH 值不合格,而按贝尔格对氧化罐的设计理念是每一级氧化罐都有注碱措施,正常情况下,氧化罐的 pH 值在不注碱的情况下应该是逐级降低。在调查了这类的烟气脱硫装置并研究双碱法烟气脱硫的反应原理发现,造成该原因是这些装置使用了含钙较高的新鲜水,新鲜水中含有较多的 Ca^{2+} 发生了如下反应:

$$Na_2SO_3 + SO_2 + H_2O \longrightarrow 2NaHSO_3 \quad (pH = 5~9 \ 时) \qquad (1)$$

$$2NaOH + SO_2 \longrightarrow Na_2SO_3 + H_2O \quad (pH > 9 \ 时) \qquad (2)$$

$$2NaOH + SO_3 \longrightarrow Na_2SO_4 + H_2O \qquad (3)$$

其中,式(1)是运行过程的主要反应式;式(2)、式(3)是再生液 pH 较高时的主要反应式。

$$2NaHSO_3 + Ca(OH)_2 \longrightarrow Na_2SO_3 + CaSO_3 \cdot 1/2H_2O \downarrow + 3/2H_2O \qquad (4)$$

$$2Na_2SO_3 + 2Ca(OH)_2 + H_2O \longrightarrow 4NaOH + 2CaSO_3 \cdot 1/2H_2O \downarrow \qquad (5)$$

$$Na_2SO_4 + Ca(OH)_2 + 2H_2O \longrightarrow 2NaOH + CaSO_4 \cdot 2H_2O \downarrow \qquad (6)$$

浆液在加碱中和过程中会使新鲜水带来的部分 Ca^{2+} 以 $Ca(OH)_2$ 的形式存在,随着 Ca^{2+} 在浆液中的蒸发富集,烟气脱硫的设备开始出现结垢现象,在结垢的同时,氢氧化钠又再次产生出来,从而使氧化罐的 pH 值越来越高,氧化罐水质 pH 值在不注碱的情况下较前部氧化罐的 pH 值高是部分催化装置使用新鲜水造成,通过控制新鲜水用量、控制塔内浆液的 Ca^{2+} 浓度在 30mg/L 以下可以解决问题。

第四章 操作和设计经验

1 余热锅炉后新增烟气净化装置后，在余热锅炉出口的压力不大于 **4kPa** 的情况下，余热锅炉可进行哪些适应性改造？

余热锅炉后新增烟气净化装置，余热锅炉出口处的压力由负压变为正压，余热锅炉必须按照实施烟气净化装置后的操作条件进行设计或核算。新设计的催化裂化装置大多会考虑设计或预留催化烟气脱硫装置，对于已建成的催化裂化装置在以下几方面需要特殊考虑锅炉提压操作后带来的问题。

① 炉墙密封问题。烟气侧升压后存在局部（如炉墙人孔门、螺栓孔等）泄漏点，通过增加法兰的厚度和压力等级、加装保护罩等方法可以解决泄漏问题。余热锅炉的联箱外的壁板最容易泄漏，尤其是使用激波吹灰器的余热锅炉更容易在联箱外的壁板处发生泄漏，因此，此处要进行格外补强。

② 炉墙壁板问题。通过在炉墙外表面增加槽钢加强筋，可以将炉墙壁板变形控制在规范允许的范围内。

③ 补燃风机及风道问题。余热锅炉或 CO 锅炉补燃风机风量一般较小，余热锅炉升压后需要更换补燃风机和电机。圆形风道基本不需要采取补强措施，方形风道可用扁钢条加强。

2 贝尔格 **EDV** 湿法洗涤技术的洗涤系统由哪几部分构成？各部分如何实现洗涤功能？

EDV 湿法洗涤技术的洗涤系统由脱硫塔的喷淋段、滤清模块段和水珠分离器共同组成。

从催化裂化来的烟气进入脱硫塔的喷淋段，立即被急冷至饱和温度，然后与含有脱硫剂的喷射液滴接触，脱除颗粒物和 SO_x。喷淋段内有多组 LAB-G 喷淋喷嘴和急冷喷嘴。独特的设计使其成为该系统内重要的部件。LAB-G 型喷嘴具有不易堵塞、抗磨损、抗腐蚀、可处理高浓度浆液的特点。同时，LAB-G 型喷嘴可以产生相对较大的水滴以阻止烟雾的形成。

饱和气体离开脱硫塔的喷淋段后进入滤清模块。在滤清模块段，饱和状态的气体被逐渐加速，使状态发生改变并最终在绝热膨胀中达到过饱和状态。细小颗粒和酸性气雾发生浓缩集聚，尺寸显著增大，降低了分离所需要的能耗和难度。LAB-F 型喷嘴安装在滤清模块的底部，用于向上喷淋，集聚细小颗粒和气雾。该设备具有独特的优越性，压降极低且没有内件，不会磨损和造成非计划停工，对烟气流量变化也不敏感。为保证烟气内没有液滴散布到大气中，烟气再进入水珠分离器。分离器也是开放设计，有固定的旋转叶轮，当气体沿分离器旋转下降时，离心力将液滴甩向器壁，同气流分离。EDV 湿法洗涤技术的洗涤系统压降较低，没有内构件，不会堵塞和导致整个催化裂化装置停工。

3 **EDV 湿法脱硫技术的滤清模块部分的净化原理是什么？**

催化烟气经过 G-400 型喷嘴喷水急冷作用后，进入滤清模块。在通过模块时烟气被加速、压缩和减速、膨胀，将水凝结在烟气中的小颗粒催化剂上、浓缩的 SO_3 颗粒或雾气上，增加了颗粒的大小和质量，随后在贝尔格专用喷嘴喷水的作用下变大的颗粒和水汽被吸收，流进滤清模块的循环水箱。通过向滤清模块循环水箱添加碱液使洗涤水的 pH 值为 7，使滤清模块区具备了吸收 SO_2、SO_3 和细颗粒的作用。

4 **EDV 湿法脱硫技术的水平衡包括哪几部分？**

EDV 湿法脱硫技术进入系统的水包括正常补水、催化裂化烟气中的水、紧急急冷水、化学反应产生的水、通过公用工程进入系统的水(如有的机泵的端面冷却水是进入泵体的)、碱液、通过地坑回收的水。出系统的水包括外排水、烟囱蒸发的水汽、沉淀器蒸发的水和氧化罐放空损失的水。

5 **EDV 湿法脱硫技术正常补水的方式是怎样的？正常补水有何作用？**

进入 EDV 的补水用于补充蒸发和洗涤排液过程消耗的水分。为了维持烟气脱硫塔内部液面的稳定，正常补入的水通过定时器进入 EDV 系统，系统的正常补水除了起到稳定液面的作用外，还可以把滤清模块的杂质汇集至滤清模块的循环水箱，然后在重力的作用下通过管道流入喷水塔底部，流入底部的水同时起到了塔底搅拌的作用，防止催化剂在塔底沉积或局部死角处沉积。

6 **EDV 湿法脱硫技术事故紧急补水的作用是什么？**

事故紧急补水的作用是用来紧急提供脱硫塔温度大幅上升或大量催化剂跑损进入 EDV 系统时所需的大量用水。急冷区事故紧急补水管直接连在脱硫塔入口急冷区的循环管线上。当脱硫塔温度偏高启动紧急用水系统时，大量急冷水即通过控制阀进入急冷区喷嘴处。当催化剂大量跑损时，事故紧急补水系统可通过 DCS 面板的手动操作模式进行手动启动。补入系统的事故紧急补水可以将进入脱硫塔的过量催化剂通过脱硫塔放空冲洗出 EDV 系统。当事故紧急补水系统启动后，必须再通过手动方式关闭进入 EDV 系统的水流。

7 **EDV 湿法脱硫技术滤清模块的水循环回路是怎样的？**

滤清模块的水循环回路由多个滤清模块组成，其中有两台泵（一开一备）控制水的循环量。由滤清模块循环水箱提供循环用水，其中重力作用下的水珠分离器和烟道所有回留液都会流至滤清模块的循环水箱。

8 **EDV 湿法脱硫技术脱硫塔的外排浆液是怎样进行操作控制的？**

脱硫塔的外排浆液通过脱硫塔塔底浆液外甩线排出脱硫塔内浆液，以降低钠盐、氯化物和悬浮催化剂的浓度。其中大量的脱硫塔底浆液是通过塔底循环泵进行循环，只有少量浆液外排，一般控制外甩浆液的总悬浮性固体含量（TSS）的质量分数应低于 0.5%，总溶解物固体含量（TDS）的质量分数应低于 15%。浆液外排至沉淀器后，部分浆液经沉淀处理后返回脱硫塔以减少补水消耗。由于 TSS 和 TDS 采样分析过程相对较慢，所以在塔底浆液循环上还可以加装在线密度测量仪来控制浆液的外排量。

9 **应用 EDV 湿法脱硫技术的部分国外炼厂是如何解决最后出装置时的固液分离的？**

应用 EDV 湿法脱硫技术的部分国外炼厂所使用的固液分离设施是采用的泥浆车内衬一次性无纺滤布，这也是该技术的关键所在。从滤布的使用原理可知，滤布使用一次后会在滤布的孔道处形成滤饼，一旦滤饼形成后就缩小了滤布的孔眼，使滤布的过滤尺寸发生变化。要恢复滤布孔眼的原有尺寸就必须对滤布进行反吹，很多金属烧结过滤器在使用上都是配备了反吹功能才保证了金属烧结过滤器的使用性能。因此，滤布的这一特征就决定了在该工况下，只有使用一次时可以保证最佳的使用效果。如果一次性无纺滤布的价格足够低，那么目前部分国外炼厂使用一次性无纺滤布的办法是固液分离最后一步骤的理想办法。

10 EDV 湿法脱硫技术脱硫塔的基本回路控制有哪些？

EDV 湿法脱硫技术脱硫塔的基本回路控制有脱硫塔液位控制、脱硫塔液位低-低液位控制、脱硫塔高温保护和催化剂跑损处理、脱硫塔洗涤液 pH 值控制、脱硫碱液加入量、脱硫塔排液流量、滤清模块循环水箱循环水的 pH 值控制、滤清模块循环水箱循环水的碱液加入量、滤清模块循环水箱低-低液位控制及塔底浆液流量控制。

11 脱硫塔液位低-低液位控制是怎样的？

脱硫塔底浆液一部分用于循环、一部分用于外甩，为实现循环和外甩功能，塔底浆液可根据浆液外甩的管线阻力和浆液循环的扬程选择一组泵或两组泵，选择两组泵的情况就是既有高扬程、低流量的外甩泵，又有低扬程、高流量的浆液循环泵，此时当脱硫塔液位低-低液位报警会在 DCS 上报警显示，当液位低于最低设定值时，DCS 上的低-低液位开关启动，先后切断浆液循环泵和外甩泵，一般先后切断两泵运行之间会有一定的延时设置，且在塔底液位未恢复正常时，塔底浆液循环泵也无法启动。

12 脱硫塔如何实现塔的高温保护和催化剂跑损处理？

当塔内的温度测量热偶显示高-高温情况时，仪表会自动发出信号启动事故紧急用水阀。当高温情况已解决时，事故紧急用水电磁控制阀需手动复位。

当催化裂化装置出现催化剂跑损造成 EDV 脱硫塔底浆液催化剂含量偏高时，操作员需手动打开 DCS 上的事故喷水开关，过量的水会溢出脱硫塔底部流入紧急溢水池。当塔底悬浮固体含量（TSS）降至 1% 以下时，需要手动关闭事故紧急用水阀。

13 脱硫塔底浆液的 pH 值如何控制？

脱硫塔底浆液的 pH 值是通过补充碱液来进行调节的。有的脱硫塔设计有 pH 值控制选择开关，可控制选择不同的 pH 值分析仪（此时是一用一备）。也有的脱硫塔设计同时取两个 pH 计的平均值作为控制信号，用于调节碱液控制阀，维持脱硫塔底浆液的 pH 值为 7.0。由于 pH 计的一般使用寿命为 3~6 个月，而且由于检修或操作不当导致 pH 计暴露在空气中超过 24h 也会报废，因此，操作中一定要注意保持 pH 计的测量准确性，使用情况较好的是带有自动反冲洗功能的 pH 计。

14 滤清模块循环水箱低-低液位控制如何实现滤清模块循环水泵的保护？

滤清模块循环水箱需控制在一定液位之上以确保循环水回路正常，当液位偏低时，DCS 上显示液位报警信号。为防止滤清模块循环水泵的损坏，当循环水箱液位低于一个最小值时，DCS 的低-低液位控制自保就切断泵的运行，直至液位恢复正常后方可重启水泵。

15 安装泵出入口的橡胶膨胀节有哪些注意事项？

所有橡胶膨胀节（见图 4-1）均可以承受管道设计压力和相应的测试压力。安装橡胶膨胀节时根据安装指南安装正确数量的支撑法兰，以确保所有膨胀节运行的整体性。安装支撑法兰必须在环境温度下进行；安装时须避免膨胀节的扭转、拉伸、压力和弯曲，绝不可以在未对齐管道法兰时安装膨胀节；安装膨胀节时，上好连接螺栓至相配套的管道法兰后，支撑法兰应用螺栓上紧，固定在后边的压板上。但是脱硫塔的循环泵的入口部分除外，此处要有一定的缝隙以便让上水管置于底部的承重块之上，因此不再需要安装支撑法兰；支撑法兰上不能安装内螺栓；要用螺帽固定外部螺栓；在运行过程中，泵入口的支撑法兰会因为热膨胀而松动，而出口处的会扣紧，但不可在运行过程中调节支撑法兰；要在系统停机时定期对膨胀节的

图 4-1　橡胶膨胀节外观

安装进行监测；应在排空管线的情况下，在环境温度下对法兰的安装情况进行检查。

16　烟气脱硫塔在开工前，何时封闭人孔？

烟气脱硫塔的人孔是检查贝尔格喷嘴喷淋状态的窗口。在烟气脱硫开工前必须保证烟气脱硫塔内的所有喷嘴喷淋正常，此时要开启给喷嘴供水的水泵，从入口管线处查看入口急冷喷嘴喷水状态，从脱硫塔喷嘴上下方的人孔处查看竖直喷水状态，滤清模块处也是从人孔观察滤清模块 F-130 喷嘴喷淋是否正常，所有喷嘴喷水均正常后方可封闭人孔。

17　烟气脱硫塔底循环浆液 pH 值偏低的可能故障原因有哪些？

pH 计故障、碱液从其他旁路流走、碱液管线堵塞和冻结、碱液进料管线上手阀关闭。

18　烟气脱硫塔底浆液循环水泵出口压力偏低的可能故障原因是什么？

泵停止运行、脱硫塔内液位过低、喷淋喷嘴或管线爆裂、泵入口阀部分关闭。

19　脱硫塔内温度超高的可能原因是什么？

脱硫塔底循环水泵故障、催化裂化装置的操作出现异常情况、补水的上水系统发生故障、塔底的液位指示故障、脱硫塔低-低液位报警故障、热偶故障。

20　烟气脱硫主要的分析项目有哪些？

主要有 TSS（总悬浮固体浓度）、TDS（总溶解固体浓度）、pH 值、Cl^- 含量。如果脱硫塔和管线使用的材质耐磨和耐腐蚀性较差，还要进行 Fe^{3+} 的分析。

21　如何通过泵出口电流状况来判断贝尔格 G 型和 F 型喷嘴更换的条件？

贝尔格 G 型喷嘴在流量增加 5%～10% 后应该予以更换。贝尔格 F 型喷嘴直接焊接至不锈钢材质的进料管线，流量增加5%～10%时，通常要更换喷嘴。可以通过观测泵电机电流的增加或泵出口压力的下降进行确认。由于喷嘴长期经受腐蚀，在装置正常检修时必须进行检查。通过观测泵电流和出口压力值来监测喷嘴磨损度是较为简单直观的方法。

22 如果用蒸汽吹扫烟气脱硫装置的管线要注意哪些问题？

蒸汽会损害 pH 值检测仪以及橡胶膨胀节，如果要采用蒸汽吹扫管线就必须提前拆除 pH 值检测仪和橡胶膨胀节。

23 沉淀过程主要分为哪几种类型？湿法烟气脱硫沉淀器里的沉淀过程是怎样影响着分离效果？

沉淀分为自然沉淀、混凝沉淀和化学沉淀三类。水中固体颗粒依靠重力作用，从水中分离出来的过程称为自然沉淀。按水中固体颗粒的性质，混凝沉淀是指在沉淀过程中，颗粒由于相互接触凝聚而改变其大小、形状和密度，这种过程称为混凝沉淀。化学沉淀是指在某些特种水处理中，投加药剂使水中溶解杂质结晶为沉淀物。催化裂化装置湿法脱硫技术的沉淀器在使用中要加入絮凝剂，在脱硫塔外甩浆液 TDS（总溶解性固含量）较高时，催化剂沉淀中还会有亚硫酸钠和硫酸钠等盐类的结晶，因此，催化裂化烟气脱硫的沉淀器既有混凝沉淀，又有化学沉淀。混凝沉淀器杂质颗粒的絮凝过程在沉淀器内持续进行，沉淀器内的水流流速的分布实际上是不均匀的，水流存在的速度梯度将引起颗粒相互碰撞而促进絮凝。此外，水中絮凝颗粒的大小也是不均匀的，它们将具有不同的沉速，沉速大的颗粒在沉降过程中能追上沉速小的颗粒而引起碰撞和絮凝。水在池内时间越长，由速度梯度引起的絮凝进行得越完善，池内的水深越大，颗粒沉速不同引起的絮凝也进行得越完善，因此，实际生产性沉淀池的沉淀时间和水深均影响沉淀效果。

24 如何解决湿法脱硫沉淀器沉淀效果不好的问题？

① 要避免污水在进入沉淀器后发生短流。污水进入沉淀器的水流在池中停留的时间通常并不相同，一部分水的停留时间小于设计停留时间，很快流出池外；另一部分水的停留时间大于设计停留时间，这种停留时间不相同的现象叫短

流。短流使一部分水的停留时间缩短，得不到充分沉淀，降低了沉淀效率；另一部分水的停留时间可能很长，甚至出现水流基本停滞不动的死水区，减少了沉淀池的有效容积。短流是影响沉淀池出水水质的主要原因之一。形成短流现象的原因有很多，如进入沉淀池的流速过高，出水堰的单位堰长流量过大，沉淀池进水区和出水区距离过近，沉淀池水面受大风影响，池水受到阳光照射引起水温的变化，刚进入的水和池内水的密度差，以及沉淀池内存在的柱子、导流壁和刮泥设施等，均可形成短流形象。因此，要根据以上问题进行改进设计，如改进沉淀器的导流中心筒的形状和规格来改变水的流场的分布等。

② 及时排出沉淀器里的污泥。及时排泥是沉淀池运行管理中极为重要的工作。污水处理中的沉淀池中所含污泥量较多，还有部分有机物，如不及时排泥，就会产生厌氧发酵，致使污泥上浮，不仅破坏了沉淀池的正常工作，而且使出水水质恶化，如出水中溶解性 BOD 值上升；pH 值下降等。初次沉淀的池排泥周期一般不宜超过 2 天，二次沉淀池排泥周期一般不宜超过 2 小时，当排泥不彻底时可考虑采用人工冲洗的方法清泥。机械排泥的沉淀池要加强排泥设备的维护管理，一旦机械排泥设备发生故障，应及时修理，以避免池底积泥过度，影响出水水质。烟气脱硫沉淀器的排泥可以采用计数器的办法进行定期排泥，排泥阀的运行状态要进入 DCS。例如某催化裂化装置原来每 5 天排一次泥，沉淀效果不好后改为每两天排泥一次，如异常情况下排泥量增加时，要进一步加强排泥频率。

③ 增加沉淀器的有效水容积。如沉淀器沉淀效果不好，可通过联系沉淀器的供应商以及设计人员来根据实际情况增加沉淀器的有效水容积。通过对沉淀器支撑进行核算后，考虑抬高出水堰板的高度来增加水容积。

④ 正确投加混凝剂。当沉淀池用于混凝工艺的液固分离时，正确投加混凝剂是沉淀池运行管理的关键之一。要做到正确投加混凝剂，必须掌握进水质和水量的变化，根据水质水量的变化及时调整投药量。特别要防止断药事故的发生，即使短时期停止加药了也会导致出水水质的恶化。通过对催化裂化装置的脱硫液进行自然沉降研究表明，脱硫液有一定的自然沉降性能，但是由于催化剂粉尘粒径比较小，沉降非常缓慢。沉降 20min 后浊度仍然可达到 1000mg/L，固液难以分离。絮凝剂可以对水中的粒子产生 3 种作用：电性中和、吸附架桥和卷扫作用。水处理中的絮凝现象比较复杂，不同种类的絮凝剂以及不同的水质条件，絮凝剂的作用和机理都有所不同。加入聚合氯化铝絮凝后生成的矾花比较细小，沉降较慢，但是足够沉降时间后清液浊度降低明显，沉降后的沉渣比较疏松，由于絮体细小，过滤时不容易与水分离，造成现场过滤时连泥带水，分离效果不好；

使用聚丙烯酰胺效果较好，絮体尺寸大，沉降较快，沉渣也比较容易过滤，但是清液的浊度偏高。PAC(聚合氯化铝)和PAM(聚丙烯酰胺)复配能够达到良好的絮凝效果，药剂使用浓度可根据脱硫液的要求选择。

一般来讲，水温对絮凝效果有明显影响，通过考察不同温度对絮凝效果的影响，发现在一定复配比例下，温度对絮凝效果的影响可以忽略。一是无机盐类絮凝剂的水解是吸热反应，低温时絮凝剂水解困难；二是低温水黏度大，水中杂质布朗运动强度减弱，碰撞机会减少不利于脱稳凝聚。

⑤ 增加絮凝剂和脱硫液的预混合器。通过增加絮凝剂和脱硫液的预混合器，增加了絮凝剂和脱硫液的预混合距离也会改善烟气脱硫沉淀器的沉淀效果。

对于采用沉淀器的湿法脱硫技术，沉淀器是该技术的重要设备。如果烟气脱硫沉淀器沉淀效果达不到设计要求会造成设备的磨损加剧并带来更严峻的腐蚀问题。通过避免沉淀器短流、缩短排泥时间、提高沉淀器内溢流堰高度、增加絮凝剂进入浆液管线的预混合器、增加絮凝剂和浆液的混合距离、采用PAM和PAC复配絮凝剂等措施可显著改善沉淀效果。对于采用沉淀器的湿法脱硫技术，要想办法把TSS降低至200mg/L以下，以满足烟气脱硫装置的长周期运行需要。

25 可否采用观测沉淀器水面颜色的办法判断沉淀器出口的TSS是否合格？

既可以直接观测沉淀器水面的颜色来判断TSS情况，也可以通过在周围设备的高点安装电视监控设备间接观测水面的颜色来判断TSS情况。这种TSS快速判断法的原理和湖水为什么是绿色的道理是相同的。水分子对于可见光中各种波长不同的光线(指红、橙、黄、绿、青、蓝、紫)散射作用(指光束在媒质中前进时，部分光线偏离原来方向而分散传播的现象)的强弱不同，对于波长短的(如绿、青、蓝等)其散射作用远比波长长的光(如红、橙)的散射作用强，由于散射作用显著，水就显出绿色。如果水质中催化剂含量较高时，那么水面就完全是催化剂的灰色或灰黑色。由于绿色时是清澈的水面发生光线散射作用，而灰色是纯粹催化剂的颜色，因此，两者的色差较大，只要是绿色的水就一定是合格的，一般都低于TSS含量200mg/L的指标，这种检测水面颜色的办法会很快地判断出不合格的情况，发现时间远比分析化验要快、还相对准确。

26 当沉淀器和氧化罐内的TDS浓度持续大于15%时会出现什么操作状况？

沉淀器和氧化罐内都会结盐。沉淀器的盐层会结在水面以下、污泥以上，也就是泥水界面上会结一层薄冰似的盐层。氧化罐内的盐会结晶成大块晶体附着在氧化罐内的不同位置，甚至接在搅拌器上，最终导致搅拌器无法正常工作。

27 烟气脱硫装置开工的主要检查和操作步骤有哪些？

① 所有的设备（容器、机械设备、管道、通道、支撑结构）、公用工程供应系统等检修施工完毕、施工作业票均已得到回收确认。

② 所有转动设备电机都已试验合格并送电，现场照明完好。

③ 所有的电气仪表控制信号和电源都送电合格。

④ 对所有的电气继电器、仪表（液位、流量、压力和温度）、开关和变送器的校准和报警设定点进行检查试验合格。

⑤ 所有旋转设备电动机在拆开联轴节的情况下进行了"单机"试验。确保其接线正确、按正确方向旋转和正确对中。

⑥ 所有泵的机械密封均通有密封水，密封水畅通无阻。

⑦ 所有的电动机和轴承都已完全地进行了润滑，油质合格、油位正常。

⑧ 所有仪表的气动管线和接头都已安装就位，开关试验合格。仪表包括电磁阀、过滤器调节器、流量测量元件和隔离阀等。

⑨ 所有工艺仪表的管线、阀门和接头都已安装，并投入运行。这些包括流量测量元件（孔板）、差压传感器管、差压毛细管、控制阀定位器/执行机构管等。

⑩ 在甲方监督下，施工单位对每一条管线都进行吹扫、水试压，结果合格，并放净存水，且试压时所装盲板均已拆除，其法兰已按标准回装完毕。

⑪ 所有的控制阀都已完成校验，以确保动作、故障位置、定位器操作和限位开关作用都正确。

⑫ 所有泵、管道、容器、结构和烟道上的电气接地线都已完成连接。检验接线片螺栓的接触性和紧密性。

⑬ 检查了所有的管道吊架、通道膨胀节、泵膨胀节的初始和/或"冷态"设定值是否正确，并检查限制器是否已固定就位。

⑭ 对所有的 pH 传感器正确地进行防护和安装。

⑮ 已安装好所有的压力表，并已关闭引出手阀和放气阀。在开车之后，从仪表取压管排放空气。

⑯ 所有的通道系统和管道保温与人员防护设施都已正确地安装。

⑰ 系统所有的伴热都已完成安装并且已提前投用。

⑱ 碱供应系统收水至液位正常。工厂风、仪表风、1.0MPa 蒸气等公用工程

和补充水系统引入。

⑲ 在污水处理系统清液氧化后的外排水池处设临时气动泵，将水联运时排入池中的水抽到沉淀器下的集水池。

⑳ DCS 控制系统正常，并可以进行远程控制操作运行。

㉑ 水联运结束后，待引入烟气及碱后再进行污水外送操作。

28　烟气脱硫装置的开工注意事项有哪些？

① 在开车之后，从仪表取压管排放空气。

② 脱硫塔底循环浆液中的悬浮固体含量(质量分数)低于 0.5%，总溶解固体含量(质量分数)低于 15.0%，氯化物含量低于 750mg/L。

③ 严禁物流不经控制阀而直接流入工艺设备或容器。在液体管道系统被充满时，放出系统内的空气后，关闭排气阀。

④ 不得将碱直接引入到脱硫塔内，不得在投料试车期间将碱液直接导入到氧化罐。

⑤ 沉淀器的刮泥机等转动设备已注入润滑脂。

⑥ pH 计使用情况良好，各 pH 值测量点控制在 6~8 范围内。

⑦ 装置操作人员必须定期(时)按计划检查和监测设备，查看是否存在泄漏和异常操作状况。

29　烟气脱硫的具体开工步骤有哪些？

① 投用烟道挡板吹扫风：

确认烟道挡板门用吹扫风流程已打通至器壁阀前，启动吹扫风机，待出口压力达到规定值，打开两烟道挡板门吹扫风器壁阀，随后投用吹扫风加热器，并将加热蒸气冷凝水排入凝结水回收单元，提升吹扫风温度至规定值。

② 引水至烟气脱硫塔：

a. 检查确认上水加压泵至脱硫塔上部滤清模块区的分支管路流程已打通。

b. 检查确认上水加压泵至脱硫塔补水管路流程打通。

c. 引上水至泵出口排凝见清水，启动机泵送水，泵出口控制阀前排凝打开见清水后，打开补充水控制阀，给烟气脱硫塔上水至塔底液位 60%左右。

③ 联系仪表工检验滤清模块液位、脱硫塔底液位液位显示是否正常：

在灌注脱硫塔时，要确认所有的低液位报警、低低液位报警和高液位报警均运行正常，显示器显示液位正确可靠；要确认低-低液位联锁起作用，可使脱硫塔的下部浆液循环泵停运；要确认每台循环泵的密封水投运正常；要检查密封水的进出口压力等参数是否正常。

④ 建立脱硫塔滤清模块循环水系统流程：

a. 检查确认脱硫塔滤清模块循环水系统流程打通。

b. 检查调整循环水流量，向滤清模块循环水泵提供合适的密封冲洗水。

c. 打开泵的入口阀，打开出口管线放空阀，排气见清水后关闭，启动机泵。

d. 泵启动后及时打开泵出口阀，向管线注满水，然后根据出口压力及电机电流调整出口阀门。

e. 检查泵是否存在异常振动、噪声或泄漏现象。

⑤ 建立脱硫塔底浆液循环流程：

a. 检查确认脱硫塔底浆液循环流程打通。

b. 检查调整循环水流量，向浆液循环泵提供合适的密封冲洗水。

c. 打开泵的入口阀，打开出口管线放空阀，排气见清水后关闭，启动机泵。

d. 泵启动后及时打开泵的出口阀，向管线注满水，然后根据出口压力及电机电流调整出口阀门。

e. 检查泵是否存在异常振动、噪声或泄漏现象。

f. 将备用泵出口单向阀的小旁路阀打开，进行备用泵的浆液循环，以防止循环浆液中的固体粉尘沉积下来堵塞泵，设备启动后关闭此阀门。

注意：只能使3台泵中的两台泵同时运行。同时运行3台泵将对管道和喷嘴造成腐蚀并减少设备的使用寿命。运行单台泵会使喷嘴压力不足，导致不正确的喷淋分布曲线的形成。运行单台泵还有降低 SO_2 吸收量和微粒收集效率的危险。

⑥ 调整脱硫塔底循环浆液量的分配：

a. 确认循环浆液流经入口急冷层喷嘴和脱硫塔喷淋层喷嘴进入塔内。

b. 检查脱硫塔循环浆液至喷淋层的管道表压是否约为 2.96 kgf/cm² 并记录压力。

c. 在去急冷喷嘴的管道上手动调节，此阀门的用途是减小去往急冷喷嘴的浆液的流量并延长喷嘴的使用寿命。通过调整浆液循环泵出口手阀，保证急冷层的浆液管道表压约等于2.36kgf/cm²为止。注意观察循环泵的总出口压力、电动机电流等的值，并进行记录。

⑦ 建立脱硫系统碱液循环：

a. 检查确认所有补碱线流程均已打通。

b. 启动碱泵，注意保证泵出口回碱罐的限流孔板已安装且管线畅通。

⑧ 运行脱硫塔底部浆液和脱硫塔滤清模块循环浆液补碱系统。

⑨ 浆液送至后部的排液处理系统。

⑩ 向沉淀器、氧化罐和相关泵、罐及风机组成的后部排液处理系统充水。

a. 在充水之前，启运刮泥机通过旋转一整圈证实无黏结现象。用排泥阀冲洗沉淀器，以排除所有的杂质，排水清澈后关闭排泥阀。

b. 连续进水，直到沉淀器向氧化罐溢出为止。

c. 检查并设定凝聚剂计量泵，通过临时胶带给絮凝剂罐装水、冲洗、试运凝聚剂计量泵，试运完毕后停泵，将絮凝剂罐及管线内存水排净。待将烟气引入到系统之后，根据实际情况注入凝聚剂。

⑪ 对氧化罐进行注水，直到溢流为止。

a. 通过打开氧化罐的排凝阀来冲洗氧化罐，以便清除所有的杂质，排水变清澈后关闭排凝阀。

b. 记录污水处理系统运行中所有的压力、液位、电动机电流值并监视以便采取纠正措施。

c. 打开所有管道上的排气阀，以便放出管线中的空气。在注满系统和水从排气管线中排出来之时，关闭排气阀。

⑫ 运行氧化空气风机：

a. 检查 3 台氧化风机的油位是否正常、冷却水是否投用。

b. 打开 3 台氧化风机的出口阀。

c. 启动 1 台风机向氧化罐供风。

d. 注意在 DCS 上监视至氧化罐出口管的空气压力和温度。

e. 检验所使用氧化风机出口安全阀的工作状况。

⑬ 继续由浆液输送泵向污水处理系统注水，直至外排水池中见液位，联系仪表校准外排水池液位，待液位指示达到 50%，启动临时设置的气动泵，将外排水池中的水抽回至地下的集水池。

⑭ 建立集水池至沉淀器水循环流程。

⑮ 建立沉淀器的上清液至脱硫塔的循环。

⑯ 投运氧化罐补碱系统。

⑰ 水联运完成，发现的问题全部解决后，不需停循环、排水等措施，可直接转入引烟气的正常开工。

⑱ 碱罐收碱：

停止碱罐收水，保持较低液位，利用碱罐的收碱泵或管线直接给碱罐收碱至50%液位，碱循环泵不需要停运，注意配碱操作时要做好人员防护，碱浓度越高，配碱时越容易产生大量的热量，注意避免人员灼伤。

⑲ 引烟气进脱硫塔：

a. 检查余热锅炉出口现场真空度表指示真实可靠。

b. 将脱硫塔入口烟道挡板和原烟气至烟囱烟道挡板改为现场手轮控制。

c. 缓慢关小原烟气至旧烟囱烟道挡板，现场观察真空表负压回零并转为正压约 1~2kPa，及时联系操作室，注意烟机出口压力的变化，影响过大时及时终止操作。

d. 缓慢打开脱硫塔入口烟道挡板，将烟气引入脱硫塔，当脱硫塔入口烟道挡板全开后，关闭原烟气至旧烟囱烟道挡板，直至全部关闭。

e. 将脱硫塔入口烟道挡板和原烟气至烟囱烟道挡板设回自动控制。

⑳ 随着烟气进入脱硫塔，脱硫塔底部浆液循环线上的 pH 值在线监测仪表指示将逐渐下降，将碱液控制器置于 AUTO（自动）模式，并将其给定设定为pH 值= 7.0，系统会将信号传给控制阀，对脱硫塔底进行补碱。

㉑ 随着烟气进入脱硫塔，脱硫塔滤清模块浆液循环线上的 pH 值在线监测仪表指示将逐渐下降，将碱液控制器置于 AUTO（自动）模式，并将其给定设定为pH 值=7.0，系统会将信号传给控制阀，使阀打开对滤清模块进行补碱。

㉒ 启运外送污水系统：

待氧化罐出口 pH 值在线仪表指示出现下降时，及时停运并拆除排水池处设置的临时抽水泵，启运外排污水正常外送流程。

30 带密封气的单轴双挡板烟气挡板门是如何实现密封的？

单轴双挡板烟气挡板门的每个挡板包括框架、挡板本体、电动执行器，挡板密封系统及所有必需的密封件和控制件等。挡板门的挡板密封空气系统包括密封风机及其密封空气站，挡板门密封气压力至少维持比烟气最高压力高 500Pa，密封空气站配有电加热器。

31 烟囱出口处的烟气流速一般设计为多少？

为防止烟气下洗，烟囱出口处流速应大于排放口处风速的 1.5 倍，一般在20~30m/s。

32 烟气脱硫的脱硫塔要注意哪些设计要点？

　　烟气脱硫的脱硫塔塔体的设计应尽可能避免形成死角，同时采用可进行搅拌的设计方式来避免浆池中浆液沉淀。脱硫塔底面设计应能完全排空浆液。脱硫塔烟道入口段应能防止烟气倒流和固体物堆积。脱硫塔至少应提供足够的脱硫塔液位，用于监控外排物料 pH 值的测点至少要有两个，塔内要有温度、压力、除雾器压差等测点。

33 烟气脱硫的氧化系统有什么特点？

　　常见的氧化方式有自然氧化和强制氧化，一般烟气中本身含氧量不足以满足烟气脱硫所要求的氧化反应，目前广泛采用强制氧化方式。强制氧化方式有着氧化空气分布均匀、氧化空气用量较少、氧化效率高和压降小的特点。强制氧化方式又分为异地、半异地、就地氧化，强制氧化方式的选择根据具体的烟气脱硫工艺需求而定。

34 烟气脱硫装置入口的烟道挡板门和脱硫塔之间为什么要设计人孔？

　　烟气脱硫装置入口的烟道挡板门和脱硫塔之间设计人孔是为了检查和调试校验烟道挡板门，在烟气脱硫装置需要检修时可在烟气脱硫装置入口的烟道挡板门和脱硫塔之间砌墙，保证烟气脱硫装置与催化裂化装置之间实现彻底隔离。

35 雨水和雪水可否作为烟气脱硫除尘的工艺补充水？

　　可以。一般烟气脱硫前部的脱硫塔和后部的水处理单元都采用地面铺瓷砖和围堰的办法回收雨水和雪水。通过围堰回收烟气脱硫本身泄漏的外排水和一部分雨水和雪水是很好的节水措施。烟气脱硫装置怕氯离子带来的腐蚀以及钙镁等离子产生的结垢，由于雨水几乎不含有氯离子和钙镁等易于结垢的杂质，因此是很好的烟气脱硫工艺用水。如果装置周围有防洪沟，那么通过利用防洪沟可以较好地回收雨水和雪水。

36 烟气脱硫除尘塔的塔底浆液泵在操作和设计上有哪些注意事项？

　　一般塔底浆液循环泵是两开一备，但是塔底浆液循环泵在实际使用中很难使备用泵达到备用条件。如果浆液泵出口管线为 $DN400$，泵出口返回线为 $DN80$，即使将备用泵出口返回线全部打开也会出现泵出入口被沉积的催化剂堵死的情况，沉积在泵出入口的催化剂硬块很难清除，必须使用高压水冲洗，该催化剂结块质地很硬并有一定韧性，直接靠铁钎等硬物无法手工清除沉积的催化剂硬块。因此在实际生产中，20 天内就要切换一次备用泵，以防泵出入口被催化剂堵死。也有的催化裂化装置不设置在线备用泵，而采取准备一整套新泵的办法，在机泵出现故障时迅速进行机泵的整体更换，这也是一种可行的办法。浆液循环泵叶轮为易腐蚀部件，如果该泵叶轮的材质等级不够，叶轮在使用一年后就可能出现坑蚀。另外，在选用泵电机时必须充分考虑泵流体为密度较大的含催化剂浆液，不能选用单膜片联轴器，电机选型时必须留有足够的设计余量，否则联轴器极易被扭断，催化装置在吹灰后也极易使泵电机起跳断电。

37　含催化剂颗粒流体在管线放空设计上有哪些技巧？

一般直径大于等于 $DN300$ 的含催化剂颗粒的流体管线的放空以向下 45°设计，直径小于 $DN300$ 的含催化剂颗粒的流体管线的放空要在管线的侧面进行水平设计，否则放空会很快被沉积的催化剂堵塞而无法使用。

38　烟气脱硫塔入口管线的设计形状有何特征？

一般烟气脱硫塔入口管线为圆形水平设计，但是部分欧洲国家的烟气脱硫塔也有呈方形、斜向下入烟气脱硫塔的设计方式。

39　对于不具备全塔水压试验的脱硫塔应该如何进行检测？

一般要进行 100%的射线探伤。

40　为降低投资，烟气脱硫装置的管壁厚度可进行怎样的设计？

$1/2''\sim2''(15\sim50mm)$ 管线的壁厚可采用 Sch. 40S；$2\frac{1}{2}''\sim6''(65\sim150mm)$ 管线的壁厚可采用 Sch. 10S；$8''(200mm)$ 以上管线的壁厚可采用焊接管。

41 烟气脱硫装置的 pH 计有哪些设计和使用要点？

烟气脱硫装置的 pH 计一般安装在泵入口，这样可以降低 pH 计的磨损损耗。另外，一般每个测量点安装两只 pH 计，取两只 pH 计的平均值作为控制碱液流量控制阀的输入值。也有为降低投资而安装一只具备在线自动冲洗功能的 pH 计。pH 计为易损件，使用寿命为半年至一年。绝大部分 pH 计暴露在空气中超过 24h 会导致 pH 计损坏。因此，停工检修时或 pH 计不能完全浸泡在液体中时，要注意将 pH 计放在保护液中浸泡起来。

42 烟气脱硫塔的塔体和烟囱的选材有哪些指导意见？

塔体和烟囱内的操作温度不超过 65℃，但介质腐蚀性强。国外的工艺包推荐塔体全部采用 304L 或 316L，工艺包的这种要求使奥氏体不锈钢既充当了耐腐蚀材料，又要承受内压和风或地震等载荷。根据设计选材一般原则，化工容器用钢材应在考虑设备的操作条件(如设计压力、设计温度、介质的特征)、材料的焊接性能和冷热加工性能的前提下，考虑经济的合理性。根据《钢制化工容器(HG/T 20581—2020)材料选用规定》，当所需不锈钢厚度大于 12mm 时，应尽量采用衬里、复合板、堆焊等结构形式。因此，国内绝大多数采用湿法烟气脱硫技术的催化裂化装置的脱硫塔塔体和烟囱的材质采用 Q345R+S30403 复合板，复合板的标准为《压力容器用爆炸焊接复合板 第 1 部分：不锈钢—钢复合板》(NB/T 47002.1—2009)，复合板的级别应为 B2 级，交货前其复层表面应进行酸洗和钝化处理。

43 烟气脱硫塔采用复合板时的制造要点有哪些？

① 复合板可以采用机械法或等离子法进行切割。采用机械法切割时，钢板基层放在下面，复层放在上面，以避免复层损伤；采用等离子切割时，复层放在下面，基层放在上面，切割从基层开始进行。

② 焊接坡口应用机械法加工，坡口形状根据板厚和焊接方法可以为 V 型、U 型或 X 型。无论采用哪种焊接接头形式，复层端部离基层坡口边缘的距离应为 5~10mm。

③ 焊接前应按照《不锈钢焊接规程》(SH/T 3527—2009)进行焊接工艺评定，根据设计文件要求及评定合格的焊接工艺制定焊接工艺规程。

④ 焊接宜先焊基层，后焊过渡层和复层。当从复层一侧焊接基层时，应严格防止复层金属渗入基层焊接接头中。

⑤ 在堆焊过渡层以前，应对基层焊缝进行打磨，并对基层表面和打磨过的基层焊缝表面进行磁粉检测，不得有裂纹等缺陷存在。

⑥ 复合板应尽量避免焊后热处理，如果当基层厚度达到一定程度，按照规范要求要进行热处理时，应避免复层母材和焊接接头中高铬碳化物析出和形成 σ 相。应制定正确的热处理工艺，控制热处理温度和保温时间。

44　烟气脱硫气溶胶是怎样形成的？

气溶胶是悬浮在大气中的固态粒子或液态小滴物质的统称，气溶胶由固体或液体小质点分散并悬浮在气体介质中形成的胶体分散体系，又称气体分散体系。其分散相为固体或液体小质点，大小为 $10^{-7} \sim 10^{-3}$ cm，分散介质为气体。

烟气主要成分有：N_2、CO_2、水蒸气、O_2、SO_2、SO_3、NO_x、粉尘等。经过脱硫塔后，部分 SO_2、SO_3 和 NO_x 被吸收，水蒸气被降温洗涤，脱硫后烟气中其他组分基本没有变化。同时，由于烟气的携带作用，脱硫塔内少量浆液被烟气带出烟囱，排到大气。净烟气的排放温度一般在 $50 \sim 60°C$，由于达到酸性气体的露点温度，没有反应的酸性气体会以酸雾的形式排放。净烟气排放过程中，冷却的水滴、酸雾、烟气带出的小液滴和排放过程的产物相互碰撞，不断加强凝结作用。此时，超细的粉尘会成为冷凝结露的核心或晶种，从而促进形成了难以扩散的气溶胶。

如果在脱硝过程中采用了 SCR 技术或是其他向烟气中喷氨的工艺，在最后外排烟气中携带的浆液组分还会含有（NH_4）$_2SO_4$、（NH_4）$_2SO_3$ 和 NH_4HSO_3。在氨量较少时，发生反应（1），在氨量较多时发生反应（2）。NH_4HSO_3 对 SO_2 不具有吸收能力，随吸收过程的进行，吸收液中 NH_4HSO_3 数量增多，如继续补氨，发生反应（4）使部分 NH_4HSO_3 转变为（NH_4）$_2SO_3$。如有空气，还会发生反应（5），氧化（NH_4）$_2SO_3$，生成（NH_4）$_2SO_4$。

$$NH_3 + H_2O + SO_2 = NH_4HSO_3 \tag{1}$$

$$2NH_3 + H_2O + SO_2 = (NH_4)_2SO_3 \tag{2}$$

$$(NH_4)_2SO_3 + H_2O + SO_2 = 2NH_4HSO_3 \tag{3}$$

$$NH_3 + NH_4HSO_3 = (NH_4)_2SO_3 \tag{4}$$

$$2(NH_4)_2SO_3 + O_2 = 2(NH_4)_2SO_4 \qquad (5)$$

排放温度在 50~60℃ 还会发生反应(6)~(9)，形成新的盐产物。

$$NH_3 + H_2O + SO_2 = NH_4HSO_3 \qquad (6)$$

$$NH_3 + H_2O + SO_3 = NH_4HSO_4 \qquad (7)$$

$$NH_3 + H_2O + NO_2 = NH_4HNO_3 \qquad (8)$$

$$NH_3 + H_2O + NO_2 = NH_4HNO_2 \qquad (9)$$

气溶胶具有难以扩散的特性，因此，在操作过程中要避免使颗粒处于 10^{-7} ~ 10^{-3} cm 的气溶胶粒度的范围内。如果烟气脱硫系统内的喷水设备不合适，就可能形成气溶胶，一旦形成气溶胶还会使碱液的脱硫效果受影响，使具有较强酸性的气溶胶达到塔顶腐蚀设备，烟气到大气中也不容易扩散。

如果环境温度较低，烟气中蒸汽会迅速冷凝，酸性气体没有扩散就很快达到露点温度。同时，烟气中水蒸气也很快形成液滴，气溶胶将更加明显。该种现象主要在昼夜温差较大时和冬季比较明显。由于环境无法改变，因此北方比南方气溶胶严重、冬季比夏季严重、晚上比中午严重。

45 避免烟气脱硫产生气溶胶的措施有哪些？

粉尘、酸性液滴、烟气携带出去的盐类颗粒都可能是气溶胶的成因。

① 高的粉尘浓度会造成脱硫塔内粉尘累积、气溶胶浊度很大等问题。有效地将粉尘浓度控制在 $30mg/m^3$（标准状态）以内，有利于控制气溶胶的生成。

② SO_2 和 SO_3 浓度降低有利于避免气溶胶生成。要降低气溶胶浊度，根据实验室测试，SO_3 排放浓度控制目标为 $5mg/m^3$ 以下为宜。一般而言，锅炉烟气低于130℃，会出现硫酸雾；低于90℃，所有 SO_3 全部变为硫酸雾。

③ 要较好控制因氨气逃逸形成的气溶胶，NH_3 控制目标为 $0.5mg/m^3$（标准状态）以下。

④ 降低烟气的夹带会改善气溶胶形成的状况。脱硫过程中为了降低烟气的夹带，一般采用机械除雾器。普通机械除雾器只能除去 $20\mu m$ 以上的颗粒。采用丝网除沫，也只能除去 $5\mu m$ 以上的颗粒。目前无论采用何种湿法脱硫方式，烟气夹带一直是困扰脱硫运行的大问题。聚集技术是将小液滴通过技术手段增大为大颗粒，该部分大颗粒由于重力作用落回塔内，贝尔格脱硫技术的滤清模块就是

使小颗粒变成大颗粒的聚集技术。

46 如果烟气脱硫装置周围有防洪沟，如何巧妙地利用防洪沟避免一系列的 EDV 烟气脱硫除尘装置非计划停工事故？

由于防洪沟具有较强的泄洪能力，如果将烟气脱硫装置周围的防洪沟用闸板门隔离出一段蓄水能力很大的蓄水防洪沟，就可以在烟气脱硫装置局部设备故障的情况下，将污水临时泄放至防洪沟，为设备的修复赢得时间。以下列举利用防洪沟避免烟气脱硫装置非计划停工事故的几种情况。

① 在脱硫塔底浆液外甩泵全部故障无法开启的情况下，塔底浆液会通过管线的排凝或脱硫塔的放空向防洪沟连续排水以保证烟气脱硫装置的运行。

② 在塔底浆液外甩管线由于结垢，管路被逐渐堵塞，外甩量已无法保证系统内的 $TSS \not> 0.5\%$ 指标控制要求的情况下，可以应用上述方法向防洪沟连续排水，将浆液外甩管线临时停用，进行抢修。

③ 在烟气脱硫装置内的地坑或其他蓄水沉淀设备由于积满了沉积的催化剂而不得不停用并进行除泥作业时，可以应用上述方法向防洪沟连续排水，将防洪沟作为临时蓄水沉淀设备。

④ 在沉淀器故障无法使用的情况下，可以应用防洪沟作为临时沉淀设备，保证装置继续运行。甚至在氧化风机完全故障的情况下，还可以利用防洪沟的较长距离输送以及大面积暴露在空气中的特点，实现较大幅度的降低 COD 功能。

烟气脱硫除尘装置是设备操作状况极其恶劣的装置，因此，巧妙利用防洪沟的强大蓄水能力改造成临时蓄水池可避免一系列烟气脱硫非计划停工事故。由于各种烟气脱硫除尘装置的流程有较大相似之处，以上设计和操作技巧适用于很多烟气脱硫除尘技术。

47 EDV 湿法脱硫除尘技术的设计和操作要点有哪些？

① 浆液循环和外甩模块以及滤清模块这些含催化剂粉尘较多的管线尽可能不设计地下线，否则一旦催化剂堵塞管路时较难处理。

② 塔底浆液循环和滤清模块循环尽可能避免采用内衬材料，如不采用内衬材料，浆液循环和滤清模块循环泵入口可不加过滤器。

③ 脱硫塔底的溢流口高度应低于余热锅炉出口水平烟道最低点，以便在塔底液位失灵时还能够保证催化裂化装置安全，在塔底液位超高情况下，塔底浆液

能够从溢流口迅速泄放至事故池。

④ 脱硫塔入口处直管段下部要保持一定斜度，以防催化剂在此处堆积。

⑤ 脱硫塔外排水的铁离子出现异常超高的情况要及时查找出问题所在，在pH值控制不好的情况下，烟气脱硫塔内的腐蚀速度极快，要及时避免重大事故的发生。

⑥ 脱硫塔内不允许有可移动、易脱落的部件存在，塔内的螺母要进行点焊固定。

⑦ 塔底浆液循环泵的备用泵入口极易堵塞，需每20天切换一次，也可采取不设备用泵而备好泵整体部件的办法，在泵出现故障时进行部件更换或整体换泵。

⑧ 浆液外甩的TDS指标最高可控制在15%以下，如操作上不能较好地实现卡边操作，建议TDS指标控制在12%以下，TSS指标应控制在0.5%以下。

⑨ 塔底浆液线抽出管路要尽可能采取平缓和坡滑设计，否则在高低拐点处极易存储催化剂并容易将变径处磨漏，在浆液循环泵入口处要格外注意这一问题。

⑩ 事故池如能靠近装置的防洪沟，在设计上尽可能考虑在事故池需要清理催化剂时临时采用防洪沟作为事故池，这样事故池的容积也可以设计小一些。

⑪ 氧化罐最好要设计3个，实际经验表明，采用两个氧化罐的情况下容易产生外排水COD不合格问题。

⑫ 沉淀器的沉淀能力要保证，以使外排的上清液TSS低于200mg/L。否则如果采取上清液返回流程时会造成催化剂粉尘在浆液循环流程中不断富集，最终造成较多设备严重磨损；即使是采取上清液外送流程，也会造成后续流程的过滤器频繁堵塞。

⑬ 如果上清液不再送其他装置进行环保处理，那么外甩流程中要再设计带反冲功能的过滤器，以保证外排水较低的TSS(见图4-2)。

⑭ 根据罗茨鼓风机的特征，在氧化罐补风设计上宜采用罗茨鼓风机进行供风。

⑮ 装置采用的pH计尽可能采用带自动冲洗的pH计，否则很难保证测量的准确性，简易的pH计使用寿命很短，一旦装置的pH计失效，会给装置的操作带来极大风险，脱硫塔的pH值可能会经常达到1~2的水平，这样现场也会散发出强酸的气味。如除雾器或水珠分离器使用效果不好的情况下，强酸还会腐蚀周围的设备和造成人身伤害。

146

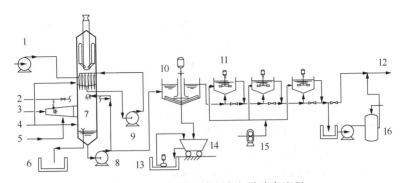

图 4-2　EDV 湿法脱硫除尘脱硝全流程

1—脱硫塔补水泵；2—事故紧急补水线；3—脱前烟气；4—注碱线；

5—臭氧注入线；6—事故池；7—脱硫塔；8—塔底浆液泵；9—滤清模块泵；

10—沉淀器；11—氧化罐；12—外排水；13—地坑；

14—污泥过滤箱；15—罗茨风机；16—过滤器

⑯ 氧化罐的放空要向上，否则放空处易形成酸性水或碱性水滴至地面腐蚀设备和造成人身伤害。在 pH 值较低情况下，开启氧化罐风机时会有大量酸雾迅速弥漫地面，易造成人身伤害。

⑰ 要经常对沉淀器内的刮泥机等转动设备进行养护，有的部位需要定期注入润滑脂，否则一旦刮泥机停运，可能会导致烟气脱硫装置停工。

⑱ 碱罐液位和刮泥机运行状态一定要进 DCS，以便及时观察碱液加注情况和刮泥机的运行情况。

⑲ 所有烟气脱硫装置水环境和烟气环境直接接触的仪表的测量探头都极易被催化剂细粉覆盖而导致测量失灵，因此，在设计上要尽可能避免可导致仪表测量失灵的问题。

⑳ 尽可能避免使用浓度超过 40% 的碱液，超过该浓度的碱液极易使浆液输送泵密封损坏、在管路内结晶堵塞管路、容易发生碱脆腐蚀、冬季容易在罐底结晶析出、输送量小也难以使用控制阀进行控制。

㉑ 脱硫塔上面也要尽可能设计盘梯。测量出口烟气的手携式仪表较重，进行烟气采样标定以及环保实地检查时携带较重的手携式测量仪表不安全。

㉒ 事故补水线要有水压稳压系统，以保证事故情况下可持续稳定的补水。

48 如何设计烟气脱硫装置能够较好地降低职工劳动强度？

① 采用系统管网来的碱液可降低收付碱液时的工作量。

② 滤清模块上部冲洗水各分支管路上的电磁阀运行状态进入 DCS。

③ 碱罐液位计采用双法兰式的液位计，液位信号进入 DCS。

④ 沉淀器刮泥机的运行状态要进入 DCS，同时刮泥机的扭矩值要在 DCS 上有显示，并有历史趋势。

⑤ 脱硫塔出入口都要有二氧化硫、氮氧化物、氧气、粉尘含量的在线显示，用于观测催化裂化装置烟气成分的变化情况，并可以有效核算减排量。

⑥ 要选用带自动反冲洗的 pH 计。

⑦ 上清液返回等机泵要具备变频调节功能。

⑧ 絮凝剂等助剂加注系统要采用自动化学加药系统实现自动配药和加药功能。

⑨ 沉淀器下部的泄泥阀门要采用计数器实现自动控制。

⑩ 沉淀器上部加装电视监控系统，通过沉淀器水面颜色来判断沉淀器出口水样的 TSS 是否合格，从而降低采样分析频次。

---

49 催化裂化湿法烟气脱硫装置脱硫塔的浆液外甩管线内壁在何种情况下容易出现结垢？举例说明。

当脱硫塔底的浆液 pH 值控制不当时容易造成浆液外甩管线内壁结垢，尤其是 pH 值大于 10 的情况下更容易有结垢情况发生。

某催化裂化烟气脱硫装置脱硫塔的浆液外甩管线内壁结垢情况如图 4-3 所示，从图 4-3 的照片可知，在浆液外甩管线内壁结成的垢样呈分层状态，垢样为多次操作出现异常所致。

图 4-3 某催化裂化烟气脱硫装置脱硫塔的浆液外甩管线内壁垢样

该垢样的红外光谱分析数据为：铁含量 6012μg/g、镍含量 1663μg/g、铜含量 18μg/g、钒含量 298μg/g、钠含量 8324μg/g、钙含量 278830μg/g、锌含量

1151µg/g、镁含量1093µg/g、铝含量24222µg/g、锑含量252µg/g。正常情况下该催化裂化装置的平衡剂金属分析数据为：铁含量7000µg/g、镍含量9200µg/g、铜含量40µg/g、钒含量3650µg/g、钠含量2310µg/g、钙含量3700µg/g、锑含量2000µg/g。对上述数据进行对比，可计算如下(见表4-1)。

表4-1　烟气脱硫浆液外甩线垢样红外光谱分析和计算

金属	金属总量		催化剂携带的金属量		扣除催化剂携带量之后	
	µg/g	%	正常量/(µg/g)	折合携带量/(µg/g)	µg/g	%
Fe	6012	0.60%	7000	875	5137	0.51%
Ni	1663	0.17%	9200	1150	513	0.05%
Cu	18	0.00%	40	5	13	0.00%
V	298	0.03%	3650	456	−158	−0.02%
Na	8324	0.83%	2310	289	8035	0.80%
Ca	278830	27.88%	3700	463	278368	27.84%
Zn	1151	0.12%				
Mg	1093	0.11%				
Al	24222	2.42%				
Sb	252	0.03%	2000	252		
合计	321862	32.19%				

① 根据垢样的分析，可算出每种金属所占比例。

② 催化裂化原料中几乎没有锑，锑主要来源于催化裂化原料中加注的金属钝化剂，即垢样中的锑全部来源于烟气脱硫浆液中的催化剂。以此可按比例反推出浆液中的催化剂携带的其他金属含量。

③ 通过计算可得，催化剂携带的铁含量875µg/g、镍含量1150µg/g、铜含量5µg/g、钒含量456µg/g、钠含量289µg/g、钙含量463µg/g。

④ 扣除催化剂上的金属含量，其余组分全部为外来带入。即镍、铜、钒、铝、锑组分几乎全部由催化剂带入。铁是随设备腐蚀带入，外来带入的组分主要是钙和钠，钠在系统里很丰富，由于锌和镁在催化剂中所占比例不详，无法判断锌和镁从何而来。但是从主要成分为钙，可以判断该垢样为含催化剂的水垢。

⑤ 钙是垢样中的主要金属，含钙化合物是造成结垢的主要原因。来自于催化裂化装置的钙会在烟气脱硫浆液pH值控制较高的情况下造成设备结垢。

50 烟气脱硫装置的设备内部结垢问题是何种原因造成的？如何解决该问题？

一些催化裂化烟气脱硫装置在运行中出现过浆液管线、滤清模块管线、水珠分离器内件等部位结垢。当脱硫设备内的溶液的 pH 值大于 10 时或脱硫塔的补水采用新鲜水造成浆液中的钙离子超标时，都会引起设备结垢。当溶液中的 Ca^{2+} 浓度持续升高时，即使 pH 值不大于 10 时也会引起设备结垢。另外，pH 计是烟气脱硫装置的重要监测仪表。在烟气脱硫的脱硫塔同一个监测点上要同时安装两个 pH 计，其中具有自动反冲洗功能的 pH 计使用效果最好。

较好的解决办法是回收其他可用于烟气脱硫的水来稀释烟气脱硫用水的 Ca^{2+} 浓度在 30mg/L 以下，一些催化采取了回收雨水和雪水、汽包排污水、化工装置的凝结水、制硫净化水作为烟气脱硫用水，控制新鲜水的比例不超过用水总量的 25%，较好避免了结垢问题，连续运行两年以上未出现任何结垢问题。

51 如何用空气分级燃烧理论解释等高并列式两段再生催化裂化装置的烟气中 NO_x 含量较低的现象？举例说明。

等高并列式两段再生催化裂化装置的烧焦过程类似于采用分级燃烧原理降低 NO_x 的过程。催化裂化烧焦烟气的 NO_x 排放主要是燃料型 NO_x，其形成过程主要是在燃料的挥发分析出阶段，且条件是氧气充足。如果此时的氧气浓度不够，不完全燃烧使中间产物（如 HCN）将部分已生成的 NO_x 还原成 N_2，减少了燃料型 NO_x 的生成，燃料中的 N 将大量转化为氮气，NO_x 的生成量将减少。空气分级燃烧就是根据这个原理，通过送风方式的控制，降低燃烧中心的氧气浓度，形成还原性气氛，从而降低主燃烧区 NO_x 的形成。燃料完全燃烧所需的其余空气由燃烧中心区外的其他部位直接引入，从而达到降低烟气中 NO_x 含量的目的。

某等高并列式两段再生催化裂化装置第一再生器烧焦约 70%，第二再生器烧焦约 30%，第一再生器和第二再生器的烟气混合后在烟道处可再燃烧至 1000℃，在混合烟道处少量补入主风进行补燃，余热锅炉没有补燃设备（见图 4-4）。第一再生器中有船型分布器保证再生器内烧焦良好，第二再生器的烧焦用风是通过环形的主风分布环和莲蓬头型的增压风分布器进入到第二再生器。在实际生产中发现该装置的 NO_x 生成量只有 20~30mg/Nm³。

通过空气分级燃烧理论可较好地解释 NO_x 生成量含量较低的现象。

空气分级燃烧的实现可有多种形式，但主要不外乎顺烟气流向和沿炉膛断面两种。

① 烟气流向空气分级燃烧（轴向分级燃烧）是把燃烧所需要的空气分两部分送入炉膛：一部分为主二次风，约占总二次风量的 70%~85%；另一部分为火上风，约占总二次风量的 15%~30%。因此，炉膛内的燃烧分成 3 个区域，即热解区、贫氧区和富氧区（见图 4-5）。贫氧区中燃料不完全燃烧，抑制了燃料性 NO_x 的生成；

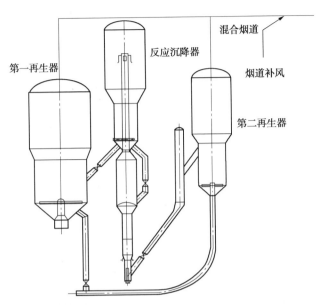

图4-4 等高并列式两段再生催化裂化装置的反-再系统简图

富氧区促成了燃料的完全燃烧。整个过程减少了热力型 NO_x 的生成，同时抑制了燃料型 NO_x 的生成，降低了 NO_x 的总排放量，实现了高效低 NO_x 燃烧的要求。

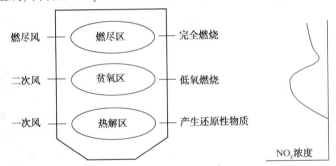

图4-5 沿烟气流向分级燃烧示意图以及相应的 NO_x 浓度生成关系

等高并列式两段再生催化裂化的第一再生器是贫氧状态，第二再生器是富氧状态，在混合烟道时虽然温度高，但其氧含量并没有第二再生器高，因此，该工艺较类似于烟气流向空气分级燃烧过程。

②沿炉膛断面空气分级燃烧断面分级燃烧（径向分级燃烧）是在与烟气流向垂直的炉膛断面上组织分级燃烧。它是将二次风射流部分偏向炉墙来实现的。此时，沿炉膛水平径向把燃烧区域分成位于炉膛中心的贫氧区和边壁附近的富氧区（见图4-6）。由于二次风射流向边壁偏转，推迟了二次风与一次风的混合，降低

151

了燃烧中心氧气浓度，使燃烧中心过剩空气系数 $\alpha < 1$，煤粉在缺氧条件下燃烧，抑制了 NO_x 的生成，NO_x 的排放浓度降低。

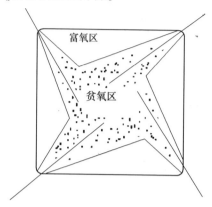

图 4-6　径向空气分级燃烧示意图

在第一再生器内，待生剂从反应器通过待生斜管和船型分布器送到床层中间，主风沿再生器一周从再生器靠近边壁的位置吹入，和待生剂逆流接触，形成了再生器中心的贫氧区和边壁附近的富氧区的状况。在第二再生器内，增压风混合了部分第一再生器的烟气，将催化剂送到了第二再生器，在第二再生器的中心位置也形成了再生器中心的贫氧区和边壁附近的富氧区的状况，因此，也有利于降低 NO_x 的排放浓度。

有研究表明，燃料型 NO_x 是燃料中的 N 原子与氧结合生成 NO_x 的前驱物，NO_x 的前驱物在过剩空气系数为 1 的条件下燃料型 NO_x 的生成量最大，过剩空气系数大于或小于 1，燃料型 NO_x 的生成量分别随氧量的减小和增大而减小，这样在第一再生器的贫氧状态下和第二再生器的富氧状态下都是抑制燃料型 NO_x 生成量的过程。

深入了解上述机理对于新建催化裂化装置节省投资有积极意义，部分催化裂化在设计上完全符合分级燃烧控制 NO_x 的理论，在装置初始开工时，NO_x 就会较低，甚至不需要增上脱硝技术，尤其是两个再生器的催化裂化更可能在脱硝治理方面节省大量投资。

52 **EDV5000 烟气脱硫除尘技术的公用工程消耗情况如何？采用该技术对催化裂化装置的能耗有何影响？举例说明。**

EDV5000 烟气脱硫除尘的电耗是该技术在公用工程方面的主要消耗，其次是水耗和冬季用于伴热的蒸汽消耗。该技术产生的压降也会影响到催化裂化装置的烟机发电，脱硫除尘对烟机发电的影响也是该技术影响催化裂化装置能耗较大的方面。

某 2.0Mt/a 催化裂化装置应用 EDV5000 烟气脱硫除尘技术，余热锅炉出口处的压力为 1.3kPa，对烟气发电量的影响为 300kW·h/h，其中烟气脱硫部分的电耗为 752kW·h/h，蒸汽消耗为 0.65t/h，除盐水消耗为 10t/h，则烟气脱硫部分相对于催化裂化装置的能耗计算结果如表 4-2 所示。

表 4-2　EDV5000 烟气脱硫除尘对催化裂化装置能耗的影响

项　　目	每小时消耗量	能耗/(kgEo/t 催化原料)
电耗	752kW·h	0.78
蒸汽消耗	0.65t	0.20
影响发电量	300kW·h	0.31
水耗	10t	0
合计		1.29

注：$1kgEo = 4.2 \times 10^4 kJ$。

---

53 **对于烟气入口二氧化硫含量较高的装置应该如何考虑装置建设时的基础投资？举例说明。**

催化裂化装置的原料硫含量越高，碱液消耗越大，碱液所占的年运行费用比例越大。如果装置由于基础投入不够，会造成碱耗的大幅度增加并增加较多的开停工损失，从效益最大化的角度考虑，催化裂化装置的烟气脱硫项目一定要在工程建设过程中给予技术和资金上的保证。

某 2.0Mt/a 催化裂化装置烟气量为 $2.4 \times 10^5 Nm^3/h$，采用了 EVD5000 烟气脱硫除尘技术，该装置共投资 5000 万元，其中设计的入口烟气二氧化硫含量为 $1500mg/m^3$，而实际运行时的烟气二氧化硫含量只有 $600mg/m^3$ 左右。该装置设计的碱液消耗为 10.4kt/a 浓度 42% 的碱液，实际运行的第二年消耗的 30% 的碱液为 6.0kt，其碱液消耗费用折合每小时 685 元，公用工程消耗费用折合每小时 724 元，如按设计值计算，碱液消耗费用折合每小时 1609 元。如按每年运行 8400h、设备折旧按 14 年计算，则实际运行工况下的结果：

设备折旧费用 = 5000÷14÷8400 = 425 元/h

实际运行总费用 = 425+685+724 = 1834 元/h = 1540 万元/a

每立方米烟气消耗的费用 = 0.0076 元/m³

如按设计数据进行计算的结果：

运行总费用 = 425+1609+724 = 2758 元/h = 2316 万元/a

从以上成本分析可以看出，烟气脱硫装置的年运行成本较高。对于烟气二氧化硫含量为 600mg/m³ 的脱硫装置，基础建设费用占年总运行费用的 28% 左右；对于烟气二氧化硫含量为 1500mg/m³ 的脱硫装置，基础建设费用也只占年总运行费用的 18% 左右。因此，催化裂化装置的烟气脱硫项目建设资金的保证对未来降低烟气脱硫运行成本至关重要。

54 国内湿法催化裂化烟气脱硫除尘脱硝在应用中遇到了哪些显著增加成本的问题？

催化裂化装置的烟气净化方面的综合治理成本普遍较高。国内典型的 15 套采用湿法脱硫工艺的催化裂化装置的统计结果表明，湿法脱硫工艺较普遍的采用了钠法脱硫。以某 1.5Mt/a 的催化裂化装置为基准，如烟气入口二氧化硫含量为 500mg/Nm³、脱后出口二氧化硫为 50 mg/Nm³ 以下时，采用钠法脱硫每年的运行费用在 1000 万元左右。即使烟气脱硫运行较为理想，也会增加催化装置 1.3kgEo/t（夏季）至 1.8kgEo/t（冬季）的能耗。如烟气入口二氧化硫含量翻倍或烟气总量翻倍，那么运行费用接近于等比例翻倍。如再增上脱硝技术，在氮氧化物含量不是异常突出的情况下，运行费用再增加 30%~80%。个别烟气脱硫除尘脱硝装置使催化装置的能耗增加 6.0kgEo/t。

对于催化烟气脱硫脱硝技术，除了氢氧化钠的消耗外，还会使电耗增加、催化烟机发电量降低以及存在着系统压降上升造成的烟气走能量回收系统旁路的问题，也会使总运行成本再增加 20%~150%。增加烟气脱硫脱硝措施后，烟机出口压力普遍上升，而且随着装置的运行，压降会逐渐上升。对于采用 SCR 脱硝技术的装置，问题更为突出。这些炼厂中所有采用 SCR 技术的装置都有压降上升的经历。一般在初期管理和操作经验不足时，SCR 部分开工到 5 个月左右时就被迫停炉进行清垢，部分企业虽然在新建或改造余热锅炉时较大幅度提高了炉墙承压，但都不足以抵御不断恶化的炉内结垢问题，有的催化裂化装置在 SCR 运行后的半年里使余热锅炉排烟温度最高比开工初期升高了 90℃，每年有价值数千万元的能量没能被回收。

55 湿法烟气脱硫脱硝技术在催化裂化装置上应用的 10 年里主要遇到哪些问题？

钠法脱硫加 SCR 脱硝技术或者臭氧脱硝技术是可以较好控制二氧化硫、氮氧化物和粉尘的烟气净化技术，在催化裂化装置上得到了广泛的应用。但是在最初应用的 10 年里，也出现了较多的问题。具体如下：

① 外排烟气有气溶胶造成的蓝烟"拖尾"现象，检测到硫酸雾。

② 采用臭氧脱硝技术，在臭氧发生器产量不足时，脱硝效果差，烟气中有黄色烟雾。

③ 烟气"拖尾"问题严重，绵延数公里且在无风天气下呈现逐渐下沉趋势，但蓝烟现象不明显。

④ 净化烟气凝液 pH 值低，有的分析结果在 3.0 左右，烟囱发生腐蚀问题，烟气排出的水分凝结后落至附近设备造成腐蚀。

⑤ 采用 SCR 技术后，省煤器易结盐结垢，并易造成省煤器爆管。因床层压降高还会造成停余热锅炉。

⑥ SCR 脱硝区域的反应温度有时超过设计值，影响催化剂使用寿命。

⑦ SCR 进出口温度达不到设计要求的温度范围，脱硝效果差。

⑧ 催化装置的原料油变化造成烟气 SO_2 迅速上升，为控制出口 SO_2 含量达标，导致废水 pH 值或 COD 波动大。

⑨ 部分机泵入口管线堵塞严重，泵流道内也有结垢现象。氧化罐水质 pH 值在不注碱的情况下较前部 pH 值高。

⑩ 废水 COD 数值波动大，废水氨氮波动也较大。比如经常在 300~800mg/L 之间波动，难以控制。

⑪ 洗涤塔底浆液和滤清模块泵设计流量偏大造成喷嘴压力高于设计压力，造成喷嘴易磨损而降低使用寿命。另外，可能会造成塔底浆液到脱硫塔入口和脱硫塔内的流量偏离设计值。

56　什么是净化烟气的"拖尾"问题？

烟气"拖尾"实际上就是烟气污染物和水汽形成了气溶胶，使外排的烟气不容易扩散，形成了连续的外排烟气状况。气溶胶是悬浮于空气中固态和液态质点组成的一种复杂的化学混合物，是悬浮在大气中的固态粒子或液态小滴物质的统称，固体或液体小质点分散并悬浮在气体介质中就形成胶体，大气气溶胶的典型尺度是 0.001~10μm。"拖尾"现象和烟囱上部发生腐蚀都是由于烟气污染物形成了气溶胶，一旦形成了气溶胶就很难再被打散以及和碱发生中和反应。净烟气的排放温度一般在 50~60℃，由于达到酸性气体的露点温度，没有反应的酸性气体会以酸雾的形式排放，净烟气排放过程中冷却的水滴、酸雾、烟气带出的小液滴和排放过程的产物相互碰撞，不断加强凝结作用，此时超细的粉尘会成为冷凝结露的核心或晶种，从而促进形成了难以扩散的气溶胶。如果烟气脱硫系统内的喷水设备不合适也可能形成气溶胶，一旦形成气溶胶还会使碱液的脱硫效果受影响，使具有较强酸性的气溶胶达到塔顶腐蚀设备，烟气到大气中也不容易扩散。催化烟气脱硫装置的"拖尾"烟气颜色呈蓝色、黄色或浅红色，以蓝色居多，扩散性差，有的有下沉特性。个别催化的脱硫脱硝装置氨逃逸情况严重，氨逃逸测量仪表基本在满量程状态，这种情况也容易形成烟气的"拖尾"。

57 解决烟气"拖尾"问题的技术思路是怎样的？

解决烟气气溶胶"拖尾"问题首先要考虑设备是否有问题。从设备方面来讲，喷头、滤清模块和水珠分离器三个环节和形成气溶胶有关。喷头最关键，从喷头出来的水必须呈现水帘状态，而不是水雾状态，水雾是形成气溶胶的根源。滤清模块是否在合适的范围内起到了作用也是操作的关键。滤清模块是使小颗粒变成大颗粒的过程中起作用，也就是打破气溶胶的过程。但是当装置的设计余地很大的情况下，滤清模块也会起不到这个作用。水珠分离器是再次靠离心力来改变水滴尺寸的设备。如果水珠分离器或除雾器使用不佳，结果就会有气溶胶。

其次是不同杂质的一种和几种都可以混合组成气溶胶，尤其是氨和胺类化合物是极其容易形成气溶胶的物质，尽量在脱硫工艺中避免出现这些物质。尤其是氨可以形成各种我们根本无法准确预测的化合物。国外很多炼厂在各种工艺上尽可能避免或绝对禁止使用氨。和氨相关产生的化合物一般吸湿性都很好，这样的化合物到大气中再吸湿，形成气溶胶，就更难控制。

催化裂化工艺在不同的反应器、不同的再生器、不同的催化剂、不同的余热锅炉、不同的助剂及不同的操作条件会有不同的烟气组成，能有多少组合，就会出来多少种典型的烟气组成。这都是影响最终排放颗粒物的物质，如果不能深刻理解催化的工艺特性，以及催化烟气脱硫技术，从设计到操作都会导致气溶胶问题的发生。

再次就是催化裂化产生的烟气比其他工艺产生的烟气更容易产生气溶胶，这是因为有催化剂。在烟气脱硫污泥脱水机可发现颗粒中很多都是 $1\mu m$ 的，而且催化剂的强大比表面积非常容易吸附其他物质。而湿法脱硫有个弊端，就是已经脱得很干净的烟气在进入大气后，溶解了盐类的水蒸气冷凝出来了大量的颗粒物，根据一些炼厂对这些混合颗粒物测定结果发现，烟气在冷却后，颗粒物突增到200mg/L，也就是产生气溶胶的物质又出来了。因此操作中还应避免脱硫塔只在上段提高了注碱量，否则过量的新鲜碱也跑到了大气中，加重了气溶胶问题。

最后是要将催化裂化烟气治理上升到从全厂流程进行设计和解决,至少应该从催化裂化装置设计进行着手解决。埃克森美孚通过催化原料加氢,将催化裂化装置原料的氮含量和硫含量大幅度降低,然后在催化裂化装置增上大型电除尘设备来解决粉尘问题,也是相对较好的技术措施。

58 硫酸氢铵垢下腐蚀容易发生在具备哪些特点的催化裂化装置的余热锅炉区域?

具备以下特点的催化裂化装置的余热锅炉区域易出现硫酸氢铵垢下腐蚀。

① 催化装置再生采用不完全再生工艺。

② 装置采用了 SCR 脱硝技术。

③ 再生剂上的钒含量高。

④ 催化裂化的再生器采用了富氧再生工艺,在再生器使用的主风线上注入了氧气。

烟气中含有相当量的 NH_3 或者 SO_3 时,NH_3 能够和烟气中的 SO_3 结合生成硫酸氢铵,硫酸氢铵在省煤器及下游区域析出附着在器壁、换热管束等部位。硫酸氢铵是极易吸潮的物质,吸潮后的硫酸氢铵一方面和烟气中的灰尘结合成附着力较强的垢,另一方面还会形成强酸腐蚀环境,产生硫酸氢铵垢下腐蚀。硫酸氢铵垢下腐蚀主要发生在省煤器换热管束、省煤器之后的膨胀节。某催化裂化装置因再生烟气中含有过的氨气,膨胀节经常腐蚀穿孔,大约一年半就要进行更换。

59 在烟道上使用烟气加热器(GGH)有哪些变化?

从脱硫塔出来的净烟气温度一般在 45~55℃ 之间为湿饱和状态,如果直接排放会带来两种不利的结果:一是烟气抬升扩散能力低,在烟囱附近形成水雾污染环境,即所谓烟流下洗;二是由于烟气在露点以下,会有酸滴从烟气中凝结出来,即所谓的下雨,既污染环境又对设备造成低温腐蚀。因此在烟气脱硫系统中通常在脱硫塔后设置烟气加热器(GGH),利用锅炉来的原烟气对脱硫后烟气进行加热,使烟气温度由 45~55℃ 提升到 80℃ 左右,提高净烟气的抬升高度及扩散能力,降低 SO_2、粉尘和 NO_x 等污染物在附近区域的落地浓度,减轻湿烟气的冷凝现象缓解对后续烟道和烟囱和腐蚀,并削弱或者消除净烟气烟囱冒白色蒸汽和气溶胶"拖尾"的现象。但仅靠通过扩散来降低落地浓度只能减轻局部环境污染,不能从根本上减轻总体环境污染。

烟气加热器的使用降低了烟气对脱硫塔的热冲击,减少了脱硫塔的蒸发量。

由于原烟气的温度一般在160℃左右，如果脱硫塔内是使用的防腐内衬，那么这么高的温度对脱硫塔内衬的防腐层是很大的热冲击，而加热器使进入脱硫塔内的烟气温度降到90℃左右，这对脱硫塔内衬的防腐层起到了很好的保护作用；同时，由于原烟气温度的下降，也降低了脱硫塔内水的蒸汽量。

烟气加热器的使用提高了排烟温度，增强了烟气的抬升高度和扩散能力。由于加热器使脱硫后的净烟气由50℃左右提高到80℃左右，使湿烟气提升了35℃左右，排入烟囱的烟气密度降低，烟气抬升能力增强，烟气的有效抬升，增大了烟气中水蒸气、二氧化碳和氮氧化物的扩散空间，减轻了烟气对周围地面的污染。

烟气加热器的使用降低了外排烟气的可见度。经脱硫后的净烟气在饱和状态，在当地环境温度较低时凝结水汽会形成白色的烟羽。当加热器对净烟气进行再加热时，饱和烟气温度上升到未饱和状态，烟气透明度上升，从烟囱排出的烟气可见度降低，烟囱出现白色蒸汽以及气溶胶"拖尾"的情况有所改善。但彻底消除这种现象则必须将烟气加热到100℃以上，而加热器只能将烟气温度加热到80℃，所以靠安装加热器来解决冒白色蒸汽以及气溶胶"拖尾"的现象是根本做不到的。脱硫后烟气是否有"拖尾"现象与当地的环境湿度有关，当环境湿度未饱和时，烟羽的初始抬升高度比在同样温度下干烟羽的抬升高度要高。这是因为：由于烟气中的水汽凝结释放出的潜热，使烟羽获得额外的浮力所致。但在达到最大抬升高度后，由于烟羽中的液态水再蒸发时吸收潜热，烟羽下降的速度反而比同温度下的干烟气快，不利于污染物的扩散。如果当地环境处于饱和状态，由于烟羽的抬升甚至比加热到80℃的烟羽还要高。可见，在这种情况下，不对烟气进行再加热也不会造成地面污染物浓度增加。环境湿度对烟气扩散的影响在南方相对要重一些，对于北方特别是东北的冬季在环境湿度处于饱和状态时安装GGH或不安装GGH对烟气抬升高度的影响不大。

脱硫后烟囱进口温度从130~150℃降到50℃左右，导致烟气密度增大，烟囱的自由抽吸能力降低，这样会使烟囱内压力分布改变，正压区扩大。但由于烟气温度在露点之下，烟囱内壁必然发生酸结露现象，长此以往其腐蚀是非常可怕的。当烟气正压增加时，易对排烟筒壁产生渗透压力，加快腐蚀进程；而负压运行时，烟气渗透和腐蚀速度将大为减缓。

烟囱热应力与烟囱内外温度差成正比，脱硫后温差由脱硫前的约120℃降低到60℃，从热应力方面讲，热应力减小，对烟囱的安全运行有利。

脱硫以后的烟气，其酸露点温度在90~120℃范围内，而烟气经加热器之后的温度在80℃左右。因此在下游设备表面上仍然会产生新的酸凝结液。在只有80℃这样的低温烟气，无法在短时间内将凝结在烟道或烟囱表面上的雾滴快速蒸干，只能使这些雾滴慢慢地浓缩干燥，这个过程使得原来酸性不强的液滴变成腐蚀性很强的酸液，在烟道或烟囱上形成点腐蚀。

烟气加热器的使用可能会降低脱硫效率。早期加热器漏风率约在10%左右，虽然经过不断的改进目前漏风率已降到1%。但加热器的原烟气侧向净烟气侧泄漏降低了脱硫效率，按1%的泄漏率计，则由于加热器泄漏使脱硫后净烟气中SO_2浓度增加30~50mg/m^3。虽然增加的负荷不多，但毕竟是一种损失。这个烟气加热器最大的问题就是这种泄漏，泄漏以后烟气会长期超标，甚至是带波动性的超标，这个问题很难克服，只要有气溶胶问题产生，酸就很容易带到烟囱上部，而催化裂化烟气远比燃煤锅炉烟气更容易产生气溶胶。再有就是因为种种原因，烟气本身波动很大，换热器所在位置管壳程的流场中的烟气基本都处于湍流状况，这个换热器各点烟气温度都不一样，因此这个部位的腐蚀机理都又增加了一个应力腐蚀。

烟气加热器的使用可能会增加烟气脱硫系统的运行故障。加热器是在干湿烟气交替环境中运行，原烟气在加热器中由150℃左右降到90左右，因此在加热器的热侧会产生大量黏稠性的浓酸液，这些酸液不但对加热器的加热元件和壳体有很强的腐蚀作用，而且原烟气里带来的飞灰极易黏结在加热元件上，阻碍烟气正常流动和换热元件换热。蒸发后会形成固体结垢物会堵塞加热元件的通道，进一步增加加热器的压降、漏风率，减少设备寿命。

烟气加热器的使用会加剧局部区域的腐蚀。净烟气经GGH加热后，温度升高约30℃，而酸对金属材料的腐蚀与温度关系密切，按照Arrheius法则，烟气温度每升高10℃化学反应速度就会增加1倍，因此烟气经加热器加热后会使局部区域的腐蚀更强。另外，由于烟气在GGH侧会产生大量黏稠的酸性物质黏附在GGH上，这些酸性液体不但对GGH有很强的腐蚀作用，而且还黏附大量的飞灰。这些飞灰中含有大量重金属，这些重金属对烟气中的SO_2还具有催化作用，将SO_2转化成SO_3，根据已运行的脱硫系统分析，湿法脱硫工艺对烟气中的SO_2脱除效率很高，但对造成烟气腐蚀主要成分的SO_3脱除效率不高，约20%左右。因此，烟气脱硫后，对烟囱的腐蚀隐患并未消除；相反地，脱硫后的烟气环境（低温、高湿等）可能使腐蚀状况进一步加剧了。无论是否安装GGH湿法的烟囱都必须采取防腐，并按湿烟囱进行设计施工，这一点已经被国内外的实践所证实，认为安装了GGH就可以不对烟囱进行防腐处理是错误的。

GGH是除脱硫塔外较大的单体设备，GGH的压损会降低烟机的发电量。如果采用GGH技术还增加了较多的能量消耗，那么从降低碳排放的角度来说，这不是一个好的环保解决方案。GGH提高烟气温度扩散对环境质量影响微乎其微。没有GGH可能污染物扩散的近一些，有GGH可能飘散的远一些，但是总量没有变化，环境质量并不产生影响。这是经过多位大气污染物扩散的专家反复讨论所得到的结果，既有国际经验也有国内的实践。专家们关于取消 GGH 问题答复的基本逻辑和核心思想主要是：①德国和美国以前要求烟气加热，现在不要求；②日本要求烟气加热是因为老百姓要求；③中国早期火电脱硫也是要求增加烟气加热的，后来取消了；④如今只有少数电厂依然实施烟气加热后排放。⑤是否增设烟气加热系统是由建设项目环境影响评价来决定的问题，环评专家和大气污染扩散专家已经论证过很多次；⑥现有脱硫后的烟气"拖尾"问题和烟囱雨问题属于不规范建设和运行的问题，可以通过环评机制予以解决。

60 在催化裂化催化剂中混用其他助剂是否会显著增加经济效益？

为解决当前的环保问题，越来越多的装置开始在主催化剂中混用各种助剂。使用助剂具有不需要对装置进行改造、解决环保问题见效快和生产方案调整灵活等优点。但是绝大多数情况下，在催化裂化催化剂中混用其他助剂会使轻油收率降低。一旦轻油收率降低，对催化裂化装置效益的负面影响就是巨大的。但是却很少有报道说使用某种助剂后使轻油收率降低，更多的情况下没有提起对轻油收率的影响。催化裂化装置涉及的进出装置物料极其复杂，即使在具备安装条件的物料上完全采用质量流量计，也很难标定出使用助剂对轻油收率的微小影响，但是再微小的影响，对催化裂化装置全年的效益影响也是巨大的。目前各知名的催化剂供应商几乎已经将催化剂的性能设计到了极致，这就造成各种助剂的物性一旦有别于催化裂化的催化剂物性，就必然会对轻油收率有影响。因此，装置工程师如果要对使用类似助剂进行技术谈判，就一定要在助剂的物性方面进行监督，甚至提出要求。如表4-3所示，使用类似助剂要对微反活性、灼烧减量、磨损指数、表观密度、比表面积和孔体积等项目进行对比和监督，必要时在标定时做出性能考察。此外，这类的助剂还可能由于物性不同有使催化剂易产生细粉的风险以及有可能造成烟机结垢和烟机振动的风险等。因此，使用助剂要对以上方面进行全方位考察，尤其是对轻油收率的影响方面更要做到心中有数。就助剂对催化裂化装置轻油收率以及产品分布的影响方面来说，使用助剂往往并不是最好的选择。

表4-3 某丙烯助剂与催化剂主剂性质对比

项目	催化剂主剂	丙烯助剂	项目	催化剂主剂	丙烯助剂
微反活性/%	80	45	表观密度/(g/mL)	0.76	0.71
灼烧减量(质量分数)/%	12.0	8.0	比表面积/(m²/g)	290	134
磨损指数/%	0.85	1.60	孔体积/(mL/g)	0.38	0.12

第五章 基础设备

第一节 余热锅炉

1 余热锅炉变为微正压有何优缺点？

余热锅炉炉膛成为正压后冷风不能漏入，炉膛温度会有适当提高，使排烟损失减少，但炉膛变为正压对炉膛严密性要求很高，安装要求高。由于炉膛体积很大，各处的温度差别较大，因膨胀量不同容易导致联箱和管子穿墙部分焊缝出现裂缝而泄漏，查找漏点和消除漏点的工作量很大，因此，锅炉在设计上尽可能不采用正压炉，烟气脱硫装置在设计上也尽可能减少烟气脱硫部分的压降，一方面可以降低锅炉联箱和管子穿墙部分的泄漏概率，另一方面可以降低对烟机发电量的影响。

2 余热锅炉的辅助燃烧器对烟气脱硝有何影响？

由于催化裂化装置的烟气中含有一氧化碳，通过在余热锅炉设置辅助燃烧器有效利用烟气中的化学能，可降低一氧化碳对大气的污染。正常情况下，烟气余热温度较低，一氧化碳不能自行转变为二氧化碳，采用辅助燃烧器的方法提高了炉膛的温度，使得烟气当中的一氧化碳燃烧生成二氧化碳，放出所含的化学热。

有些余热锅炉烟气温度较低，只能产生低压蒸汽，为了能产生中压蒸汽，以提高经济效益，可以安装辅助燃烧器。还有一种状况是当烟气中断时，辅助燃烧器依然可以发生一部分中压蒸汽，保证中压蒸汽管网的正常运行，这种锅炉较为灵活。不过实际运行中发现，有时候由于催化裂化装置原料进行较大幅度的调整，原料中的残炭较大幅度降低，导致烟气中的一氧化碳含量降低，余热锅炉即使进行补燃也不能进一步降低烟气中一氧化碳含量，这可以通过对烟气进行分段采样得知，此时可以不点燃辅助燃烧器，如果烟气中的一氧化碳降低，烟气当中的氮氧化物会略有提高，因此，正常工况下，如果辅助燃烧器熄灭，烟气中的氮氧化物含量也会发生相应变化。

3　为什么有辅助燃烧器的余热锅炉一般不设置空气预热器？

有辅助燃烧器的余热锅炉即便是锅炉的容量较大一般也没有空气预热器。因为进入余热锅炉的烟气数量较大，余热锅炉的大部分蒸汽是由烟气产生的，辅助燃烧器仅产生一部分蒸汽，辅助燃烧器需要的空气量较少，而需要冷却的烟气量很大，数量较少的空气难以有效回收烟气中的热量。如果设置空气预热器，不但回收能量少，而且所需的传热面积很大，其经济效益必然很差。

余热锅炉的辅助燃烧器一般采用气体燃料或液体燃料，气体燃料和液体燃料即使在空气不预热的情况下也能保证稳定和良好的燃烧。省煤器管内的水为强制流动，其放热系数很高，而且省煤器内水的流量随着烟气量的增多而增加。因此，省煤器可以有效地回收烟气能量。这就是为什么余热锅炉一般不安装空气预热器，而省煤器的传热面积比常规锅炉大得多的主要原因。

4　为什么余热锅炉系统常设置水封罐？

由于催化裂化装置的再生烟气温度高，利用再生烟气的节能效益显著，而催化裂化装置开工周期一般在 3 年左右，而余热锅炉因再生烟气粉尘沉积在受热面上使排烟温度上升，热效率降低，甚至出现炉管泄漏，此时余热锅炉需要进行隔离检修。因烟气流量大，温度高，而且含有催化剂，再生烟道的直径一般在 2m 左右，烟道管内衬有耐磨衬里，管道的蝶阀直径很大，在高温下易变形，而且密封面沉积催化剂，蝶阀关闭后也无法保证密封不漏。为了能保证锅炉的检修安全，通常在烟道上设置水封罐，有时候在蝶阀和炉膛之间也设置水封罐，这样烟气就不会漏入炉膛内，如果在余热锅炉旁路设置水封罐，还可以在余热锅炉蝶阀开关故障状态下，保证烟气可以突破旁路的水封，起到泄压的作用。

烟气脱硫装置的入口如果采用蝶阀，当烟气脱硫装置运行时间较长后，也会出现入口挡板门关闭不严，使烟气脱硫装置无法实现正常隔离的情况。烟气脱硫装置旁路的挡板门也会由于长时间关闭而沉积催化剂导致烟气泄放不畅，因此，烟气脱硫装置旁路的挡板门也要经常进行开关，防止催化剂沉积在烟道挡板门处影响挡板门开关。由于烟道挡板门易受催化剂堵塞和高温变形影响，如果烟气脱硫装置入口有足够的空间，建议也设置水封罐，保证烟气脱硫装置能够在催化裂化装置开工状态下进行隔离检修。

5 **余热锅炉常用的防爆门有哪几种？各有哪些优缺点？**

防爆门的作用是在炉膛和烟道由各种原因引起爆燃时，自动打开，降低炉膛和烟道系统内的压力，以避免或降低对炉膛和烟道的损坏。

余热锅炉常用的防爆门有三种，分别是旋启式防爆门、薄膜式防爆门和水封式防爆门。

旋启式防爆门是利用防爆门盖和重锤的重量自行关闭，当炉膛或烟道发生爆燃时，自动开启，爆燃后能自行关闭（如图5-1所示）。这种防爆门的优点是爆燃后不用修理，即可重新投入使用。缺点是密封性差。微正压炉的炉膛压力高达2000～3000Pa，炉膛采用旋启式防爆门不但烟气泄漏量大而且防爆门易烧坏。

薄膜式防爆门是用螺丝将石棉板、薄铝板或马口铁薄板压紧在防爆门边缘上制成的，如图5-2所示。这种防爆门的优点是密封性好，缺点是一旦发生爆燃，防爆门必须经修复后才能使用。

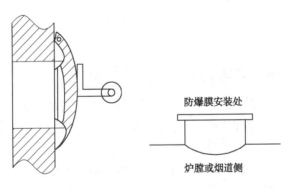

图5-1 旋启式防爆门　　图5-2 薄膜式防爆门

水封式防爆门如图5-3所示，是通过改变外筒的重量来实现防爆的，准确地计算外筒的重量是确保水封式防爆门正确动作的关键。外筒罩在内筒上，外筒和内筒之间存在着间隙，正常运行时，炉膛压力有足够的时间通过间隙传到内、外筒间的空间内，所以内、外筒空间内承受的是炉膛正常运行时的压力。在炉膛发生爆燃的瞬间，炉膛的压力来不及通过间隙传递到内、外筒间的空间内，只有外筒和内筒接触的面积承受的是爆燃压力。因此，外筒重量的正确计算公式为：

$$G = \frac{\pi}{4}(d_{外}^2 - d_{内}^2)H_{正} + \frac{\pi}{4}d_{内}^2 H_{动}$$

式中　　G——外筒重量，N；

　　　　$d_{外}$——外筒内径，m；

　　　　$d_{内}$——内筒内径，m；

　　　　$H_{正}$——炉膛正常压力，Pa；

　　　　$H_{动}$——防爆门动作压力，Pa。

按上式计算出的外筒重量，经过多次试验，在炉膛压力升至规定值时，防爆门准确动作。

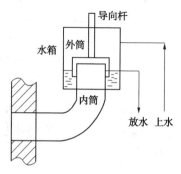

图5-3　水封式防爆门

6　为什么有的薄膜式防爆门的密封面是倾斜的？

当薄膜式防爆门的管接头直径一定时，倾斜的密封面有更大的截面，在薄膜爆破时可以排放出更多的烟气，防爆效果更好，对降低烟道压力和保护烟道有利。

密封面倾斜时，防爆薄膜为椭圆形，比圆形的薄膜更容易爆破，更有利于烟道的安全。倾斜的密封面不会积水，可以避免酸雨或酸性气体溶解在积水中造成防爆膜腐蚀。此外，密封面不积水可以使薄膜保持较高壁温，有利于防止和减轻薄膜烟气侧的低温腐蚀，延长了薄膜的寿命。

采用圆形防薄膜式防爆门时，其爆破后排烟方向大多为垂直向上，不利于人身安全。密封面倾斜的薄膜式防爆门可以根据需要灵活选择爆破方向，有利于人身安全。

7 除了针对烟气脱硫的适应性改造外，余热锅炉还有哪些节能增效改造方向？如何实现预期的改造效果？

余热锅炉改造还可以实现以下目标：①通过提高余热锅炉过热能力。在不投用补燃系统或者少消耗补燃燃料的情况下，使过热蒸气温度可以稳定保持在420℃以上；②降低余热锅炉排烟温度至160℃左右，在保证不发生露点腐蚀的情况下，提高余热锅炉效率；③提高省煤器抗腐蚀能力，消除省煤器露点腐蚀和泄漏隐患，确保余热锅炉长周期安全运行；④完善和加强吹灰措施，确保余热锅炉长周期高效运行。

具体改造可以通过增加高温过热器换热面积、采用模块化翅片管省煤器替代光管省煤器、增设给水预热器、完善吹灰系统和改造省煤器上水管线等措施实现以上改造目的，具体情况如下：

① 根据余热锅炉现场空间位置，增加以翅片管为换热元件的高温过热器管束，增加余锅过热器换热面积，提高余锅蒸汽过热能力。为了防止投运初期，蒸汽出口温度超高，可调整旁通烟道阀门开度，调节过热器蒸汽出口温度。

② 在原省煤器空间位置新布置高温省煤器、低温省煤器(可以是两个模块)，全部省煤器采用箱体结构，换热元件为翅片管，强化换热。

③ 增设给水预热器，为适应装置负荷变化和原料油变化，防止省煤器低温露点腐蚀，采用水热媒技术，利用省煤器出口的高温水加热省煤器进口的低温水，将省煤器实际进水温度提到高于烟气露点温度(该温度可设定，比如设定为140℃)，从而彻底根除省煤器露点腐蚀，确保余热锅炉安全运行。

④ 加强吹灰措施。改造后的省煤器、过热器和蒸发器均适用于脉冲吹灰器的布点以确保余热锅炉长周期高效运行。全部吹灰器采用 PLC 控制，定时自动吹灰，确保有效清除灰垢。

⑤ 将省煤器给水管线和出口水管线增大，降低给水阻力。

第二节　三级旋风分离器和四级旋风分离器

1　三级旋风分离器在催化裂化装置中的作用？

为了保证烟机的正常运行，一般催化裂化装置都增设了第三级旋风分离器，三级旋风分离器具有较好的分离粉尘作用，三级旋风分离器和能量回收系统的流程简图如图5-4所示。

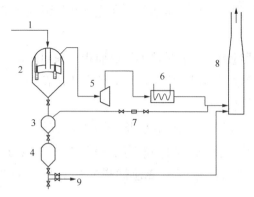

图5-4　催化裂化装置的三级旋风分离器和能量回收系统
1—烟气；2—三级旋风分离器；3—中间细粉罐；4—细粉储罐；5—烟机；
6—余热锅炉；7—临界喷嘴；8—烟囱；9—去废催化剂收集罐

从再生器排出的高温含尘烟气进入三级旋风分离器，经分离后，净化烟气进入烟气轮机发电。排出的细粉与少量下泄气（约占三级旋风分离器总烟气量的3%~5%）一起从三级旋风分离器底部进入中间细粉罐。分离出的细粉在中间细粉罐中自由沉降至下面的储罐中冷却，然后通过定期打开下部阀门装车或送往废催化剂收集罐，较干净的下泄气则通过中间细粉罐上封头处的出口排出，经临界流速喷嘴降压后，去余热锅炉或烟囱，以达到粉尘的分离和能量的回收目的，并减少临界流速喷嘴的磨损和余热锅炉的集灰。

2　催化裂化装置常用的三级旋风分离器有哪些种类？各自具有哪些结构特点？

催化裂化装置常用的三级旋风分离器有立式三级旋风分离器、卧式三级旋风分离器和内置小旋风式三级旋风分离器。

立式三级旋风分离器和卧式三级旋风分离器是通过设计多组小直径旋分器并联以达到提高分离效率的目的。立式三级旋风分离器(见图5-5)的结构特点是：①旋风管直径0.25~0.30m；②旋风管总数可达数十根甚至上百根；③采用公用进气、排气和灰斗结构；④保证各个旋风管进气均匀，避免窜气返混是提高三级旋风分离器分离效率的关键之一。

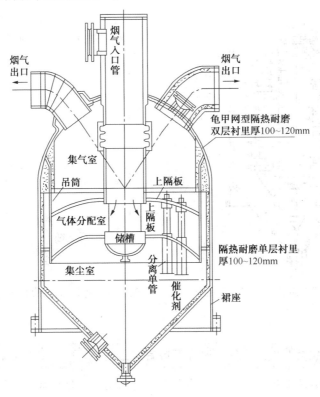

图5-5　立式三级旋风分离器简图

卧式三级旋风分离器(见图5-6)的结构特点是：①取消了立管三级旋风分离器中容易变形的拱形隔板；②切向进口的进气室有一定预分离功能；③结构简单，效率高，单位气量造价低；④设备直径不随气量增加而增大。一般大型催化裂化装置采用卧式三级旋风分离器的较多。

一级旋风分离器和二级旋风分离器制作技术的提高也推进了三级旋风分离器的发展，产生了在内部设置小旋风式三级旋风分离器(见图5-7)，使结构更趋于简单。

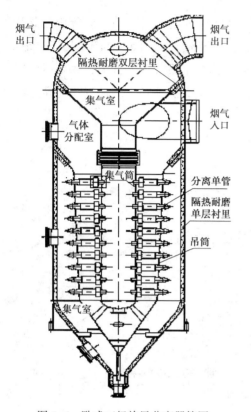

图 5-6 卧式三级旋风分离器简图

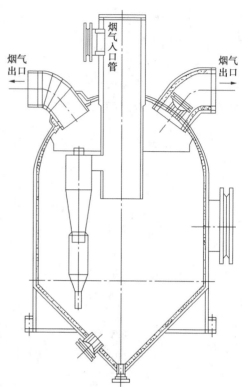

图 5-7 内置小旋分式三级旋风分离器

3 **催化裂化装置增上四级旋风分离器有何作用?**

　　三级旋风分离器虽然起到一定的细粉分离作用,但是目前的三级旋风分离器技术经常是下泄气经临界流速喷嘴的气速非常大,个别装置的临界喷嘴气速超过了 300m/s,压降在 0.2MPa 以上,产生的巨大抽力又把大部分粉尘从中间细粉罐带走,排入了大气,而且临界流速喷嘴磨损严重,其寿命甚至很难满足一个操作周期。随着烟气脱硫脱硝技术的进一步发展,较多的装置采用的是湿法脱硫脱硝技术,运行成本普遍较高,那么降低烟气中的粉尘含量会大大地降低后续设备的磨损损耗和催化剂脱除的处理费用,因此,增上四级旋风分离器又是较好的降低烟气脱硫脱硝装置运行成本的有效措施。

4 弯锥形四级旋风分离器有哪些技术特点?

一些老炼油厂催化裂化装置的三级旋风分离器下出口与中间细粉罐之间的距离为2m左右,这样就会因装置区域过小、投资过大而限制了四级旋风分离器技术的推广。弯锥形四级旋风分离器可在有限的空间内进行布置设计,不需要装置进行大的改动。通过改造,弯锥四级旋风分离器技术采取了去掉三级旋风分离器与细粉罐之间原有的管线,在三级旋风分离器排出口连接一段带有复式膨胀节的水平管线,使弯锥四级旋风分离器的粉尘出口与细粉罐原排出口相连,烟气出口直接连接到原烟气管线上,就达到了较理想的粉尘分离目的和大大延长临界流速喷嘴使用寿命的目的(见图5-8)。

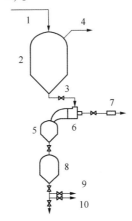

图5-8 烟气经三级旋风分离器和弯锥四级旋风分离器流程图

1—烟气;2—三级旋风分离器;3—膨胀节;4—烟气去余热锅炉;

5—中间细粉罐;6—弯锥四级旋风分离器;7—临界喷嘴;

8—储罐;9—去烟囱;10—去废催化剂收集罐

弯锥四级旋风分离器的主要结构特点是其排尘口与烟气出口成90°,其旋流部分为渐缩的弯锥壳,此弯锥壳的轴线为1/4椭圆线,弯锥直径逐渐缩小,排气管处线速比入口处线速要高,为防止磨损,此处内表面喷涂硬质合金,与一般旋风分离器使用不同的是弯锥四级旋风分离器为卧置使用。正常操作时,弯锥四级旋风分离器排尘口所连接的中间粉尘罐和储罐为一封闭容器,所以由四级旋风分离器排尘口进入中间粉尘罐的粉尘和气体体积,应等于由此口返回的气体的体积,即旋流烟气沿弯锥壳靠壁向排尘口流动,含尘量逐步升高,最后落入中间粉尘罐中;弯锥中心轴线处含尘量低的气体是逆向旋流,通过排气管排出,其中粉尘罐中一部分原有气体将被带出,这样就保证中间粉尘罐中压力的恒定(见图5-

9）。2009年弯锥四级旋风分离器技术曾在中国石化荆门分公司1.2Mt/a重油催化裂化装置上应用。

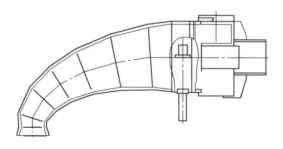

图5-9　弯锥四级旋风分离器简图

5　催化裂化装置增上临界流速免维护系统式的第四级旋风分离器有什么好处？

　　催化裂化装置只有三级旋风分离器而没有四级旋风分离器的传统流程，经常存在着三级旋风分离器临界喷嘴喉管经大量催化剂粉尘长时间冲刷易磨损泄漏，泄漏出来的烟气夹带着催化很快也会将临界喷嘴喉管护套磨穿的问题，并且三级旋风分离器下部的催化剂细粉缓冲罐沉降效果不好。三级旋风分离器分离下来的催化剂由烟气携带进入缓冲罐，只有少量催化剂粉尘靠自然沉降进入催化剂收集罐，其余催化剂细粉随再生烟气通过缓冲罐顶经临界流速喷嘴进入烟道。因流经临界流速喷嘴的烟气中催化剂浓度较高，且喷嘴处流速快，在喷嘴部位冲刷特别严重，很容易引起偏流，加快对喷嘴和管线的冲刷磨损。这些问题仅靠简单地更换备品备件很难从根本上改善该系统的运行状况。

　　临界流速免维护系统的突出优点是把烟气催化剂的分离由原来的重力沉降分离升级为离心沉降分离，有效地降低了烟气中催化剂含量，从根本上解决原催化剂缓冲罐沉降效果不好问题的同时，大大提高了临界流速装置的使用寿命。三级旋风分离器和四级旋风分离器之间的催化剂管道利用自然形状吸收热胀，替代传统的膨胀节，同时改造后的系统没有阀门、法兰连接，全部采用焊接，使整个管道系统内的气固两相流始终处在匀速流动状态，避免了涡流现象的发生，消除了催化剂泄漏的条件，临界流速免维护系统式的第四级旋风分离器相关流程见图5-10。

　　对于有烟气脱硫除尘装置的催化裂化，增上四级旋风分离器还是较好地降低烟气脱硫除尘装置运行成本的措施。在催化裂化装置应用四级旋风分离器既可以降低后续污泥处理的费用，也可以降低烟气脱硫除尘部分的公用工程消耗。

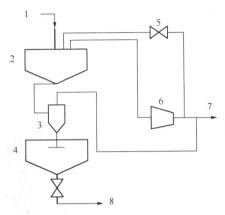

图 5-10　临界流速免维护系统式的第四级旋风分离器相关流程

1—烟气自再生器来；2—三级旋风分离器；3—四级旋风分离器；4—催化剂细粉收集罐；5—双动滑阀；6—烟机；7—烟气去余热锅炉；8—去废催化剂收集罐

第三节　脱硫除尘塔相关设备

1　EDV 湿法烟气净化技术的水珠分离器的分离原理是什么？

从催化裂化来的烟气在洗涤吸收塔内被急冷到饱和温度后，气体上升与喷嘴喷射出来的水帘相切割，将催化剂颗粒物洗涤并吸收 SO_2。为保证烟气进入烟囱不含液滴，EDV 湿法烟气净化工艺设置了水珠分离器用于进一步将烟气中的细微液滴脱除，水珠分离器为空心结构，内有螺旋导向片，引导气体作螺旋状流动，当气体沿向下流动时，液滴在离心力作用下被甩至器壁，从而与气体分离。该设备没有易堵部件，压降较低。分离液滴后的清洁气体通过上部的烟囱排入大气，烟气洗涤溶液循环使用，为防止催化剂积累，装置运行中将排出部分洗涤液进入脱硫废水处理系统。

2　EDV 湿法脱硫的水珠分离器结构是怎样的？该设备有哪些技术特点？

水珠分离器将烟气从上进口引入，烟气经导向叶片导流后，烟气中的颗粒物在离心力的作用下进行分离，颗粒物分离后沿边壁向下流动，经水珠分离器下的导液管进入滤清模块，该导液管下流的液流既起到了排污的作用，又起到了对滤清模块液体的搅拌作用。烟气净化后折流至总管，泄放至大气(见图 5-11 和图5-12)。

　　水珠分离器具备了低压降、自清洗、不结垢和开放性的特点，且设备内无可移动部件(脱硫塔内不允许有可移动部件，否则在烟气气流和催化剂颗粒的摩擦下会脱落)，可较好地清除由气流带出的水珠，是良好的无雾气水珠清除器。

图 5-11　水珠分离器结构图

1—烟气进口；2—导向叶片；
3—排水口；4—净化烟气出口

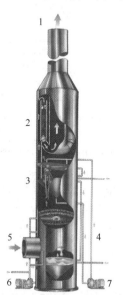

图 5-12　水珠分离器在脱硫塔内的示意图

1—净化烟气出口；2—水珠分离器；3—滤清模块；
4—吸收区；5—脱前烟气；6—塔底浆液循环泵；
7—滤清模块泵

3 **什么是除雾效率？影响除雾效率的因素有哪些？**

　　除雾效率指除雾器在单位时间内捕集到的液滴质量与进入除雾器液滴质量的比值。除雾效率是考核除雾器性能的关键指标。影响除雾效率的因素很多，主要包括：烟气流速、通过除雾器断面气流分布的均匀性、除雾器叶片结构、除雾器叶片间距及除雾器布置形式等。

4 **如何衡量除雾器性能的好坏？**

　　烟气脱硫除尘装置用于衡量除雾器除雾性能的参数是除雾后烟气中的雾滴含量。一般要求，通过除雾器后雾滴含量在一个冲洗周期内的平均值小于 $75mg/m^3$ (标准状态)。该处的雾滴是指取样距离为离除雾器距离 $1\sim2m$ 的范围内的雾滴粒径大于 15μm 的雾滴，烟气为标准干烟气。

5　什么是除雾器的压力降？监控除雾器的压力降对生产有何指导意义？

除雾器压力降是指烟气通过除雾器通道时所产生的压力损失。系统压力降越大，能耗就越高。除雾系统压降的大小主要与烟气流速、除雾器叶片结构、除雾器叶片间距及烟气带水负荷等因素有关。当除雾器叶片上结垢严重时系统压力降会明显提高，所以通过监测压力降的变化有助把握系统的状行状态，及时发现问题，并进行处理。

6　如何实现除雾器差压值的监测？

一般来说，除雾器压降值都很小，使用双法兰液位计无法测出除雾器的差压，只有在每个测点都使用单法兰液位计才能实现差压的测量。要在第一级除雾器的下方和第二级除雾器的上方分别设置一台单法兰压力变送器，通过这两台仪器的测量值在 DCS 中进行相减，得出的差值即是除雾器的差压值。

7　什么是除雾器临界分离粒径？对除雾效果有何影响？

除雾器临界分离粒径是指除雾器在一定气流流速下能被完全分离的最小液滴粒径。除雾器是利用液滴的惯性力进行分离。在一定的气流流速下，粒径大的液滴惯性力大，易于分离，当液滴粒径小到一定程度时，除雾器对液滴失去了分离能力，除雾器临界分离粒径越小，表示除雾器除雾能力越强。

8　什么是除雾器临界烟气流速？对生产有何影响？

在一定烟速范围内，除雾器对液滴分离能力随烟气流速增大而提高，但当烟气流速超过一定流速后除雾能力下降，这一临界烟气流速称为除雾器临界烟气流速。临界点的出现是由于产生了雾沫的二次夹带所致，即分离下来的雾沫，再次被气流带走。其原因大致是：① 撞在叶片上的液滴由于自身动量过大而破裂、飞溅。② 气流冲刷叶片表面上的液膜，将其卷起、带走。因此，为达到一定的除雾效果，必须控制流速在合适的范围内。最高速度不能超过临界气速，最低速度要确保能达到所要求的最低除雾效率。

9 **波形板除雾器有哪些主要设计参数？它们对除雾器都有哪些影响？**

波形板除雾器的主要设计参数有烟气流速、除雾器叶片间距、除雾器的级数、除雾器冲洗水压、除雾器冲洗水量、冲洗覆盖率、除雾器冲洗周期。

（1）烟气流速

通过除雾器断面的烟气流速过高或过低都不利于除雾器的正常运行，烟气流速过高易造成烟气二次带水，从而降低除雾效率，同时流速高时系统阻力大，能耗高。通过除雾器断面的流速过低，不利于气液分离，同样不利于提高除雾效率。此外设计的流速低，吸收塔断面尺寸就会加大，投资也随之增加。设计烟气流速应接近于临界流速。根据不同除雾器叶片结构及布置形式，设计流速一般选定在 3.5~5.5m/s 之间。

（2）除雾器叶片间距

叶片间距的大小，对除雾器除雾效率有很大影响。随着叶片间距的增大除雾效率降低。板间距离的增大，使得颗粒在通道中的流通面积变大，同时气流的速度方向变化趋于平缓，而使得颗粒对气流的跟随性更好，易于随着气流流出叶片通道而不被捕集，因此除雾效率降低。

除雾器叶片间距的选取对保证除雾效率，维持除雾系统稳定运行至关重要。叶片间距大，除雾效率低，烟气带水严重。叶片间距选取过小，除加大能耗外，冲洗的效果也有所下降，叶片上易结垢、堵塞，最终也会造成系统停运。叶片间距根据系统烟气特征（流速、SO_2 含量、带水负荷、粉尘浓度等）、吸收剂利用率、叶片结构等综合因素进行选取。叶片间距一般设计在 20~95mm，目前最常用的叶片间距为 30~50mm。

（3）除雾器的级数

级数的增加，除雾效率增大，而压力损失也随之增大。除雾器的设计要以提高除雾效率和降低阻力损失为宗旨。因此，单纯地追求除雾效率而增加级数，却忽视了气流阻力损失的增加，其结果将使能量的损耗显著增加。

（4）除雾器冲洗水压

除雾器水压一般根据冲洗喷嘴的特征及喷嘴与除雾器之间的距离等因素确定（喷嘴与除雾器之间距离一般≤1m），冲洗水压低时，冲洗效果差。冲洗水压过高则易增加烟气带水，同时降低叶片使用寿命。一般情况下，每级除雾器正面（正对气流方向）与背面的冲洗压力都不相同，第一级除雾器的冲洗水压高于第二级除雾器。

（5）除雾器冲洗水量

选择除雾器冲水量除了需满足除雾器自身的要求外，还需考虑系统水平衡的要求，有些条件下需采用大水量短时间冲洗，有时则采用小水量长时间冲洗，具体冲水量需由工况条件确定，一般情况下除雾器断面上瞬时冲洗耗水量约为 $1\sim4$ m^3/（m^2·h）。

（6）冲洗覆盖率

冲洗覆盖率是指冲洗水对除雾器断面的覆盖程度。根据不同工况条件，冲洗覆盖率一般可以选在 $100\%\sim300\%$ 之间。

（7）除雾器冲洗周期

冲洗周期是指除雾器每次冲洗的时间间隔。由于除雾器冲洗期间会导致烟气带水量加大（一般为不冲洗时的 $3\sim5$ 倍）。所以冲洗不宜过于频繁，但也不能间隔太长，否则易产生结垢现象，除雾器的冲洗周期主要根据烟气特征及吸收剂确定，一般以不超过 2h 为宜。

10 为何湿法脱硫的吸收塔出口的烟气要尽可能少带出 $10\sim60\mu m$ 的"雾"？

湿法脱硫吸收塔在运行过程中易产生粒径为 $10\sim60\mu m$ 的"雾"，$10\sim60\mu m$ 的"雾"不仅含有水分，它还溶有硫酸、硫酸盐、SO_2 等。如不妥善解决任何进入烟囱的"雾"，实际就会把 SO_2 排放到大气中，同时也造成脱硫塔内设备及烟道的沾污和严重腐蚀。因此，湿法脱硫工艺的塔内喷淋设备要尽可能少产生 $10\sim60\mu m$ 的"雾"，或吸收塔有着良好的除雾设备，被净化的气体在离开吸收塔之前要进行良好的除雾。如果湿法脱硫工艺的塔内喷淋设备较易产生 $10\sim60\mu m$ 的"雾"，那么除雾器就成了湿法脱硫系统中的关键设备，其性能直接影响到湿法脱硫系统能否连续可靠运行，除雾器故障也会造成脱硫系统停运。

11 波形板除雾器的工作原理是什么？

烟气通过波形板除雾器的弯曲通道，在惯性力及重力的作用下将气流中夹带的液滴分离出来，脱硫后的烟气以一定的速度流经除雾器，烟气被快速、连续改变运动方向，因离心力和惯性的作用，烟气内的雾滴撞击到除雾器叶片上被捕集下来，雾滴汇集形成水流，因重力的作用下落，实现了气液分离，使得流经除雾器的烟气达到除雾要求后排出。除雾器的工作原理图如图 5-13 所示。除雾器的叶片形式和布置方式也有多种（见图 5-14 和图 5-15）。

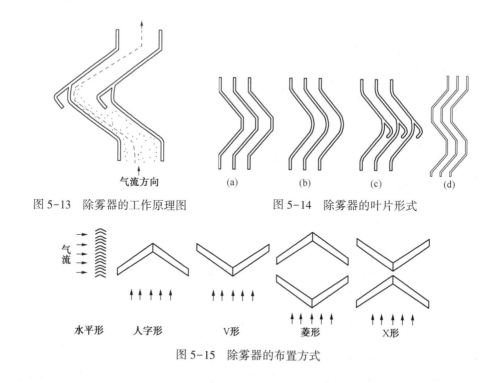

图 5-13   除雾器的工作原理图   图 5-14   除雾器的叶片形式

图 5-15   除雾器的布置方式

12   双叶片结构烟道挡板门有哪些基本特征？

　　双叶片结构烟道挡板门的双叶片之间通有密封风；密封风的温度要高于余热锅炉出口处的露点腐蚀温度，避免烟道挡板门发生露点腐蚀；能与烟气接触到的部分要衬有镍基合金钢，尽可能降低冲刷和腐蚀对烟道挡板门的破坏。

13   湿法烟气脱硫吸收二氧化硫所需的水气比和喷嘴数量的选择依据是什么？

　　吸收二氧化硫所需的水气比和喷嘴数量的选择依据是由二氧化硫的入口浓度、排放的需求和饱和气体的温度来决定。

14   催化裂化装置烟气洗涤系统中使用文丘里管有什么优势？常用的文丘里管有哪些类型？

　　催化裂化装置烟气洗涤系统中使用文丘里管可实现酸性气体和粉尘颗粒一步式洗涤。另外，文丘里管结构简单，系统可靠性高，在催化裂化装置烟气洗涤系统中拥有长时间的使用业绩。

常用的文丘里管有喷射式文丘里管(JEV)、高能式文丘里管(HEV)和喷淋式文丘里管。

JEV 的洗涤液流速较高，洗涤液是通过机械雾化和气体雾化两种方式完成雾化，烟气压降非常低。为了保证其使用寿命，其喷嘴进行了特殊设计，使用特殊的高耐磨性材料来保证其寿命及表现。该喷嘴利用液体的动能来形成液滴，喷嘴出口处压力越高，流量越高，形成的液滴越小。简单的内部结构能使喷嘴减少磨损，此种喷嘴在催化裂化装置烟气洗涤系统中，拥有最长的使用寿命，具体结构见图 5-16。

HEV 又可分为喉部固定式和喉部可调式两种类型。HEV 洗涤液流速较低，洗涤液通过气体雾化方式完成雾化，烟气压降要稍高一些，具体外观图见图5-17。

图 5-16　JEV 中采用的全锥形衬里喷嘴　　图 5-17　喉部可调节高能式文丘里管

喷淋式文丘里管用在 EDV 滤清模块中，洗涤液通过机械雾化形式完成雾化，气体压降稍高，具体外观图见图 5-18。

图 5-18　EDV 系统中使用的 Race Track 喷嘴

15 烟气洗涤器的有哪些主要的型式？各种型式烟气洗涤器的基本特征是什么？

烟气洗涤器主要有塔式、液柱式、文丘里式、动力波等型式。

塔式洗涤器应用最为广泛，主要有喷淋塔、格栅塔、旋流塔、鼓泡塔等型式，压降一般在 1.8~3.0kPa，脱硫效率可达 90%~98%。缺点是压降普遍稍大。此种型式的洗涤净化方式是烟气下进上出。

液柱式洗涤器，洗涤液由塔内喷嘴向上喷出，形成液柱，在液柱散开落下的汽液接触过程中，脱除烟气污染物，压降小于 2.0kPa，脱硫效率可达 90%~95%。简易液柱洗涤器，液柱向上喷出后，在高点散开落下，与烟气接触脱除烟气杂质。脱除杂质后的烟气经过高效除雾器后，排入烟囱。

文丘里式洗涤器，气体高速通过文丘里喉管，将吸收剂吸入，形成细小的雾滴和液膜，与气体混合接触，脱除烟气中的 SO_2 和粉尘等污染物。压降一般大于 2.0kPa，脱硫效率可达 60%~80%。

动力波洗涤器方面，其中 Dyna Wave 技术由美国杜邦公司 20 世纪 70 年代开发并获得专利，首套工业化装置于 2003 年投用。清华大学、南昌有色冶金设计研究院等也申请了国内的专利洗涤器和洗涤技术，主要是对动力波洗涤器的喷头进行不同的优化和独特设计。其中催化烟气直接从进料管的顶部进入动力波吸收塔，在进料管内部汽液接触的位置附近持续不断地形成泡沫区，该泡沫区内液体表面以极快的速率更新并将气体急冷至绝热饱和温度，它是使气体通过一个强烈湍动的液膜泡沫区，利用泡沫区液体表面积大而且迅速更新的特点，强化了气液传质、传热过程，SO_2 也随之被吸收，SO_2 脱除率在 99%以上。当热的烟气进入进料管后，立即被自下而上的碱液急冷，温度降至 50~60℃，同时烟气中的催化剂粉尘也被洗涤下来，能同时完成烟气急冷、酸性气脱除和固体粉尘脱除三个功能。净化后的烟气通过捕沫器后排入烟囱。所收集的液体经循环泵返回动力波喷头大口径敞口设计的喷头，由它喷出的液体可以产生所需的泡沫区，而不会雾化洗涤液体，防止大量洗涤液体被烟气带走，减少了除雾器负荷，同时大口径喷头可以防止喷头堵塞。在使用钠碱洗涤液洗涤的过程中，为了使亚硫酸钠和亚硫酸氢钠完全氧化为硫酸钠，以达到排放液所要求的 COD 值，向洗涤塔底部通入压缩空气，经气体分布器和液相充分接触氧化，强制氧化在同一塔中进行，设备布置紧凑，占地小（见图 5-19）。烟气经过动力波洗涤的压降大约为 2~3kPa，该技术在国外于 1985 年实现工业化，主要用在冶金行业的煤窑、电厂、水泥厂、工业废弃物焚烧、钛白粉厂、炼焦厂、锅炉等，已成功应用于 3 套催化裂化装置的烟气处理。

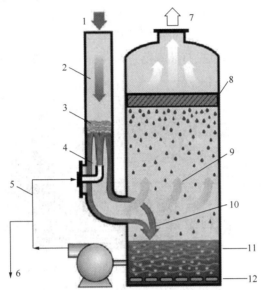

图 5-19　Dyna Wave 技术原理图

1—脱前烟气；2—烟气流通路径；3—泡沫区；4—反向喷嘴；

5—加药点；6—外排浆液；7—净化烟气；8—雪弗龙破沫网；

9—气流方向；10—液流方向；11—补水口；12—氧化空气注入点

第四节　电除尘和布袋除尘

1　电除尘技术有哪些种类？各有什么优缺点？

电除尘技术是利用强电场电晕放电，使气体电力产生大量自由电子和离子，并吸附在通过电场的粉尘颗粒上，使烟气中的粉尘颗粒荷电，荷电后的粉尘颗粒在电场库仑力的作用下吸附在极板上，通过振打落入灰斗，经排灰系统排出，从而达到收尘的目的。电除尘的优点是除尘效率较高，压力损失小，使用方便且无二次污染，对烟气的温度及成分敏感度不高，设备运行检修相对容易，安全可靠性较好。缺点是设备占地面积较大，除尘效率受催化剂状况影响较大。电除尘依据电极表面灰的清除是否用水，可分为干式电除尘和湿式电除尘。干式电除尘常被称作电除尘，如静电除尘技术、低低温电除尘技术；湿式电除尘常被称作湿电，湿电仅用于湿法脱硫后的二次除尘，脱硫后对烟气中颗粒物的再次脱除或烟气脱硫过程中对颗粒物的协同脱除，称之为二次除尘或深度除尘技术。

（1）静电除尘技术

静电除尘技术是在电晕极和收尘极之间通上高压直流电，所产生的强电场使气体电离、粉尘荷电，带有正、负离子的粉尘颗粒分别向电晕极和收尘极运动而沉积在极板上，使积灰通过振打装置落进灰斗，如图5-20所示。

图5-20　静电除尘器

静电除尘器与其他除尘设备相比，耗能少、除尘效率高，适用于除去烟气中0.01~50μm的粉尘，而且可用于烟气温度高、压力大的场合。但由于静电除尘器基于荷电收尘机理，静电除尘器对飞灰性质（如成分、粒径、密度、比电阻、黏附性等）较为敏感，特别对细微烟尘捕集困难，运行工况变化对除尘效率也有较大影响。另外其不能捕集有害气体，对制造、安装和操作水平要求较高。由于催化裂化烟气中的粉尘属于不易流化的颗粒，因此，在催化剂粉尘被脱除后，在进行管线输送时，容易造成设备的局部堵塞，经常需要用铁锤敲击管线来解决局部堵塞问题。

（2）低低温电除尘技术

低低温电除尘技术是通过烟气冷却器降低电除尘器入口烟气温度至酸露点以下的电除尘技术。

低低温电除尘技术因烟气温度降至酸露点以下，粉尘电阻大幅下降，且击穿电压上升，烟气流量减小，可实现较高的除尘效率；同时，烟气温度降至酸露点以下，气态SO_3将冷凝成液态的硫酸雾，通过烟气中粉尘吸附及化学反应，可去除烟气中大部分SO_3；在达到相同除尘效率前提下，与常规干式电除尘器相比，低低温电除尘器的电场数量可减少，流通面积可减小，运行功耗降低，节能效果明显。但粉尘比电阻降低会削弱捕集到阳极板上粉尘的静电黏附力，从而导致二次扬尘有所增加。应用于电厂的低低温电除尘器如图5-21所示。

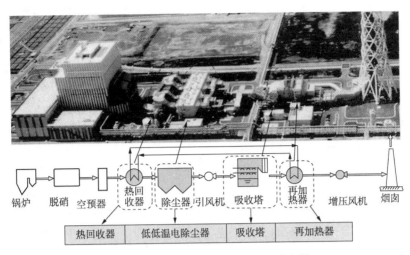

图 5-21　应用于电厂的低低温电除尘器

（3）湿式电除尘技术

湿式电除尘技术是用水冲刷吸附在电极上的粉尘。根据阳极板的形状，湿式电除尘器分为板式、蜂窝式和管式等，应用较多的是板式与蜂窝式。湿式电除尘器安装在脱硫设备后，可有效去除烟尘及湿法脱硫产生的次生颗粒物，并能协同脱除 SO_3、汞及其化合物等。影响湿式电除尘器性能的主要因素有湿式电除尘器的结构型式、入口浓度、粒径分布、气流分布、除尘器技术状况和冲洗水量。湿式电除尘器如图 5-22 所示。

图 5-22　湿式电除尘器

优点是对粉尘的适应性强，除尘效率高，适用于处理高温、高湿的烟气，无

181

二次扬尘，无锤击设备等易损部件，可靠性强，能有效去除亚微米级颗粒和 SO_3 气溶胶，对有效控制 PM2.5、烟气"拖尾"和烟囱雨。缺点是在高粉尘浓度和高 SO_2 浓度时难以采用湿式电除尘器，另外设备必须要有良好的防腐蚀措施，该部位极易发生腐蚀，脱硫废水中可检测到氟离子和氯离子，因此设备会面临微量的氢氟酸和含氯类酸的强腐蚀性。

目前在催化裂化烟气系统上使用的湿式电除尘的效果不太理想，常见的引起湿式静电除雾器不能平稳运行的原因有两个：一是阴极线腐蚀；二是阴极固定器短路。引起阴极线腐蚀的介质与消泡器至静电除雾器区域的腐蚀介质相同，都是除雾器捕集下来的硫酸溶液，易使铅锑阴极线因发生腐蚀断裂，导致静电除雾器不能正常工作。如果脱硫装置处理的烟气中的硫酸酸雾极少，捕集下来的溶液酸浓度很小，就不易发生严重的腐蚀铅锑合金阴极线现象。某催化裂化脱硫装置的湿式静电除雾器阴极线全部更换为哈氏合金 C-276，运行状况也非常完好。湿式静电除雾器的阴极线一旦断掉，极易搭接到阳极圆筒上造成电路短路，导致湿式静电除雾器不能工作。阴极固定器短路是另一种常见腐蚀问题。阴极固定器是为了降低阴极线因烟气扰动而导致的摆动幅度，它由绝缘箱、玻璃固定板、金属连接器、绝缘瓷瓶、金属拉杆和玻璃钢固定架组成。为避免干燥器短路，需连续通入足够的干燥风保持玻璃钢湿式静电除雾器固定板和金属连接器处干燥。采用这种阴极固定器的装置，都存在加不上电压的现象，有的脱硫装置静电除雾器电压只能在二挡以下工作，有的脱硫装置只能在一档工作，有的脱硫装置湿式静电除雾器固定器玻璃钢固定板明显损坏，金属拉杆和玻璃钢固定架之间的金属夹头腐蚀减薄。阴极固定器损坏是由于干燥箱不能保持干燥引起的。这在静电除雾器打开后可能会发现干燥箱玻璃钢固定板湿润。若干燥器不能有效工作，阴极和阳极之间就会通过液体介质形成串联的电解池，使静电除雾器阳极和金属连接器之间，金属连接器和金属拉杆之间，金属拉杆和静电除雾器阴极之间形成电解池。

2 采用袋式除尘技术有哪些优缺点？

袋式除尘技术利用过滤原理，用纤维编织物制作的袋式过滤单元来捕捉含尘烟气中的粉尘。堆积在滤袋表面的粉饼层在此反向加速度及反向穿透气流的作用下，脱离滤袋面，落入灰斗。落入灰斗后的粉尘再经输送系统外排。布袋除尘器如图 5-23 所示。

优点是布袋除尘器占地面积小，一般可保证出口排放浓度在 $50mg/m^3$ 以下，处理气体量范围大，不受飞灰成分和浓度的影响，结构简单，使用灵活，运行稳

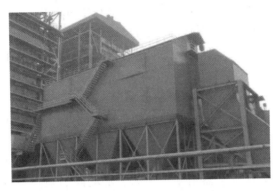

图 5-23　布袋除尘器

定可靠，操作维护简单。目前高效袋式除尘器可长期在温度 260℃ 下运行，短时可超过 280℃，某炼厂催化裂化装置采用袋式除尘器，颗粒物排放质量浓度小于 10mg/m^3。

缺点是受滤袋材料的限制，在高温、高湿度、高腐蚀性气体环境中，除尘时适应性较差。运行阻力较大，平均运行阻力在 1500Pa 左右，有的袋式除尘器运行不久阻力便超过 2500Pa。另外，滤袋易破损、脱落，旧袋难以有效回收利用。最主要的是一旦烟道前部的外取热器、内取热器、高温取热器等热工设备发生"爆管"，泄漏的水部分变为了蒸汽，体积瞬间膨胀上千倍，泄漏的水再和催化剂和泥堵塞在布袋除尘器上，就会严重影响催化裂化装置的运行安全。

第五节　臭氧发生设备

1　什么是臭氧？其性质是怎样的？

臭氧(O_3)是氧气(O_2)的同素异形体，在常温下，它是一种有特殊臭味的淡蓝色气体。标准工况下臭氧气体的密度为 2.14kg/m^3，比空气略重。臭氧在常用氧化剂中氧化能力最强，臭氧杀菌净水即主要利用其这一特性。臭氧具有强腐蚀性，除金和铂外，臭氧几乎对所有的金属(不锈钢除外)和非金属材料都有腐蚀作用。臭氧有毒，与人体长时间接触的浓度限制为 0.1mg/L。由于臭氧的臭味较浓(人体的嗅阈值为 0.01mg/L)，危险发生前即可预知，其危险性远远低于 Cl。臭氧的化学性质极不稳定，在空气和水中都会慢慢分解成氧气，并释放大量热量。臭氧在水中的半衰期小于 25min，在空气中的半衰期小于 12h。《常用化学危险品安全手册》将臭氧列为助燃气体，指出受热、接触明火、高热或受到摩擦振动、撞击时可发生爆炸。在介绍臭氧性质的资料中常提到低温聚集的液态臭氧和20%臭氧-氧气混合气体存在爆炸的可能性。常压下，臭氧的爆炸(指受外部能量激发下臭氧气体迅速链式分解为氧气的过程)下限为体积分数 10%~11%(质量分数为 14%~15%)。

2 臭氧发生器有哪几种分类方式?

① 按发生器的供电频率划分，有工频(50~60Hz)、中频(400~1000Hz)和高频(>1kHz)三种。工频发生器由于体积大、功耗高等缺点，目前已基本退出市场。中、高频发生器具有体积小、功耗低、臭氧产量大等优点，是现在最常用的产品。

② 按使用的气体原料划分，有氧气型和空气型两种。氧气型通常是由氧气瓶或制氧机供应氧气。空气型通常是使用空气(如压缩空气)作为原料。由于臭氧是靠氧气来产生的，而空气中氧气的含量只有 21%，所以空气型发生器产生的臭氧浓度比较低，同时还会衍生氮化物。而瓶装或制氧机的氧气纯度都在 90%以上，所以使用氧气源的臭氧发生器浓度较高。

③ 按冷却方式划分，有水冷型和风冷型，高级发生器应是双极冷却或油冷却。臭氧发生器工作时会产生大量的热能，需要冷却，否则臭氧会因高温而边产生边分解。水冷型发生器冷却效果好，工作稳定，臭氧无衰减，并能长时间连续工作，但结构复杂，成本稍高。风冷型冷却效果不够理想，臭氧衰减明显。总体性能稳定的臭氧发生器通常都是水冷型或双极冷却。风冷一般只用于臭氧产量较小的中低档臭氧发生器。在选用发生器时，应尽量选用水冷型的。

④ 按介电材料划分，常见的有陶瓷、玻璃和搪瓷等几种类型。它们各有各的特点和优势。无论使用何种介质制造臭氧发生器，只要精度高、结构合理、性能稳定均是优质产品。

⑤ 按臭氧产生部件的结构划分，有密闭式和开放式两种。密闭式发生器的结构特点是密封体本身就是电极，臭氧能够集中使用，如用于水处理。开放式发生器的电极是裸露在空气中的，所产生的臭氧无法集中使用，通常只用于空间灭菌或某些物品表面消毒。密闭式发生器可代替开放式发生器使用。密闭式发生器的成本远高于开放式发生器。

⑥ 按产生原理可分为：电晕放电式(DBD)、紫外线照射式、电解式等几种类型。典型电晕放电式臭氧发生器是由充满气体的间隙和一块介电体分开的两块金属电极组成。在对电极施加高压电能的同时含氧气体流经放电区产生臭氧，部

分气体离子化形成一种特有的弥散性蓝色辉光产物。臭氧产生过程大部分电能以热的形式消散，小部分转化为光、声、化学等能量。紫外线式臭氧发生器是使用特定波长（185mm）的紫外线照射氧分子，使氧分子分解而产生臭氧。由于紫外线灯管体积大、臭氧产量低、使用寿命短，所以这种发生器使用范围较窄，常见于消毒碗柜上使用。电解式发生器通常是通过电解纯净水而产生臭氧。这种发生器能制取高浓度的臭氧水，制造成本低，使用和维修简单。但由于有臭氧产量无法做大、电极使用寿命短、臭氧不容易收集等方面的缺点，其用途范围受到限制。

⑦ 按系统单元组合形式可分为：气源一体式、分体组合式。

3 高频管式臭氧发生器的构成是怎样的？其冷却原理是什么？

高频管式臭氧发生器按功能划分，主要由臭氧发生管及其双路冷却系统、逆变主电路及其驱动电路、PLC 全自动监控及其保护系统和空气预处理系统等部分组成。臭氧发生管是臭氧发生器的关键部件，其工作原理是利用介质阻挡放电产生臭氧气体。臭氧发生器采用臭氧发生管并联运行。放电结构主要构件包括内电极管、介电管和外电极管等。内外电极管分别作为接地和高压电极，臭氧发生器运行时采用高压逆变电。

臭氧发生器在放电过程中，气体电离和介电体介质的损耗使放电单元间隙内的热量剧增，气体工作温度上升，加剧了臭氧的分解反应，不但会减少臭氧产量，而且还降低了臭氧浓度，增加了电耗。因此，为保证臭氧发生管高效稳定工作，提高臭氧产率，防止介电体热击穿，臭氧发生器通常采用水油双路对高压极和接地极进行冷却，冷却系统原理如图 5-24 所示。系统可采用自来水对接地极进行水冷，冷却水采用开式循环，通过内部管路流动；高压极一般采用油冷，冷却油采用闭式循环，沿外电极的外表面流动。冷却水和冷却油通过热交换器换热，将臭氧发生管工作过程中产生的热量及时吸收，从而降低工作温度，提高臭氧产量。

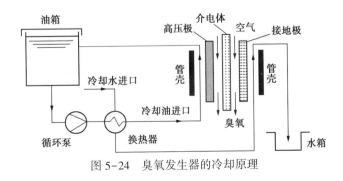

图 5-24 臭氧发生器的冷却原理

以空气源为工作气体的介质阻挡放电(DBD)型臭氧发生器的气体进口温度对臭氧浓度和电耗有何影响?

空气经过压缩和干燥预处理后,其温度会略有上升,上升幅度与空气压缩机的压缩比和功率储备有关,一般要求空气经预处理后的温升不高于3℃。不同季节,空气温度的变化不同,若进入臭氧发生管的空气温度上升,则会使放电气隙的工作温度上升,导致臭氧浓度下降,其结果使臭氧产量下降,电耗增加。在冷却能力相同的条件下,工作气体进口温度对电耗的影响比较大,随着工作气体进口温度上升,电耗增大,工作气体进口温度每升高10℃,电耗就增大约10%。在不同的季节,高频臭氧发生器的电耗也明显不同,一般情况下,若要求臭氧浓度相同,则臭氧发生器在夏季所需的电能要比冬季高得多。

5 **介质阻挡放电(DBD)型高频臭氧发生器臭氧浓度和电耗的主要因素有哪些?**

影响大型高频臭氧发生器臭氧浓度和电耗的因素很多,其中工作气体进口温度、冷却水进口温度和冷却油进口温度是最重要的因素。在气温炎热的夏季,工作气体进口温度和冷却水进口温度均会上升,冷却水进口温度的上升不但降低了换热器的效能和冷却效果,直接引起冷却油进口温度上升,而且冷却水和冷却油进口温度的上升使其对臭氧发生管内工作气体的冷却效果下降,最终导致臭氧浓度下降,电耗增加。因此,控制冷却水进口温度的变化,强化冷却水和冷却油的换热效果,控制工作气体的温升,对于控制臭氧品质,稳定臭氧发生器的运行至关重要。

6 **臭氧发生器在水的杀菌消毒处理方面有哪些应用?**

新的饮用水处理系统中较多地采用或增设了臭氧发生器。这是由于水中的有机物和天然物质与氯发生反应形成的三卤甲烷具有致癌性,加氯工艺已逐渐被臭氧工艺代替。由于臭氧比氯有较高的氧化电位,因此它比氯消毒具有更强的杀菌作用。对细菌的作用也比氯快,消耗量明显较小,且在很大程度上不受pH值的影响。有关资料报道,在0.45mg/L臭氧作用下,经过2min,脊髓灰质炎病毒即死亡;如用氯消毒,则剂量为2mg/L时需经过3h。当1mL水中含有274~325个大肠菌,在臭氧剂量为1mg/L时可降低在肠菌数86%;剂量为2mg/L时,水几乎可以完全被消毒。较之传统的氯消毒方法，臭氧消毒还有如下优点：①消毒的同时可改善水的性质，且较少产生附加的化学物质污染。②不会产生如氯酚那样的臭味。③不会产生三卤甲烷等氯消毒的消毒副产物。④臭氧可就地制造获得，它只需要电能，不需任何辅料和添加剂。⑤某些特定的用水中，如食品加工，饮料生产以及微电子工业等，臭氧消毒不需要从已净化的水中除去过剩杀菌剂的附加工序（如用氯消毒时的脱氯工序）。由于臭氧在水中很不稳定，容易分解，如接触池口处水中剩余臭氧尚有0.4mg/L，但经过水厂清水池的停留后，水中的剩余臭氧已完全分解，没有剩余消毒剂的水将进入管网。因此，经过臭氧消毒的自来水通常在其进入管网前还要加入少量的氯或氯胺，以维持水中一定的消毒剂剩余水平。

7　影响臭氧发生器中臭氧浓度的主要因素有哪些？

臭氧浓度是衡量臭氧发生器技术含量和性能的重要指标。同等的工况条件下臭氧输出浓度越高其品质度就越高。影响臭氧浓度的主要因素有：①臭氧发生器的结构和加工精度；②冷却方式和条件；③驱动电压和驱动频率；④介电体材料；⑤原料气体中氧的含量及洁净和干燥度。

8　臭氧浓度的常用单位有哪些？

目前各行业使用的臭氧主要为含有臭氧的混合气体，其浓度通常按质量比和体积比来表示。质量比是指单位体积内混合气体中含有多少质量的臭氧，常用单位 mg/L 或 g/m³ 等表示。体积比是指单位体积内臭氧所占的体积含量或百分比含量，使用百分比表示（如2%、5%、12%等）。国际通行用体积百分比浓度标称臭氧浓度。1%空气源臭氧浓度为12.9mg/L。1%氧气源臭氧浓度为14.3mg/L。

9　什么是臭氧产量？

臭氧产量是指臭氧发生器单位时间内臭氧的产出量；臭氧浓度数值与进入臭氧发生器总气量数值的乘积即为臭氧产量；通常使用 mg/h，g/h，kg/h 这些单位表示。臭氧发生器标准中规定臭氧发生器规格型号使用臭氧产量表示和区分。小型臭氧发生器使用 g/h 为单位，大型臭氧发生器使用 kg/h 为单位区分规格的大小。

10 如何减小臭氧发生器的体积并提高臭氧产量?

为了减小发生器的体积并提高臭氧的产量,一般采用高频电源对臭氧发生器进行供电。与感应加热电路类似,DBD 型臭氧发生器的高频化是通过负载谐振来实现的。由臭氧发生器的等效电路可知,不论发生器装置是否处于放电状态,负载总是容性负载,为了能使负载达到谐振条件,往往在逆变回路串联或并联补偿电感。同时为了减少 DBD 参数的变化对系统稳定性的影响,在谐振电源中大都采用在感应加热技术中广泛使用的频率跟踪技术。

11 臭氧发生器的原料气体含有不同含量的其他物质时会对臭氧产量产生怎样的影响?

商用臭氧发生器的主要原料气体有氧气、空气和富氧气体,但是其臭氧产量远远低于理论值。因此,学者们曾尝试在主要原料气体中添加其他气体成分,以提高臭氧产量。同时,这些基础研究也为分析不同含量的其他物质对臭氧产量的影响提供了理论依据。

研究发现,当在氧气源中分别添加 CO_2 和 H_2O 时,臭氧浓度随着混合气体中二者体积分数的增大而减小;当氧气中混有 N_2O 时,臭氧的产生会大幅度减少,当氧气源或空气源中含有 70% 的 N_2O,臭氧浓度降到 $2\mu L/L$;氧气源中随着 H_2、CCl_2F_2 和 Ar 体积分数的增大,臭氧产量降低;当氧气源中添加 N_2 和 CO 时,臭氧产量会随其体积分数的增大先增大后减小;也有文献认为当氧气源中 N_2 浓度在 20%~30% 时,产生的臭氧浓度最大;当氧气源中含有碳氢化合物和卤代烃时,它们会消耗氧原子,从而减少臭氧的产生,当碳氢化合物含量 >1% 时,无臭氧生成;在空气中添加体积分数在 0.08%~0.8% 的 SF_6,臭氧产量随着其体积分数增大而增大;而当采用氧气源时,SF_6 的添加会使臭氧浓度下降。

有些气体成分的影响尚存争议,如在氧气源中添加 SF_6,有的研究认为添加含量小于 0.1% 的 SF_6 时有利于臭氧的产生,而有的研究则得出了相反的结论。同样,对于 N_2 和 CO 的影响也存在着争议,有文献认为随着这两种物质含量的增大,臭氧浓度先增大后减小,而有的文献则认为随着这两种物质体积分数的增大,臭氧浓度单调递减;有些气体则会产生有利的影响,如在空气源中添加少量的 SF_6 可以提高臭氧浓度,因为 SF_6 具有高电绝缘性和灭弧性,会增大放电室的放电电压,增加电场强度,继而有利于形成高能电子，而这些粒子是产生氧原子和形成臭氧的先决条件，同时，SF_6的电子碰撞分解和电子附着分解反应消耗部分使臭氧分解的低能电子，进而减少臭氧的分解，提高臭氧浓度。

12 臭氧发生器在安装方面有哪些注意事项？

①要将设备安装在干燥宽敞的地方，以便于散热和维护；②确保电、气、水进出气管线连接正确；③使用的线路的容量要符合要求，以确保消除火灾隐患；④高压危险，不要用水冲洗设备；⑤不能置于变电所附近；⑥远离高压线。⑦地面不宜潮湿，其安装位置一般应高于地面1.2m以上，有条件时可高于水罐或地坑1~2m。臭氧输送管路和单向阀必须高于水罐或地坑1~2m。⑧臭氧发生器距四周应有一定的空间（≥300mm）。

13 臭氧发生器在安全使用方面有哪些注意事项？

①臭氧发生器安装人员必须要经过技术培训才能开机维修；②使用臭氧机时，严禁工作人员在浓度较高的臭氧环境中工作；③切记设备保养或维修时要把电源断掉并在使臭氧处于泄气后的状态下进行，能够很好地确保人员安全维修；④如有异常，请立即断电或者通知专业的人员进行检修；⑤臭氧发生器要有合格的专用接地线，禁止将臭氧发生器安装在氨气易泄漏或有发生爆炸危险的危险区。⑥如发生臭氧泄漏的情况需要第一时间关闭臭氧发生器，并在开启通风设备进行通风处理后，即时退出臭氧发生器使用空间，等空间残余臭氧降至安全范围再进入。

14 臭氧发生器的电极形式有哪些？

在选用臭氧发生器的电极材料时，主要应考虑臭氧对金属的氧化、腐蚀等因素，目前应用比较多的电极材料有不锈钢、铝、铜等。电极形式影响着放电分布以及放电强弱，进而影响臭氧产量和浓度。综合国内外的臭氧发生技术，对电极形式的研究主要可分为两大类，即平板类电极和圆管类电极。

平板类电极主要有以下几种形式：①平板-平板型；②直线-平板型；③单点-网板型；④组装水电极-平板型；⑤网板-平板型；⑥多点-平板型；⑦三角形槽-平板型。断面示意图见图5-25。

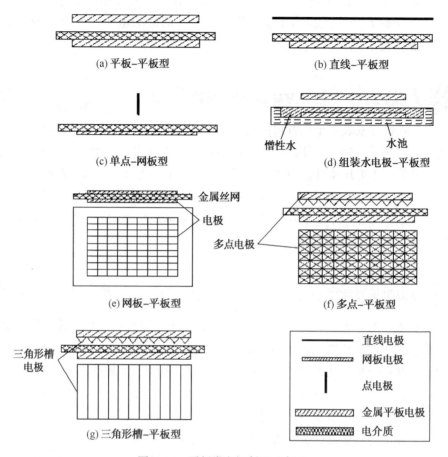

图 5-25　平板类电极断面示意图

　　圆管类电极主要有以下几种形式：①圆管-圆柱型(圆柱电极可由实心或空心金属制成，当为空心时即所谓的空心电极)；②圆管-圆管型；③直线-圆管型；④金属丝网-圆管型；⑤多点-圆管型；⑥旋转直线-圆管型；⑦刷状-圆管型；⑧金属丝团-圆管型；⑨螺旋线-圆管型。圆管类电极断面示意图见图 5-26。

　　各种类型的电极对臭氧的合成会产生不同的影响，有些能满足高浓度的需求，如网状电极等；有些能满足高产率的需求，如水状电极和多点电极等；还有些能同时满足高产率、高浓度两方面的需求，如平板-平板型及圆管-圆管型电极。

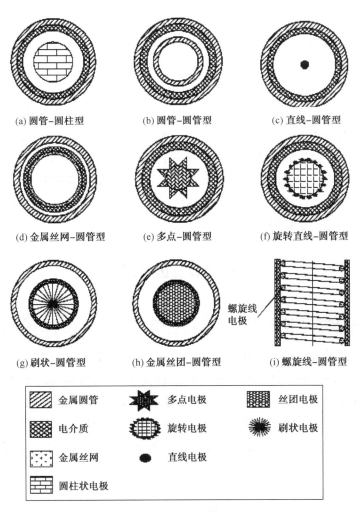

图 5-26 圆管类电极断面示意图

15 臭氧发生器介电体的作用是什么？介电体的主要材料有哪些？

臭氧发生器介电体是放电等离子体臭氧发生装置的重要组成部分，其作用为：①强化气隙电场强度，以利于放电产生；②防止气隙击穿，同时减小功率消耗；③使气隙的电场均匀，扩大放电区域，利于臭氧的产生。

臭氧产生所用的介电体材料主要有陶瓷、搪瓷、玻璃、组合材料、有机材料等多种类型。兼顾耐热性、可加工性及机械强度等。商用臭氧发生器的介电体材料主要有陶瓷、玻璃和搪瓷等几种类型。玻璃是传统的介电体材料，迄今在放电室介电材料中仍占有重要的地位，但因其质脆易碎，在国内又受加工精度不高，电极形成工艺(常用涂石墨、镀导电膜等方法)不完善等因素影响，限制了其进一步的发展。高纯度的氧化铝陶瓷熔点高、机械强度大、击穿电压高、耐化学腐蚀能力强、热导率较高，近年来在臭氧生产中得到了较大的发展，特别是采用电晕放电法的陶瓷臭氧发生片在空气消毒净化领域占有了相当的份额，但因其易脆裂，在国内又受加工条件、成本等因素的制约，使采用电晕放电法的陶瓷介电臭氧发生器的开发缓慢。搪瓷介电体材料集介电体和电极于一体，机械强度高，可精密加工精度较高，制造工艺简单，电气强度高，介电常数较大，耐磨、耐热、耐腐蚀能力较强，广泛应用于大中型臭氧发生器。随着高分子材料技术的不断发展和进步，介电系数高、导热性好的高分子材料在介电体方面的应用可能为臭氧发生器的发展带来全新局面。

第六节　鼓风机

1　风机的类型有哪些？

风机按其排气压力 P_d 范围分可分为通风机（ $P_d \leq 15000Pa$ ）和鼓风机（ $15000 < P_d \leq 0.2MPa$ ）两大类。通风机根据气体在机内流动方向的不同，又有离心式通风机和轴流式通风机之分。鼓风机按其工作原理可分为回转式鼓风机和透平式鼓风机。按其结构划分，回转式鼓风机又可分为滚环式、滑片式和转子式；透平式鼓风机又可分为离心式、轴流式和混液式。转子式鼓风机主要有罗茨式和叶氏式等。

2　什么是罗茨鼓风机？其有哪些特点？

罗茨鼓风机是利用两个叶形转子在汽缸内做相对运动来压缩和输送气体的回转压缩机，化工企业常用。罗茨鼓风机的特点是压力在小范围内变化能维持流量稳定，所以罗茨鼓风机工作适应性强，在流量要求稳定而阻力变化幅度较大时，可预自动调节，结构简单，制造维修方便。不足之处在于压力较高时，气体漏损率较大，磨损严重，噪声大，对转动部件和汽缸内壁加工要求高。

3　罗茨鼓风机的主要技术参数有哪些？

罗茨鼓风机的主要技术参数见表5-1。

表 5-1　罗茨鼓风机的主要技术参数

规格型号	L40×37-40/ 0.2~0.5	L50×73-80/ 0.2~0.5	L60×65-160/ 0.2~0.5	L60×100-250/ 0.2~0.5
流量/(m³/min)	40	80	160	250
压力/kPa	2000~5000	2000~5000	2000~5000	2000~5000
温度/℃	常温	< 60	< 80	常温
介质	空气	二氧化硫	煤气	空气
转速/(r/min)	960	960	960	960
配套电机型号	J02-82-6	JR116-8	JR126-6	JR128-6
配套电机功率/kW	40	90	155	215
备注	直联	皮带	直联	直联

第七节　沉淀器

1　沉淀器的类型有哪些？各类沉淀器的特点是什么？

　　沉淀器是应用沉淀作用去除水中悬浮物的设备。沉淀器在废水处理中广为使用。它的型式很多，按沉淀器内水流方向可分为平流式、竖流式和辐流式三种。平流式沉淀器的池体由进、出水口，水流部分和污泥斗三个部分组成。平流式沉淀器构造简单，沉淀效果好，工作性能稳定，但占地面积较大。若加设刮泥机或对比重较大沉渣采用机械排除，可提高沉淀器工作效率。竖流式沉淀器平面为圆形或方形。废水由设在沉淀器中心的进水管自上而下排入池中，进水的出口下设伞形挡板，使废水在池中均匀分布，然后沿池的整个断面缓慢上升。悬浮物在重力作用下沉降入池底锥形污泥斗中，澄清水从池上端周围的溢流堰中排出。溢流堰前也可设浮渣槽和挡板，保证出水水质。这种池占地面积小，但深度大，池底为锥形，在烟气脱硫除尘工艺中应用较为广泛。辐流式沉淀器的池体平面多为圆形，也有方形的，直径较大而深度较小。废水自池中心进水管进入沉淀器，沿半径方向向池周缓慢流动，悬浮物在流动中沉降，并沿池底坡度进入污泥斗，澄清水从池周溢流入出水渠。也有在沉淀器中加设斜板或斜管的新型沉淀器，加斜板或斜管可以大大提高沉淀效率，缩短沉淀时间，减小沉淀器体积；但有斜板、斜管易结垢，长生物膜，产生浮渣，维修工作量大，管材、板材寿命低等缺点。此外，还有周边进水沉淀器、回转配水沉淀器以及中途排水沉淀器等。

2　沉淀器在设计上要注意哪些事项？

沉淀器的进口一般要淹没进水孔，水由进水口通过均匀分布的进水孔流入池体，进水孔后一般设有挡板，使水流均匀地分布在整个沉淀器内。沉淀池的出口设在沉淀器的另一端，多采用溢流堰，以保证沉淀后的澄清水可沿池宽均匀地流出。堰前设浮渣槽和挡板以截留水面浮渣。水流部分是沉淀器的主体。沉淀器内的有效容积要保证水流沿池的过水断面布水均匀，依设计流速缓慢而稳定地流过。沉淀器的有效水深一般不超过 3m。污泥斗用来积聚沉淀下来的污泥，多设在沉淀器底部，斗底有排泥管，定期排泥。

为避免短流，一是在设计中尽量采取一些措施(如采用适宜的进水分配装置，以消除进口射流，使水流均匀分布在沉淀器的过水断面上，降低紊流并防止污泥区附近的流速过大，采用特定的出水槽以延长出流堰的长度；沉淀池加盖或设置隔墙，以降低池水受风力和光照升温的影响；高浓度水经过预沉，以减少进水悬浮固体浓度高产生的异重流等)；二是加强运行管理，在沉淀池投产前应严格检查出水堰是否平直，发现问题，要及时修理。在运行中，浮渣可能堵塞部分溢流堰口，致使整个出流堰的单位长度溢流量不等而产生水流抽吸，操作人员应及时清理堰口上的浮渣；用玻璃钢等材料加工的锯齿形三角堰因时间关系，可能发生变形，管理人员应及时维修或更换，以保证出流均匀，减少短流。通过采取上述措施，可使沉淀池的短流现象降低到最小限度。

3　改善沉淀器固液分离效果的措施有哪些？

①沉淀器采用最理想的进水分布器和最合理的进水位置；②通过合理设计或改造增加沉淀器内水的有效总容积；③在絮凝剂加注点使用混合效果理想的预混合器，预混合器距沉淀器进水点的管线距离大于 30m；④采用聚氯化铝(PAC)和聚丙烯酰胺(PAM)复配絮凝剂；⑤使用自动给料机絮凝剂加注设备保障絮凝剂配水时混合均匀，如由于絮凝剂罐有效容积太小等原因造成絮凝剂在水中容易聚结成团，甚至堵塞设备时也可以考虑使用液体絮凝剂；⑥合理控制沉淀器内液体的盐浓度，盐浓度过高会导致沉淀器内的液体在污泥之上和水面的下方结盐，结盐越来越多的时候会导致沉淀器内的刮泥机停止运转，尤其在冬季低温时更易发生结盐问题；⑦沉淀器要进行连续排泥或以合适的规律定期排泥，否则沉淀器内的水溶液会滋生影响固液分离效果或使絮凝剂失效的细菌，从而降低固液分离效果。

4 聚丙烯酰胺是何种物质？其主要特性有哪些？

聚丙烯酰胺简称 PAM(acrylamide)，中文别名为絮凝剂 3 号，是由丙烯酰胺
(AM)单体经自由基引发聚合而成的水溶性线型高分子聚合物，不溶于大多数有
机溶剂，具有良好的絮凝性。其分子式如下：

$$\left[CH_2 - CH \right]_n$$
$$| $$
$$C = O$$
$$| $$
$$NH_2$$

聚丙烯酰胺分为阴离子聚丙烯酰胺、阳离子聚丙烯酰胺、非离子聚丙烯酰胺
和两性离子聚丙烯酰胺。聚丙烯酰胺为白色粉末或者小颗粒状物(见图 5-27)，
密度为 1.32g/cm³(23℃)，玻璃化温度为 188℃，软化温度近于 210℃，一般方

图 5-27　聚丙烯酰胺实物图

法干燥时含有少量的水，干时又会很快从环境
中吸取水分，用冷冻干燥法分离的均聚物是白
色松软的非结晶固体，但是当从溶液中沉淀并
干燥后则为玻璃状部分透明的固体，完全干燥
的聚丙烯酰胺是脆性的白色固体。商品聚丙烯
酰胺干燥通常是在适度的条件下进行的，一般
含水量为 5%~15%，浇铸在玻璃板上制备的高
分子膜，则是透明、坚硬、易碎的固体。

5 聚丙烯酰胺是否有毒？使用聚丙烯酰胺时是否要注意人员中毒？

聚丙烯酰胺本身及其水解体没有毒性，聚丙烯酰胺的毒性来自其残留单体丙
烯酰胺(AM)。丙烯酰胺为神经性致毒剂，对神经系统有损伤作用，中毒后表现
出肌体无力，运动失调等症状。

关于聚丙烯酰胺的毒性，某些阳离子型聚丙烯酰胺的情况就复杂得多，这是
因为阳离子型聚丙烯酰胺引入的氨基类等基团，其毒性往往数十至数百倍地高于
阴离子型和非离子型，它们的慢性毒性正在进一步研究中。早在 1965 年美国道
化学公司 McCollister 等人就曾做了一份关于 AM 类聚合物的毒理学研究报告，他
们对老鼠和狗进行了一次口服和两年连续口服试验，结果表明，即使饲喂 5%~
10%浓度的高聚物也未发现有任何影响。国际健康卫生组织 1985 年的聚丙烯酰

胺标准指出：聚丙烯酰胺中残留丙烯酰胺量控制在0.05%以下并控制用量时，处理后水中的含量将低于0.25μg/L，符合大多数国家的饮用水标准。我国对食品级PAM中的残余单体AM含量有其严格要求，一般要求低于0.05%，应用的最大剂量也是有限制的，但在废水的处理、污泥脱水等领域，工作人员没有必要担忧PAM的毒性（残余单体）对人体的伤害。

6 聚丙烯酰胺有哪些使用注意事项？

聚丙烯酰胺在中性和酸性条件下都有增稠作用，如果pH值在10以上时，聚丙烯酰胺容易水解。聚丙烯酰胺在使用中要注意絮团的大小、污泥特性、絮团强度、聚丙烯酰胺的离子度、聚丙烯酰胺的溶解等。

① 絮团太小会影响排水的速度，絮团太大会使絮团约束较多水而降低泥饼干度。经过选择聚丙烯酰胺的相对分子质量能够调整絮团的大小。

② 要了解污泥的来源、特性以及成分。依据性质的不同，污泥可分为有机和无机污泥两种。阳离子聚丙烯酰胺用于处置有机污泥，相对的阴离子聚丙烯酰胺絮凝剂用于无机污泥，碱性很强时用阳离子聚丙烯酰胺，而酸性很强时不宜用阴离子聚丙烯酰胺，固含量高时通常聚丙烯酰胺的用量也大。

③ 絮团在剪切作用下应坚持稳定而不破碎。选择适宜的分子构造有助于增强絮团稳定性。

④ 针对要脱水的污泥，可用不同离子度的絮凝剂经过小试进行挑选，选出最适宜的聚丙烯酰胺，这样既能够获得最佳絮凝剂效果，又可使加药量最少，节约资金。

⑤ 溶解良好才能充分发挥絮凝作用。有时需要加快溶解速度。

⑥ 颗粒状聚丙烯酰胺絮凝剂不能直接投加到污水中。使用前必须先将它溶解于水，用其水溶液去处理污水。聚丙烯酰胺在使用之前一般都需配制成0.1%~0.5%的稀释溶液备用，配制好的溶液最好不要存放太长时间才用，这个浓度范围的溶液在使用之前还需要进一步稀释成1%~5%的溶液，原因就是可以更有助于絮凝剂在悬浮体系中的分散，可以降低用量，而且可以取得更好的絮凝效果。

⑦ 溶解颗粒状聚合物的水应该是干净水（如自来水），不能是污水。常温的水即可，一般不需要加温，水温低于5℃时溶解很慢，水温提高溶解速度加快，但40℃以上会使聚合物加快降解，影响使用效果。一般自来水都适合于配制聚合物溶液，而强酸、强碱、高含盐的水不适合。

7　聚丙烯酰胺和聚合氯化铝可否同时使用？

在平时处理污水时，有些污水使用单一的一种絮凝剂是达不到效果的，必须两种结合使用，在使用无机絮凝剂聚合氯化铝（PAC）和聚丙烯酰胺（PAM）复合絮凝剂处理污水会达到更好的效果，但是添加药剂的时候要注意顺序，顺序不正确，也达不到效果。

在使用复合絮凝剂的时候必须注意添加的先后顺序和投加时间间隔。PAC与PAM联合使用就是让PAC先完成中和电荷、胶体脱稳形成细小絮体之后，进一步加大絮体体积有利于充分沉淀。由于聚合氯化铝PAC反应时间很短，所以加入后需要强烈的混合，PAM作用时间要长，混合注意先强后弱——先强是为了混合均匀，后弱是为了避免破坏絮体。聚丙烯酰胺属于絮凝剂，聚合氯化铝属于混凝剂，一般情况下是先加混凝剂再加聚丙烯酰胺，但为了保险起见，建议通过实验效果来确定添加的顺序。加药点、加药量、加药时间以及混合强度需要实验确定，不能把这两种药剂放在一起使用，否则会影响效果，增大使用成本。

8　聚丙烯酰胺絮凝剂失效的判断方法是怎样的？

在实际使用中，特别是南方地区，由于气候潮湿，一些工厂的聚丙烯酰胺会因堆放时间久或是包装口没有扎紧导致吸潮结块。针对聚丙烯酰胺絮凝剂结块情况，只要能将其溶开，水溶液有黏度，即没有失效，但结块后的聚丙烯酰胺通常很难再全部溶解开的，这就意味着资源的浪费。不同种类的聚丙烯酰胺的保质期有很大的区别，这与其结构有关，一般我国规定阳离子聚丙烯酰胺保质期为1年，相对来说，阴离子聚丙烯酰胺的有效期时间稍长。超出这个期限，均视为超过保质期，有失效的风险。聚丙烯酰胺失效可以从两个方面来判断，一是黏度降低，二是絮凝效果变差。

9　聚合氯化铝是何种物质？其物理化学性质如何？

聚合氯化铝是一种新兴净水材料，无机高分子混凝剂，简称聚铝，英文缩写为PAC（poly aluminum chloride），它是介于 $AlCl_3$ 和 $Al(OH)_3$ 之间的一种水溶性无机高分子聚合物，化学通式为 $[Al_2(OH)_nCl_{6-n}L_m]$，其中 m 代表聚合程度，n 表示PAC产品的中性程度。$m \leqslant 10$，$n=1\sim5$ 为具有Keggin结构的高电荷聚合环链体，对水中胶体和颗粒物具有高度电中和及桥联作用，并可强力去除微有毒物及重金属离子，性状稳定。检验方法可按《水处理剂 聚氯化铝》（GB 15892—2003）标准检验。由于氢氧根离子的架桥作用和多价阴离子的聚合作用，生产出来的聚合氯化铝是相对分子质量较大、电荷较高的无机高分子水处理药剂。

聚合氯化铝具有吸附、凝聚、沉淀等性能，其稳定性差，有腐蚀性，如不慎溅到皮肤上要立即用水冲洗干净。生产人员要穿工作服、戴口罩、手套、穿长筒胶靴。聚合氯化铝具有喷雾干燥稳定性好，适应水域宽，水解速度快，吸附能力强，形成矾花大，质密沉淀快，出水浊度低，脱水性能好等优点。用喷雾干燥产品可保证安全性，减少水事故，对居民饮用水非常安全可靠。因此，聚合氯化铝，又被简称为高效聚氯化铝，高效 PAC 或高效级喷雾干燥聚合氯化铝。聚合氯化铝适用于各种浊度的原水，pH 适用范围广，但是和聚丙烯酰胺相比，其沉降效果远不如聚丙烯酰胺。

聚合氯化铝的盐基度是聚铝中相对重要的指标，特别是针对饮用水级别的聚铝产品。盐基度越低，其价格越高，各采购商可以根据厂家的实际情况来操作。另外不同原材料，不同工艺生产处理的聚合氯化铝产品的盐基度也是不同，这就需要厂家来进行调整。提高聚氯化铝产品的盐基度，可大幅提高生产和使用的经济效益。盐基度从65%提高到92%，生产原料成本可降低20%，使用成本可降低40%。

10 日常使用固体聚合氯化铝时有哪些浓度配比方法？

固体聚合氯化铝稀释成液体时，首先要根据原水情况，使用前先做小试求得最佳药量。在生产上使用聚合氯化铝时，按聚合氯化铝固体：清水 = 1：9~1：15 质量比混合溶解即可。氧化铝含量低于1%的溶液易水解，会降低使用效果，浓度太高不易投加均匀。药剂投用后，如见沉淀池矾花少，余浊大，则投加量过少；如见沉淀池矾花大且上翻，则加药量过大，应适当调整。

11 聚合氯化铝的颜色差别能说明什么问题？

聚合氯化铝的颜色一般有白色、黄色、棕褐色，不同颜色的聚合氯化铝在应用及生产技术上也有较大区别。国家标准范围内的三氧化铝含量在27%~30%之间的聚合氯化铝多为土黄色、到黄色、淡黄色的固体粉状。这些类型的聚合氯化铝水溶性比较好，在溶解的过程中伴随电化学、凝聚、吸附和沉淀等物理化学变化，絮凝体形成快而粗大、活性高、沉淀快、对高浊度水的净化效果明显。

白色聚合氯化铝因为被称为高纯无铁白色聚合氯化铝，或食品级白色聚合氯化铝，与其他聚氯化铝相比是品质最高的产品，主要的原材料是优质的氢氧化铝粉、盐酸，采用的生产工艺是国内最先进的技术喷雾干燥法。白色聚合氯化铝用于造纸施胶剂，制糖脱色澄清剂、鞣革、医药、化妆品和精密铸造及水处理等多个领域。

黄色聚合氯化铝的原材料是铝酸钙粉、盐酸、铝矾土，主要用于污水处理和饮用水处理方面，用于饮用水处理的原材料是氢氧化铝粉、盐酸，还有少许的铝酸钙粉，采取的工艺是板框压滤工艺或喷雾干燥工艺。对于饮用水的处理，国家在重金属方面有严格的要求，所以不论是原材料还是生产工艺都比棕褐色聚合氯化铝要好。黄色聚合氯化铝一般采用滚筒干燥生产或喷雾塔干燥生产而成，有片状、粉状两种固态形式。

棕褐色聚合氯化铝的原材料是铝酸钙粉、盐酸、铝矾土还有铁粉。生产工艺是采用滚筒干燥法，一般主要用于污水处理方面，因为里面添加了铁粉所以颜色呈棕褐色，铁粉添加的越多颜色越深，铁粉如果超过一定的量在某些时候也被称为聚合氯化铝铁，在污水处理发面具有卓越的效果。

12 聚合氯化铝有哪些合成方法？

聚合氯化铝的合成方法有很多种，按照原材料的不同，可分为金属铝法、活性氢氧化铝法、三氧化二铝法、氯化铝法、碱溶法等。

① 金属铝法。采用金属铝法合成聚合氯化铝的原料主要为铝加工的下脚料，如铝屑、铝灰和铝渣等。由铝灰按一定配比在搅拌下缓慢加入盐酸进行反应，经熟化聚合、沉降制得液体聚合氯化铝，再经稀释过滤，浓缩，干燥制得。在工艺上可分为酸法、碱法、中和法3种。酸法主要是用HCl，产品质量不易控制；碱法生产工艺难度较高，设备投资较大且用碱量大，pH值控制费原料，成本较高；用的最多的是中和法，只要控制好配比，一般都能达到国家标准。

② 氢氧化铝法。氢氧化铝粉纯度比较高，合成的聚合氯化铝重金属等有毒物质含量低，一般采用加热加压酸溶的生产工艺。这种工艺比较简单，但生产的聚合氯化铝的盐基度较低，因此一般采用氢氧化铝加温加压酸溶再加上铝酸钙矿粉中和两道工序。

③ 三氧化铝法。含三氧化二铝的原料主要有三水铝石、铝钒土、高岭土、煤矸石等。该生产工艺可分为两步：第一步是得到结晶氯化铝，第二步是通过热解法或中和法得到聚合氯化铝。

④ 氯化铝法。采用氯化铝粉为原料，加工聚合氯化铝。这种方法应用最为普遍。可用结晶氯化铝于170℃进行沸腾热解，加水熟化聚合，再经固化、干燥制得。

⑤ 碱溶法。先将铝灰与氢氧化钠反应得到铝酸钠溶液，再用盐酸调pH值，制得聚合氯化铝溶液。这种方法制得的产品颜色外观较好，不溶物较少，但氯化钠含量高，原材料消耗高，溶液氧化铝含量低，工业化生产成本较大。

13 聚合氯化铝的使用有哪些注意事项？

① 在操作上，聚合氯化铝的净水过程一般分为三个阶段。这三个阶段分别是凝聚阶段、絮凝阶段和沉降阶段。凝聚阶段在药液注入混凝容器与原水快速混凝时会在极短时间内形成微细矾花，此时水体变得更加浑浊，它要求水流能产生激烈的湍流。然后聚合氯化铝进入絮凝阶段，絮凝阶段是矾花成长变粗的过程，要求适当的湍流程度和足够的停留时间(10~15min)，至后期可观察到大量矾花聚集缓缓下沉，形成表面清晰层。当絮凝剂处于沉降阶段时，它是在沉降池中进行的絮凝物沉降过程，要求水流缓慢，为提高效率一般采用斜管或板式沉降器，大量的粗大矾花被斜管(板)壁阻挡而沉积于池底，上层水为澄清水，剩下的粒径小、密度小的矾花一边缓缓下降，一边继续相互碰撞结大，至后期余浊基本不变。

② 聚合氯化铝须保存在干燥、防潮、避热的地方(<80℃，切勿损坏包装，产品可长期储存)。

③ 聚合氯化铝产品必须溶解才能使用，溶解设备和加药设施应采用耐腐蚀材料。

④ 聚合氯化铝的液体产品有效储存期为半年，固体产品有效储存期为两年，固体产品受潮后仍然可使用。

第八节　胀鼓式过滤器

1 带胀鼓式过滤器的典型洗涤液处理单元流程是怎样的？

在正常的催化裂化装置操作工况下，洗涤液中的催化剂粉尘浓度高、粒径小、颗粒硬度大、筛分分布不均且不溶于酸碱，要实现连续高效的液固分离操作难度很大。胀鼓式过滤器作为水处理单元的核心设备，是专门针对含固量低料浆的液固分离而独特设计的。该设备耐蚀、抗磨、防垢，适应性强，运行可靠，能实现高效连续的液固分离，通过过滤浓缩，可对分离水质进行有效控制，能将废水中的固体含量控制到排放指标以下。

由洗涤塔浆液循环泵送来的洗涤废水含有颗粒物和亚硫酸钠，首先在缓冲池与絮凝剂混合均匀后由泵送入胀鼓式过滤器（一开一备），含颗粒物的废水在过滤器内经膜分离后实现提浓，浓缩浆液从过滤器底部排到过滤箱进一步过滤脱水，两台过滤箱互相切换使用，箱内回收的泥饼作为工业废固（见图 5-28）。过滤后的清液由过滤器上部自流进入 3 台氧化罐，在罐内用空气对废液进行氧化处理，降低其 COD，同时通过注碱来控制外排废水的 pH 值。在外甩管线中加入絮凝剂可显著提高浆液中细小颗粒物的过滤和沉淀效果。也有的胀鼓式过滤器底部出来的提浓浆液进入带式真空过滤机。带式真空过滤机是一种自动化程度较高的新型固液分离设备。该设备由机架、真空箱、驱动辊、压布辊、纠偏辊、展布辊、料浆分布器、滤布纠偏装置、滤布再生装置和传动装置、滤布等部件组成，是充分利用物料重力和真空吸力实现固液分离的高效分离设备。带式真空过滤机以滤布为过滤介质，采用真空箱作为真空室，由传动装置做连续运行。料浆由分布器均布在滤布上，当真空室接通真空系统时形成母液抽滤区、滤饼洗涤区和滤饼抽干区，滤液穿过滤布进入真空室，固体颗料截留在滤布上形成滤饼。进入真空室的滤液经自动排液罐排出，固体滤饼由刮刀卸除。卸除滤饼的滤布经清洗后获得再生并重新进入过滤区。

2　胀鼓式过滤器的结构和工作原理是怎样的？胀鼓式过滤器有哪些特点？

该胀鼓式过滤器为胀鼓列管式过滤器，类似于戈尔膜过滤器主要由筒状壳体、列管栅板、袋状滤膜、膜支承笼架，以及配套的气动控制阀、排气阀、压力表和自动控制系统等组成。它是针对低含固量的浆液分离而独特设计的，能对分离水水质进行有效控制。胀鼓式过滤器对废浆液颗粒物进行分离，处理后废水中 SS 浓度小于 70mg/L。

通过对过滤介质（袋状滤膜）及其支承笼架结构创新设计，提高滤膜的过滤和再生性能，并使其处在不同工作状态而改变成不同的几何形状。过滤介质为袋状滤膜，其表面可由多孔聚四氟乙烯薄膜复合改性，滤膜支承笼架设计成多节内凹筒状。当处于过滤工作状态时，滤液由泵打入，使支承笼架上的过滤介质紧缩，孔隙适当变小，确保正常工作，清液穿过过滤介质进入袋内向上排出，固体物质被过滤介质截流在袋外；当滤饼结膜使过滤介质里外压差上升至设定值时，

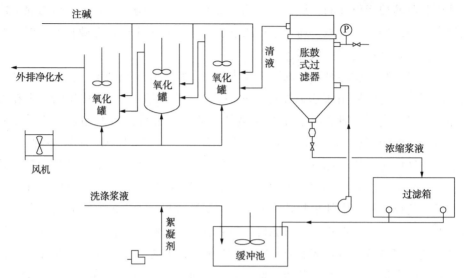

图 5-28 废水处理单元简要流程

则进行反冲清洗，过滤介质瞬时由滤液位差势能扩胀为多节鼓状，在孔隙扩张和反冲势能的作用下，附积在过滤介质上的滤饼结膜层极易清洗，从而快速、有效地再生过滤介质(见图 5-29)。一般来说，来自综合塔逆喷浆液循环泵送来的浆液进入浆液缓冲池，在池中混入一定浓度的絮凝剂，然后用浆液缓冲池泵打入胀鼓式过滤器，浆液在胀鼓式过滤器内经过过滤、沉淀、浓缩，浓缩浆液从过滤器底部排到渣浆缓冲罐进行浓缩后，泥浆排至真空带式脱水机进一步脱水后，泥饼

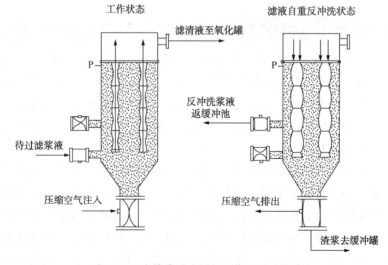

图 5-29 胀鼓式过滤器的工作原理示意图

用汽车运出厂外处理，两台过滤机相互切换使用。胀鼓式过滤器排出的上清液溢流到氧化罐内通过氧化风机鼓入压缩空气对废水进行氧化，降低其中的假性 COD。

其性能特点是：①改性袋状滤膜，不硬结、易清洗，过滤清液水质好，滤膜材料型号可选性广。②胀鼓结构创新，再生过滤介质效果好，滤液适应性强，工作效率高。③可与转鼓、压滤或离心等多种分离设备组合过滤，实行高效互补。④耐蚀、抗磨、防垢措施完善，全自动按序切换，设备紧凑、可节省投资。

3　如何更换胀鼓式过滤器的滤袋？

在系统运行时注意清液状况，如发生过滤液异常时，检查笼骨与管架的密封以及滤袋夹箍的密封是否有泄露，必要时更换滤袋。过滤量在正常使用情况下发生明显减少时，须检查、清洗和更换滤袋。当气动阀排气管有大量液体流出时，说明气动阀内胆已损坏，须立即更换。

滤袋的具体安装过程如下：①先将滤袋由上向下圈套在笼骨上；②将笼骨上端（法兰端下部）凹槽处套上"O"型密封圈和尼龙扎箍，使滤袋上、中、下各端节固定；③在确保滤袋有足够伸缩变化尺寸的情况，使圈套在笼骨上的滤袋下端低于笼骨下端3mm左右，将露出笼骨下端的滤袋用退锥夹箍锁紧；④过滤芯（即笼骨与滤袋之组件）安装；⑤将密封圈套入笼骨法兰下面，小心地将过滤元件装入管板的安装孔内。安装时滤袋表面不能与管板碰擦，以免损坏滤袋，然后检查法兰下面密封圈位置是否准确，最后锁紧安装螺钉。

第九节　刮泥机

1　回转式刮泥机的类型有哪些？

回转式刮泥机具有刮泥及防止污泥板结的作用，用以促进泥水分离。回转式刮泥机按桥架结构不同可分为全跨式和半跨式；按驱动方式不同可分为中心驱动和周边驱动；按刮泥板形式不同可分为斜板式和曲板式。其中全跨式直桥中心驱动式刮泥机是烟气脱硫除尘工艺应用较多的类型。

2 **直桥中心驱动式刮泥机的产品特点有哪些?**

① 采用桁架结构,强度高、重量轻。

② 维护管理简单方便,运行费用低。

③ 减速机采用轴装式,效率高。

④ 电气元件均采用户外型,运行平稳,工作安全可靠,可随机控制或远程控制。

⑤ 刮集污泥效果好,排出污泥含水率低。

⑥ 拉杆采用绞接连接,如果遇到较大阻力可自行调整,保护整机运转安全。

3 **直桥中心驱动式刮泥机的主要工作原理是什么?**

圆形幅流式沉淀器作为一种重要的污泥和水分离设施,为烟气脱硫技术广泛采用。直桥中心驱动式刮泥机可以清除圆形沉淀器中沉降的污泥。污水通过沉淀器池中心的中心柱及导流筒进入池中,连续不断地流向沉淀池四周,在这个过程中,沉降物从水中分离出来。直桥式中心驱动刮泥机依靠刮板的汇集,将污泥由沉淀器池底排到池中心的集泥槽中,通过排泥管排出沉淀器。直桥中心驱动刮泥机由位于中心柱上的驱动装置带动中心垂架及桁架围绕沉淀池中心旋转,从而带动刮泥板工作。

4 **直桥中心驱动式刮泥机的主要部件有哪些?**

直桥中心驱动式刮泥机包括:工作桥、驱动装置、中心垂架、刮泥板、中心集泥槽、稳流筒、电控装置等(见图5-30)。

(1) 工作桥

整个工作桥以碳钢型材与碳钢板焊接成桁架结构,安装现场一般采用螺栓联接。工作桥横跨沉淀器直径,桥面铺设碳钢花纹板,工作桥靠近沉淀器池中心两端固定在驱动装置的平台上,靠近池周两端固定在沉淀池池壁顶面上。

(2) 驱动装置

驱动装置是带动刮泥板、刮渣装置运转的部件,采用摆线针轮减速机驱动内齿式回转支承旋转从而带动中心垂架、刮泥装置运转。驱动装置的主体为钢板焊接结构,并需作有效的消除内应力处理及防腐处理。

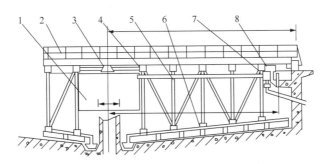

图 5-30 直桥中心驱动式刮泥机剖面图

1—稳流筒；2—工作桥；3—中心支座；4—浮渣刮板；5—桁架；6—刮泥板；
7—集渣斗；8—溢流堰

（3）刮泥装置

① 桁架：桁架为刮泥板的载体。为满足工艺要求及保证平衡，中心驱动刮泥机一般设置两套桁架，对称布置于中心垂架的两侧（中心垂架以滚轮保证刮泥机下部的稳定，减小摆动）。

② 刮泥板：考虑到运输因素，刮泥板与桁架安装之间需现场安装。

（4）中心垂架

中心垂架采用角钢和钢板焊接成笼式结构，是刮泥机传递扭矩的重要部件之一，垂架的上端由螺栓连接在驱动装置的输出支架上，垂架的下端设有滚轮作径向支撑，其两侧装有对称的桁架。

（5）流量调节装置

刮泥机在工作时，需根据实际工艺要求调整排泥量。

---

5 直桥中心驱动式刮泥机有哪些安装技术要求？

安装前应对设备基础进行认真检查，其池体结构偏差应不超过允许范围，其检查内容如下：

① 池内径偏差不超出 ±20mm，其圆度不超出 20mm；

② 中心柱顶面实际标高偏差为 -5～5mm；

③ 中心柱顶面预留孔布置尺寸应符合图纸要求，其分布圆中心与沉淀器池径中心的偏差不超出 ±10mm；

④ 中心柱侧面预埋钢板位置的垂直偏差及径向偏差应不超出 ±5mm；

⑤ 沉淀器池壁顶面固定工作桥处标高偏差不超出 ±10mm；

⑥池底面周边实际标高（二次找平后标高）及底面的坡度应符合结构设计要求（注：二次找平应在设备安装到位后进行）。

各部件的安装及要求如下：

将中心垂架依从下至上的顺序套入中心柱并将两者以相应螺栓联接（否则驱动装置将无法到位）。

（1）驱动装置的安装

将驱动装置整体吊装至中心柱顶端并使其固定孔对应预留孔的位置，保证顶盖上两块成对称分列的连接板的中间线指向工作桥中间线，装上地脚螺栓并以螺母上下并紧，垫至图纸要求高度，落座。

调整驱动装置水平度小于0.5mm，其与中心柱下端预埋钢板中心径向错位应小于1mm。

（2）中心垂架的安装

工作桥安装前应首先在沉淀池半径方向搭好符合要求的脚手架，并在承托部位垫好木板，以防损坏工作桥表面。

按照工作桥安装图首先将中心平台固定于驱动装置的盖板上，要求栏杆开口方向对向工作桥中间线的方位。注意驱动装置盖板上的连接板与中心平台连接后，需现场焊接。

以脚手架为依托，参照装配图将工作桥吊至固定位置，将靠近池中心的一端与底架上对应孔联接，调整，保证工作桥的侧向直线度≤8mm，拧紧接头联接螺栓。

架平工作桥，对应工作桥池周一端支撑架下连接板与预埋钢板焊接。

（3）刮泥装置的安装

参照刮泥装置安装图，将桁架根部上法兰孔与中心垂架对应法兰孔由螺栓连接，垫起梢端以保证其梢端上翘20mm，桁架根部下法兰孔与中心垂架对应法兰孔由螺栓连接并与桁架主梁焊接。

确认桁架无明显扭曲后，以图示可调拉筋将长拉杆张紧。（注：拉杆的实际使用长度可作调整，多余段切除，但搭接长度不能小于100mm）。

装好一侧桁架后以同样方法安装另一侧桁架，之后将桁架下衬垫物取出。若桁架梢端挠度过大，则需调节螺旋扣，最终须使两侧桁架的上主梁水平。

按照安装图及其要求安装导流筒。

安装中心平台的栏杆。

6　直桥中心驱动式刮泥机开机前要进行哪些检查？

① 将沉淀器内碎石、木头等杂物等应清除干净。

② 减速机按制造厂说明书要求加注清洁润滑油（应考虑环境温度）。

③ 各传动部分应添加润滑油脂。

④ 电源是否正常。

⑤ 安装完毕后，进行无水空运转，即空负荷运转，运转前应确认以下事项：

a. 检查各负荷开关是否在整定值上；

b. 检查各开关是否动作可靠；

c. 启动电机开关，开车运转 1~2 圈，检查各传动部分运转情况，运行应平稳；刮泥板与池底一周的间隙是否合乎要求；连续开运 24~48h，检查运转是否正常，减速箱电机应无异常发热及噪声和振动。

d. 放水后负荷运转 24~48h，启动、停车工作是否正常。运转是否平稳，应无振动、撞击等异常情况；电机、减速箱有无过热、异常噪声、振动等情况；测试负荷运转时电流、电压是否符合规定。

7　直桥中心驱动式刮泥机的维护和检修有哪些注意事项？

① 传动和润滑部分定期检查并给回转支承内齿面添加润滑脂（一般 3 月一次）。

② 回转支承裸露表面定期涂防锈油（一般 3 月一次）。

③ 按相应减速机制造厂说明书要求，对各减速机进行维护保养。

④ 每年进行一次全设备的大检查，磨损严重零件应及时更换。

⑤ 电气维修应由专业人员进行，并熟悉电气原理。

第十节　石膏生成或污泥处理设备

1　用于石膏脱水的真空皮带机脱水机的工作原理是什么？

石膏旋流器底流浆液通过进料箱输送到皮带脱水机，均匀地排放到真空皮带机的滤布上，依靠真空吸力和重力在运转的滤布上形成石膏饼。石膏中的水分沿程被逐渐抽出，石膏饼由运转的滤布输送到皮带机尾部，落入石膏仓。在此处，皮带转到下部，滤布冲洗喷嘴将滤布清洗后，转回到石膏进料箱的下部，开始新的脱水工作循环。滤液收集到滤液水箱，从脱水机吸来的大部分空气经真空泵排到大气中。具体的原理图见图5-31。

真空皮带机脱水机沿皮带运动方向分别装有驱动皮带辊和从动辊，驱动皮带辊在变频电机、减速装置的驱动下转动，带动皮带转动。皮带为整圈形式，皮带上刻有沟槽，中间有一排真空孔，皮带宽度两侧粘有裙边。皮带上铺有一层被张紧在皮带上的尼龙滤布，沿皮带水平运动方向，皮带的下方中间设有真空箱，真空箱与皮带间有密封带和水密封，并由真空泵抽吸形成真空。皮带的上边水平段靠塑料滑板支托，上面带有沟槽，水通入后形成皮带运动的润滑水膜，下边自然下垂，皮带和滤布均设有纠偏装置。

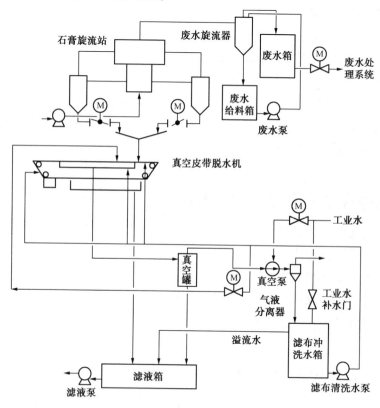

图5-31　石膏脱水的真空皮带机脱水机的工作原理

2 **石膏脱水系统所用的真空泵的工作原理是什么?**

石膏脱水系统所用的真空泵泵体中装有适量的水作为工作液。当叶轮按图中顺时针方向旋转时，水被叶轮抛向四周，由于离心力的作用，水形成了一个决定于泵腔形状的近似于等厚度的封闭圆环(见图 5-32)。水环的下部分内表面恰好与叶轮轮毂相切，水环的上部内表面刚好与叶片顶端接触(实际上叶片在水环内有一定的插入深度)。此时叶轮轮毂与水环之间形成一个月牙形空间，而这一空间又被叶轮分成和叶片数目相等的若干个小腔。如果以叶轮的下部 0° 为起点，那么叶轮在旋转前 180° 时小腔的容积由小变大，且与端面上的吸气口相通，此时气体被吸入，当吸气终了时小腔则与吸气口隔绝；当叶轮继续旋转时，小腔由大变小，使气体被压缩；当小腔与排气口相通时，气体便被排出泵外。

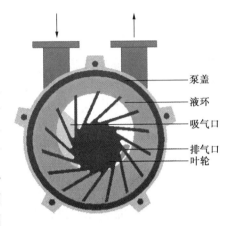

泵盖
液环
吸气口
排气口
叶轮

图 5-32 真空泵的工作原理

3 真空皮带脱水机的安装顺序是怎样的?

①设备框架、皮带主动辊和被动辊轴、导轮就位；②收水盘和滤布冲洗水收集盘、皮带下面的润滑板安装；③皮带和滤布的托辊、回转辊、支撑架、轴承和张紧装置调整；④安装真空箱，密封槽、条，密封带及密封带支撑，收集管，润滑板，抽真空管；⑤皮带驱动电机、减速箱；联轴器与皮带主动轮连接，安装滤布张紧导轮和张紧轮；⑥带电、带水试转皮带调节润滑板安装位置；⑦皮带、滤布纠偏装置，真空箱抬升装置，跑偏跟踪和纠偏气动装置调整；⑧黏结皮带裙边，皮带中心打孔；⑨安装皮带机附属设备；⑩调整皮带松紧、真空箱密封带松紧、真空箱与皮带间隙、落料位置、冲洗位置、测厚位置等，在调试开始前安装石膏滤布。

4 安装真空皮带脱水机的注意事项有哪些?

① 检查真空皮带脱水机架的水平和对正状态，支架水平误差≤1mm，确保皮带产生均布荷载。

② 皮带滑板前、中间、尾段总成的水平误差不超过 1mm，主滑轮和尾滑轮顶端部与皮带滑板之间的高差为 4~5mm。

③ 真空箱与皮带间隙不得超过 3mm(可根据催化剂和石膏含水率进行调整)。

④ 当滤布处于中心位置时，滤布到两侧间隙限位开关的距离为 20~25mm。

5 真空皮带脱水机可否用作烟气脱硫除尘装置的污泥脱水设备？

可以。但是采用真空皮带脱水机作为烟气脱硫除尘装置的污泥脱水设备所产生的污泥含水量依然较高，污泥依然可以呈微微流动状态，该状态的污泥可以采用每次可承装 1t 污泥并带有防渗内衬的聚乙烯袋进行接收，聚乙烯袋安放在小推车上，以便于装卸。真空皮带机一般采取一开一备的方式运行。采用该技术时要提前调研垃圾填埋场对固废的填埋要求，有的填埋场对要填埋污泥的含水量有严格要求，要提前落实垃圾填埋场是否可接纳该含水量的污泥。

6 带式真空过滤机有哪些特点？

真空带式脱水机是以环形橡胶带作为传动机构的一种带式真空过滤机。真空带式脱水机的主要过滤介质是滤布，当真空带式脱水机运转时，滤布被铺敷在环形橡胶上，在电动机的驱动下，两者共同运动完成过滤和脱液。真空带式脱水机的胶带在运动过程中，利用浆液中的水分和真空室之间形成密封。同时，真空带式脱水机利用密封水的润滑及冷却功能，将其作为润滑剂和冷却剂，减少环形橡胶及相关部件的磨损。真空带式脱水机的操作简单，并可持续运行。真空带式脱水机的过滤效果好、处理量大、处理能力大、生产能力高且洗涤效果好，能获得更优质的滤饼。

7 叠螺污泥脱水机的操作流程和污泥脱水原理是怎样的？

叠螺污泥脱水机的具体操作流程是污泥池的污泥经过进泥泵提升至均质罐，均质罐中设有搅拌装置，使污泥的浓度均衡稳定。均质罐的物料由进料泵提升进入叠螺机的絮凝系统计量槽。同时，自动泡药机制备好絮凝剂溶液，通过加药计量泵进入叠螺污泥脱水机的絮凝混合槽，污泥与絮凝剂混合，形成絮状矾花后，进入叠螺污泥脱水机主体脱水，大量的滤液从叠片之间的缝隙中排出，滤液则回流至污水厂处理前端。压出来的污泥从锥端出料口排出外运。待处理的料连续不断地进入叠螺机，被挤出的污水、污泥源源不断地排出，该过程是自动处理过程，具体流程如图 5-33 所示。

叠螺污泥脱水机的作用就是进行污泥的浓缩脱水，叠螺污泥脱水机的构造主

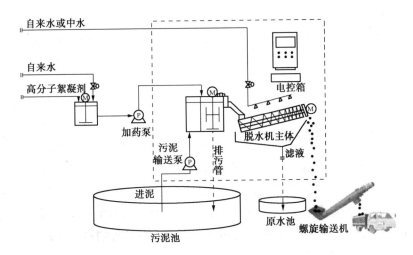

图 5-33　叠螺污泥脱水机的具体操作流程

要包括絮凝混合槽、叠螺本体等。其中絮凝混合槽内有搅拌电机，主要是对从计量槽流入的污泥与通过加药泵输入的絮凝剂进行混合搅拌，搅拌电机通过变频器控制可以改变搅拌的速度。如果速度过慢，污泥与絮凝剂不能充分混合形成矾花，如果速度过快，容易把已经形成的矾花打碎。混合槽内还装有液位计，当脱水机来不及处理污泥的时候，混合槽的液位会慢慢升高。当到达高液位时候，通过污水场的自动系统会自动关闭进泥泵和加药泵，直到液位下降到低液位的时候，进泥泵和加药泵才会重新启动。絮凝混合槽的下方有排污管，通过球形阀进行控制，污泥脱水机在运行的时候，阀门处于关闭状态，只有在清洗絮凝混合槽的时候，才将球形阀门打开。

叠螺污泥脱水机的主体是由相互层叠的固定环和游动环以及贯穿其中的螺旋轴组成的一种过滤装置。主体的前半部分为浓缩部，通过重力的作用对污泥进行浓缩；后半部分为脱水部，在螺旋轴轴距的变化以及背压板的作用下产生内压，达到脱水的效果。螺旋轴的转动速度可以通过变频器进行调节。当螺旋轴的速度调慢时，污泥在叠螺主体内滞留时间加长，出来的泥饼含水率降低，泥饼的产生量减少；当螺旋轴的速度调快时，污泥在叠螺主体内滞留时间变短，出来的泥饼含水率升高，泥饼的产生量增加。同时，也可以通过调节背压板对泥饼的处理量和含水率进行调节。当背压板的间隙调小时，对螺旋轴中前进的污泥施加的阻力增大，出来的泥饼含水率降低，处理量也会减少；当背压板的间隙调大时，给螺旋轴中前进的污泥施加的阻力减小，出来的泥饼含水率提高，处理量也会相应提高。并且螺旋轴带动了游动环，及时把夹在滤缝里面的污泥排出，具有自我清洗的能力，防止滤缝堵塞。叠螺主体上方设有喷淋装置，在自动运行的状态下，可以根据设定的时间开启或关闭电磁阀，进行不定期喷淋，保持脱水机的美观，叠螺主体的两边有边盖，防止泥水溅出。通过叠螺主体进行固液分离，滤液从固定环和游动环形成的滤缝中排出，回流到污水厂处理单元的前端回收利用。

8 什么是板框压滤机？其特点是什么？

板框压滤机是一种高效、快速的过滤器。一般来讲，电动机型采用了液压执行、PLC 控制模式，提高了设备控制的可靠性、稳定性和安全性。板框压滤机广泛使用在悬浮液的过滤、分离领域。板框压滤机的结构简单、设备紧凑、过滤面积大而占地面积小、操作压力高、滤饼含水量少、对各种物料的适用能力强，适用于间歇操作的场合。

9 板框压滤机的工作原理是什么？

板框压滤机的工作原理相对简单。工作流程包括：压紧滤板—进料—滤饼压榨—滤饼洗涤—滤饼吹扫—卸料。首先过滤的料液通过输料泵在一定的压力下，从后顶板的进料孔进入到各个滤室，通过滤布，固体物被截留在滤室中，并逐步形成滤饼；液体则通过板框上的出水孔排出机外。随着过滤过程的进行，滤饼过滤开始，泥饼厚度逐渐增加，过滤阻力加大。过滤时间越长，分离效率越高。特殊设计的滤布可截留粒径小于 $1\mu m$ 的粒子。

板框压滤机的排水可分为明流和暗流两种形式。滤液通过板框两侧的出水孔直接排出机外的为明流式，明流的好处在于可以观测每一块滤板的出液情况，通过排出滤液的透明度直接发现问题；滤液通过板框和后顶板的暗流孔排出的形式称为暗流式。

当需要洗涤时，关闭漂洗板的出水阀，同时打开压干板出水阀，漂洗水在一定的压力作用下，于漂洗板水槽穿过滤布、透过滤饼、在穿过滤布到达压干板水槽，汇流入排液阀排出机外。这样，经过循环漂洗后，滤饼中残留的滤液被漂洗水充分地带出机外，达到了漂洗效果。

10 板框压滤机的构造如何？

板框压滤机由压滤机滤板、液压系统、压滤机框、滤板传输系统和电气系统等五大部分组成。压滤机机架多采用高强度钢结构件，安全可靠，功率稳定，经久耐用。滤板、滤框采用增强聚丙烯一次膜压成形，相对尺寸和化学性质稳定，强度高，重量轻，耐酸耐碱，无毒无味，所有过流面均为耐腐介质。板框压滤机采用液压压紧，液压压紧机构由液压站、油缸、丝杆、锁紧螺母组成。液压站的组成有：电机、集成块、齿轮泵、溢流阀（调节压力）、手动换向阀、压力表、油管、油箱。板框压滤机的滤室结构由成组排列的滤板和滤框组成。滤板在表面设计有凹槽，用以安装、支撑滤布，并引导过滤液的流向，而滤框和滤板在组装后构成液体流通通道，用以通入悬浮液、洗涤水和引出滤液。

板框压滤机的滤板和滤框都由压紧装置压紧，同时在滤板和滤框的部位设有把手，用于支撑整个滤室结构。板框压滤机的滤板和滤框之间所安装的滤布，除了承担过滤的工作之外，还能起到密封垫片的作用。

11　如何对板框压滤机进行操作？

（1）滤前检查

① 操作前应检查进出管路，连接是否有渗漏或堵塞，管路与压滤机板框、滤布是否保持清洁，进液泵及各阀门是否正常。

② 检查机架各连接零件及螺栓、螺母有无松动，应随时予以调整紧固，相对运动的零件必须经常保持良好的润滑，检查减速机和螺母油杯油位是否到位，电机正反转是否正常。

（2）准备过滤

① 接通外接电源，按动操作箱按钮，使电机反转，将中顶板退到适当位置，再按停止按钮。

② 将清洁的滤布挂在滤板两面，并将料孔对准，滤布必须大于滤板密封面，布孔不得大于管孔，并抚平不准有折叠以免漏夜，板框必须对整齐，漂洗式过滤滤板次序不可放错。

③ 按动操作箱上的正转按钮，使中顶板将滤板压紧，当达到一定的电流后按停止按钮。

（3）过滤

① 打开滤液出口阀门，启动进料泵并渐渐开启进料阀门调节回料阀门，视过滤速度压力逐渐加大，刚开始时，滤液往往浑浊，然后转清。如滤板间有较大渗漏，可适当加大中顶板顶紧力，但因滤布有毛细现象，仍有少量滤液渗出，属正常现象，可由托盆接储。

② 监视滤出液，发现浑浊时，明流式可关闭该阀，继续过滤，如暗流应停机更换破损滤布，当料液滤完或框中滤渣已满不能再继续过滤，即为一次过滤结束。

（4）过滤结束

① 输料泵停止工作，关闭进料阀门。

② 出渣时按电机反转按钮，使中顶板收回。

③ 卸滤渣并将滤布、滤板、滤框冲洗干净，叠放整齐，以防板框变形，也可依次放在压滤机里用压紧板顶紧以防变形，冲洗场地及擦洗机架，保持机架及场地整洁，切断外接电源，整个过滤工作结束。

12 板框压滤机的操作注意事项有哪些？

① 压滤机的压紧压力、进料压力、压榨压力与进料温度均不能超过说明书规定范围。滤布损坏应及时更换液压油。一般环境下半年更换一次液压油，灰尘大的环境下 1~3 个月更换一次及清洗一次油缸、油箱等所有液压元件。

② 机械式压滤机传动部位丝杆、丝母、轴承、轴室及液压型机械型滑轮轴等每班应加注 2~3 次液态润滑油，严禁在丝杆上抹干式钙基脂润滑油，严禁在压紧状态下再次启动压紧动作，严禁随意调整电流继电器参数。

③ 液压式压滤机在工作时油缸后禁止人员停留或经过，压紧或退回时必须有人看守作业，各液压件不得随意调整，以防压力失控造成设备损坏或危及人身安全。

④ 滤板密封面必须清洁无褶皱，滤板应与主梁拉垂直且整齐，不得一边偏前一边偏后，否则不得启动压紧动作。拉板卸渣过程中严禁将头和肢体伸入滤板间。油缸内空气必须排净。

⑤ 所有滤板进料口必须清除干净，以免堵塞使用损坏滤板。滤布应及时清洗。

⑥ 电控箱要保持干燥，各种电器禁止用水冲洗。压滤机必须有接地线，以防短路、漏电。

为了更好地利用和管理板框压滤机，提高产品质量，延长设备寿命，日常维护和保养板框压滤机是一个必不可少的环节，需经常检查板框压滤机的各连接部件有无松动，应及时紧固调整；要经常清洗、更换板框压滤机的滤布，工作完毕时应及时清理残渣，不能在板框上干结成块，以防止再次使用时漏料。经常清理水条和排水孔，保持畅通；要经常更换板框压滤机的机油或液压油，对于转动部件要保持良好的润滑；压滤机长期不用时应上油封存，板框应平整地堆放在通风干燥的库房，堆放高度不能过高，以防止弯曲变形。

第十一节　水力旋流器

1　什么是水力旋流器？其主要优缺点有哪些？

　　水力旋流器是一种用途广泛的分离、分级、分选设备。水力旋流器由溢流管、进料口、锥段、底流管、柱段和顶盖组成（见图 5-34 和图 5-35）。以液体为连续相载体的被处理料液由进料管进入柱段或锥段后，在离心力的作用下，迅速完成其分离过程，从溢流管得到粒度细或密度小的溢流产物，从底流管得到粒度粗或密度大的底流产物。它适用于以液体为连续相载体的固液分离、固固分离、液气分离和液液分离的单元操作过程，因而不仅广泛应用于矿物、化学及石油化工工程领域，而且在轻工、环保、食品、医药及纺织等工业部门也得到应用。

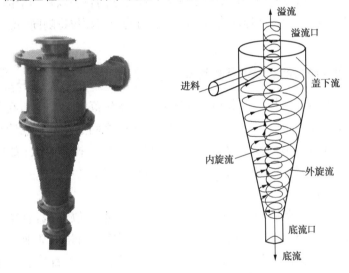

图 5-34　水力旋流器实物外观　　　图 5-35　水力旋流器原理图

　　水力旋流器的主要优点是物料在器内停留时间短、效率高、结构简单紧凑、占地少、投资少、没有转动部件，故容易制造、维护及修理，易于连续化操作及自动控制。但旋流器内部的流场非常复杂，不仅内部流体高速旋转，而且还存在着涡流、短路流。

2　在水力旋流器中运行的颗粒的受力状态是怎样的？

　　当单独的颗粒在连续的流体中运动时，该颗粒将受到流体的两种作用力，即流动阻力和摩擦阻力。颗粒运动过程中流体压力在球体表面上分布不均匀引起的阻力叫流动阻力；由于球体表面上流体的剪应力引起的流动阻力叫摩擦阻力。颗粒在流体中运动的总阻力是流动阻力与摩擦阻力之和，简称为曳力。水力旋流器液流内任何点上的颗粒基本上受到两种作用力，一种作用力是来自外部加速场和内部加速场(重力和离心力)，另一种作用力是来自流体施加在颗粒上的曳力。在水力旋流器中通常可忽略重力的影响，而只考虑离心力和曳力。如果作用在颗粒上的离心力大于曳力，颗粒沿径向向外运动，反之，则向内运动。由于曳力和离心力分别取决于切向速度和径向速度的值(对于一定颗粒而言)，故分离区内所有位置上的切向速度和径向速度的相对值对水力旋流器的总性能起着决定性作用。

平衡轨道理论认为，一定的颗粒尺寸在某一轨道上是在离心力(由切向速度引起)和曳力(由向内的径向速度引起)间处于平衡状态。不同的颗粒尺寸具有不同的平衡轨道半径，很重要的一点是处于轴向速度为零的轨迹以外的全部颗粒将从料液中被分离出，而处于轴向速度为零的轨迹以内的全部颗粒将随同溢流液排走。

3 水力旋流器的主要设计参数有哪些？

水力旋流器的结构参数及相应的性能指标变化范围很大，如旋流器直径可在 $10 \sim 2500$ mm 之间变化，分离粒度可在 $2 \sim 250\mu m$ 之间变化等。设计与选用旋流器时，应考虑旋流器结构参数(如直径、开口尺寸等)、操作参数(如给料压力、安装倾角等)、进料性质(如浓度、密度、粒度组成等)。

(1) 旋流器直径

旋流器直径主要影响生产能力和分离粒度，通常随旋流器直径的增大，生产能力和分离粒度都会增加，这表明不能简单地利用几何相似准则进行水力旋流器的模拟与放大。在保证分离指标的前提下，应尽量选用大直径旋流器，这是因为大直径旋流器操作比较简单且不易堵塞。

(2) 旋流器开口尺寸

旋流器的开口系指进料口、底流口及溢流口，它们的尺寸对水力旋流器的性能有明显影响。水力旋流器底流口与溢流口直径之比称为排口比，其值一般在 $0.15 \sim 1.0$ 范围内。排口比对流量分配、分离粒度及分离效率都有很大影响，对应于最大分离效率的排口比在 $0.35 \sim 0.60$ 之间。

(3) 溢流管插入深度

随溢流管插入深度的减小，旋流器生产能力增大，但分离粒度降低，同时分配比(底流量与溢流量之比)增加。推荐的溢流管插入深度为 $(0.33 \sim 0.50)D$ 或

0.4D(D 为旋流器直径)。

（4）溢流管壁厚

增加溢流管壁的厚度可改善分离效率，降低旋流器内部能耗，并能略微提高旋流器生产能力。溢流管壁厚的设计应使溢流管外径不超过($D \sim 2d_e$)（d_e 为旋流器进口当量直径）。

（5）旋流器锥角

随旋流器锥角的增大，分离粒度变大。因此，建议小颗粒分离用时，旋流器采用小锥角(<15°)，但若处理高浓度、粗颗粒料浆且不要求很高分离效率时可采用大锥角(>40°)，以防底流口堵塞。

（6）旋流器筒体(柱段)长度

一般推荐的筒体长度为(0.7~2.0)D。有学者对水力旋流器固液两相流场的研究发现，旋流器柱体部分是一个有效的离心沉降区，故建议分离用水力旋流器的柱体长度适当取大值。

（7）进料浓度

进料浓度的增大导致浆体有效黏度上升及干涉沉降程度加剧，从而降低分离精度并增大分离粒度。要实现较细颗粒的分离，须采用低浓度进料，一般进料浓度以不超过 30%(质量分数)为宜。

（8）进料中固体粒度

在其他条件相同时，若水力旋流器处理较粗的物料，则底流浓度较高，但分离粒度也大。所以若要在处理粗粒物料时获得较小的分离粒度，就需使用旋流器组进行串联作业。若进料中含有大量接近分离粒度的颗粒，分离效果将会变差。

（9）进料密度

进料中液体密度的增加将使分离粒度变大，并导致分离总效率的降低；而固相颗粒密度的增大，所带来的影响恰好相反。

（10）进料压力

进料压力的增大将导致分离效率和生产能力的提高，并降低分离粒度。需要指出的是，要想获得满意的工作指标，使进料压力保持在恒定的水平上是很重要的，压力的任何波动都会降低水力旋流器的工作效率。

（11）旋旋流器安装倾角

一般认为对中小型水力旋流器，安装倾角对分离性能影响不大。绝大多数旋流器使用垂直安装(溢流口在上)。近年有研究表明，增大安装倾角时，旋流器的生产能力有所提高，分离粒度也有所增大。

（12）底流排料方式

水力旋流器在常规排料方式下，底流口与大气相通，底流则以伞状（分级时）或绳状（浓缩时）排出，这样的排料方式不利于排出高浓度的底流。为让旋流器更好地用于细粒物料的脱水和浓缩，可采用图5-36（a）所示的新的底流排料方式，即在常规旋流器的底流口外套上一个增稠器。这种旋流器的浓缩效果较好。对于难以处理的特细物料，可在旋流器底部器壁上设一小管，加入絮凝剂［如图5-36（b）］，以保证固体物料的沉降。

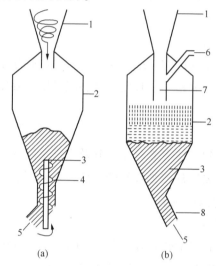

图5-36　固液分离用水力旋流器的高浓度底流排放
1—旋流器锥部；2—增稠器；3—浓缩的固相物；4—排料螺旋；
5—底流排料；6—添加化学试剂；7—底流套管；8—气动阀

4 什么是水力旋流器的短路流？短路流对水力旋流器的分离效率有何影响？

当被处理料液进入水力旋流器后，其中一部分沿盖的内表面向中心运动到旋流器溢流管的外壁后，又沿溢流管的外壁向溢流管的进口运动，最后与内旋流汇合，经溢流管排出。这部分沿盖内表面经溢流管外壁流出的被处理料液就是短路流，通常占被处理料液的10%～20%。由于短路流直接进入了溢流产物，未经分离，因而降低了分离效率。

短路流分为顶盖下短路流和侧壁短路流。虽然侧壁短路流也影响旋流器的分离性能，但侧壁边界层中存在着径向脉动，使被短路的物料有机会返回分离区，从而削弱了它的影响。而盖下边界层中的流体基本上不存在再返回的机会，因而其在对旋流器性能影响的因素中占有重要地位（见图5-37）。

　　为缓解短路流的不良影响，有的学者发明了锥齿型水力旋流器、具有厚壁溢流管的水力旋流器、外带环流旁路的旋流器、用螺旋溢流管消除短路流的水力旋流器、内部增加旋转叶轮的水力旋流器，但这些发明仅增加了短路流的阻力或结构复杂实施困难，都

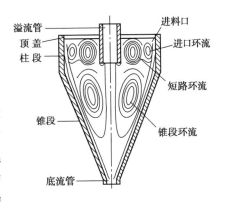

图5-37　短路流原理

没有彻底解决问题，以致短路流成为现有水力旋流器内固有的流动特性。

5　水力旋流器的主要作用有哪些？

　　水力旋流器主要应用于液相非均相物系的分离，包括固-液分离、液-液分离以及液气分离。水力旋流器可用于澄清、浓缩、颗粒分级。

　　（1）澄清

　　澄清的目的是为了获得清洁的液体，或是为了最大程度地回收进料中的分散相物料。用水力旋流器进行澄清操作时，对其操作参数的要求是分散相物料排出口的尺寸与进料中分散相物料的浓度相适应（排料口不堵塞、排料口排出的分散相物料的流量基本上等于旋流器分离出的分散相物料的流量）。对旋流器结构参数的要求是根据分散相物料的粒度以及两相的密度差来确定旋流器的大小，一般旋流器直径越小、锥角越小，越能分离细小的固体颗粒或液滴，但旋流器的处理能力随之下降，所以在满足分离能力的条件下，应该采用尽可能大直径的旋流器。有时为防止大块物料的堵塞，应该在旋流器进料之前加滤网，处理量大时可用并联小旋流器组。在单级旋流器中，最小分离粒度可以达到2μm，如果单级旋流器操作不能达到澄清要求，可以采用多级串联或混联旋流器组。水力旋流器用以完成澄清操作的应用很多，其中包括：石油和化学工业中催化剂的回收；机械密封系统中的液体除砂；气体洗涤器循环水的净化；低浓度污水（含固量1%~2%）的预处理；换热器、锅炉及密封装置等系统的水中砂粒、鳞屑及其他无机的和有机的颗粒的去除；深度钻孔及钻探时钻机用冷却浆的钻屑的去除；纤维洗涤污水的预处理；石油采出液中的油脱水、海上采油平台上油水分离过程中向海中排放水的脱油；其他含水悬浮液或非水悬浮液中细颗粒的去除等。

（2）浓缩

浓缩是指降低液体非均相混合物中的连续相液体含量，目的是为了获得高浓度的分散相物料，同时尽可能避免分散相物料在另一个出口流出而引起分散相物料的损失。用水力旋流器浓缩某些物料时，其浓缩液体积浓度可高达50%或更高，若再联用小型增稠器，则可获得更高浓度的浓缩液。在某些场合，浓缩用水力旋流器系统可被用来替代那些体积大得多、且成本高得多的重力沉降槽。水力旋流器用作浓缩设备时的典型用途是对真空过滤机、筛分设备、脱水离心机以及浓缩设备的进料进行预浓缩。水力旋流器用于浓缩作业的一些常见的应用包括：用旋流器代替成本昂贵的重力沉降槽对烟道气脱硫系统的废水进行浓缩；重介质分选中再生介质的增稠；氢氧化铁絮团的脱水；氢氧化铝晶体、氯化铵晶体、碳酸氢钠的浓缩；石油采出液中油水的预分离以及油脱水等。

（3）颗粒分级

颗粒分级是指悬浮在液相介质中的固体颗粒可以按其粒度大小、密度、形状等进行分离，分离过程可以区分为分级和分选。

① 所谓分级是将具有相同密度的固相颗粒按粒度大小进行分离。由于旋流器的分离效率随颗粒粒度的增大而上升，故可用于将进料中的固相颗粒分成粗粒级颗粒和细粒级颗粒两部分，即将旋流器用作颗粒分级设备。旋流器用于分级作业时，还有两大类主要用途：一是从产品中去除粗颗粒，如除砂或净化作业；二是从产品中去除细颗粒，如脱泥或洗涤作业。单台水力旋流器的分离精度一般较低，所以为了使分级产品中，粒度混杂现象尽量减少，分级过程可用两级或多级旋流器系统网络来完成，也可以使用具有新型结构的高分离精度的水力旋流器。用于分级作业的水力旋流器的应用十分广泛，其中包括：磨矿分级回路中矿物颗粒的分级；矿物颗粒在浮选之前脱泥（以使浮选过程更充分并且所需浮选药剂量减少）；颗粒浸析前脱泥（以提高提取系数），颗粒过滤前脱泥（以降低滤饼比阻和提高过滤速度）；地下水进泵前除砂；水泥粗料进窑烧之前的分级等。

② 颗粒分选可分为按密度分选和按形状分选。

a. 按密度分选：在工业中对矿物颗粒按密度进行分选的旋流器可分为两类，一类是重介质水力旋流器，另一类是水介质旋流器。

b. 按形状分选：用水力旋流器对固相物按形状进行分选的作业，在造纸行业纸浆的净化中用得最多。水力旋流器可以将天然的和无机杂质如砂、二氧化钛、黏土、亚麻皮、树皮和灰垢等从纤维中分离出来，因为旋流器内液流中的剪切力能使纤维团中夹带的颗粒被释放出来。短锥型旋流器具有对固相颗粒按形态进行分选的能力。可用于马铃薯和谷物淀粉工业中对球形淀粉颗粒和片状杂质进行分离等。

---

6 水力旋流器有哪些并联与串联方式？

水力旋流器组并联方式主要有垂直线形布置、圆周排列布置和辐射排列布置，如图5-38~图5-40所示。

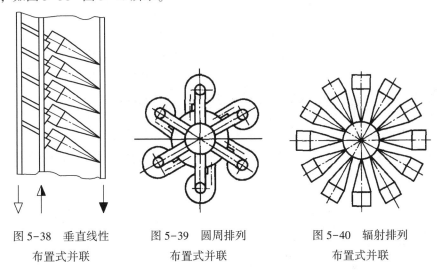

图5-38 垂直线性　　　图5-39 圆周排列　　　图5-40 辐射排列
布置式并联　　　　　　布置式并联　　　　　　布置式并联

串联也有多种布置方式，其中固-液旋流器的串级布置中，级是指溢流产品通过净化设备的次数，水力旋流器的多级分离是通过水力旋流器溢流串联系统来实现的。段是指底流物料通过净化设备的次数，水力旋流器的多段分离则需要水力旋流器底流串联系统，各种串联流程如图5-41~图5-44所示。

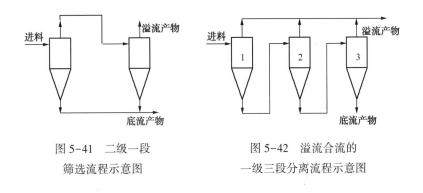

图5-41 二级一段　　　　　　　图5-42 溢流合流的
筛选流程示意图　　　　　　　一级三段分离流程示意图

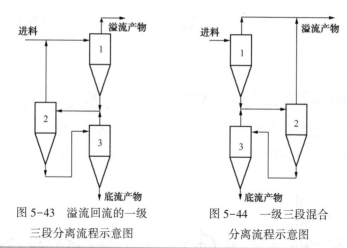

图5-43 溢流回流的一级
三段分离流程示意图

图5-44 一级三段混合
分离流程示意图

7 水力旋流器与其他分离设备有哪些主要的联用形式?

　　水力旋流器操作简单、占地面积小，可较好地和其他分离设备联用，如可以和真空皮带脱水机、曲筛、振动筛、脱泥筛、清洗筛、真空回转过滤机等设备联用(见图5-45~图5-49)。

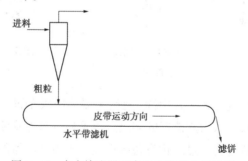

图5-45 水力旋流器和真空皮带脱水机联用

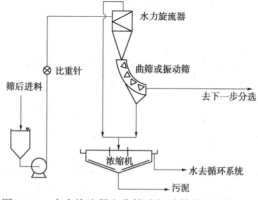

图5-46 水力旋流器和曲筛或振动筛分选系统联用

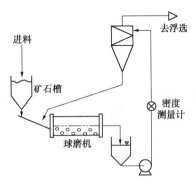

图 5-47　闭路磨矿中的旋流分级机

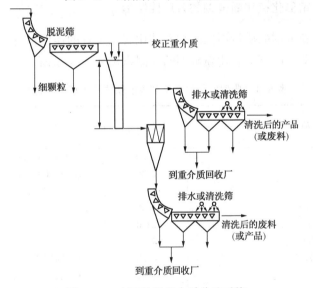

图 5-48　有压给料重介质分选系统

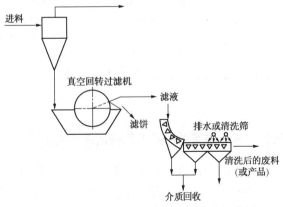

图 5-49　水力旋流器和真空回转过滤机联用

223

第六章 相关工艺知识

1 如何确定催化裂化新鲜剂的入厂控制指标？

催化裂化新鲜剂的质量不仅影响着催化裂化装置的操作，也会影响烟气脱硫装置的运行。典型的催化裂化新鲜剂的控制指标如表6-1所示。

表6-1 典型的催化裂化装置的新鲜剂入厂分析计划

项　　目		质量指标	分析方法	入厂检验分析频次
灼烧减量/%（质）	≤	13.0	Q/TSH 002.05.31	批
孔体积/（mL/g）	≥	0.35	Q/TSH 002.05.48	批
粒度分布：			筛分法	批
0~20μm/%（体）	≤	5.0		
0~40μm/%（体）	≤	22.0		
0~149μm/%（体）	≥	94.0		
Al_2O_3含量/%（质）	≥	43.0	Q/TSH002.05.36	验证
Fe_2O_3/%（质）	≤	0.40	Q/TSH002.05.35	验证
Na_2O/%（质）	≤	0.30	Q/TSH002.05.34	验证
比表面积/（m^2/g）	≥	250	Q/TSH002.05.129	验证
表观松密度/（g/mL）		0.64~0.72	Q/TSH002.05.43	验证
磨损指数/%（质）	≤	3.0	Q/TSH002.05.125	验证
微活指数（800℃，4h）/%（质）	≥	75	Q/TSH002.05.52	验证
平均粒径/μm		62.0~72.0	Q/TSH002.05.153	验证

2 灼烧减量对催化裂化主装置以及烟气脱硫装置有哪些影响？

由于催化剂都是吸水能力很强的物质，通常含有11%~14%的水分，无论是自由水还是结晶水，都不应当过高，否则在使用中，在向高温环境中加剂时，催化剂会出现热崩现象，给装置操作带来影响，从催化裂化装置跑损的催化剂会加重烟气脱硫装置的负荷。新鲜剂灼烧减量的质量控制指标为水含量不大于 13m%。

3 **什么是催化裂化催化剂的孔体积?**

孔体积是指 1g 催化剂所具有的内孔空间的毫升数值,以 mL/g 为单位表示。裂化催化剂的测定方法有两种:低温氮吸附或常温水吸附滴定。

4 **什么是催化裂化催化剂的比表面积?**

比表面积 SA 是指催化剂内孔所具有的孔道表面面积,以 m^2/g 为单位表示。采用低温氮吸附方法来测定。

5 **催化裂化装置的催化剂筛分组成有何特点?**

催化裂化装置的催化剂筛分组成是影响装置流化操作的主要因素之一。催化剂是大小不一的颗粒混合体,小颗粒夹在大颗粒之间,可以起到润滑作用,有利于流化;但小颗粒在装置中不易保留,损失大。目前催化剂颗粒直径范围一般在 20~140μm 之间,其中 40~80μm 为主要区间,小于 40μm 的称之为细粉,大于 80μm 的称之为粗粉。平衡剂中 40~80μm 通常达到 60%~80%,细粉约 5%~15%。粗颗粒太多不利于流化,粗颗粒与细颗粒含量之比,叫"粗度系数"。粗度系数太大,会影响装置流化。平衡剂的平均粒径一般为 60μm 左右。

6 **什么是催化裂化催化剂的磨损指数?**

在反应器、再生器和输送管道中,催化剂颗粒以及催化剂与器壁之间经常发生激烈碰撞,为避免催化剂的过度粉碎,以保证良好的流化质量和减少磨损,要求催化剂具有一定的机械强度和耐磨性。目前采用磨损指数类评价催化剂的机械强度,将一定量的催化剂放在特制的容器中,用高速气流冲击 4h,所产生的小于 15μm 的细粉占试样中大于 15μm 催化剂的质量百分数。

7 **如何表征催化裂化催化剂的堆积密度?**

催化裂化装置的堆积密度除了和催化剂的骨架密度、颗粒大小分布关系密切外，还与颗粒的堆积状态有很大关系，为了便于装置的设计、使用操作。在实验室可测定充气密度、沉降密度和压紧密度，这三者有着一致的趋势，这三种密度在催化裂化装置标定时要进行测定。由于已经积累了丰富的使用经验，现在国内外通常只测定一个"表观松密度"就能够给使用者提供足够的信息。表观松密度，简称 ABD，是由颗粒密度、筛分组成和自然堆积性能决定的参数。ABD 测定结果与沉降密度较为接近。ABD 虽然不是一个催化剂独立控制的参数，但这是一项产品质量指标，需提供催化剂厂商提供给使用单位。

8 为计算某催化裂化装置反应器的催化剂跑损量，现得知烧白后的油浆固体含量为 3.5g/L 左右，油浆密度 1080kg/m³，油浆外甩量为 14 t/h，则该催化裂化油浆中带出的催化剂为多少？

在研究某种工况下烟气脱硫的催化剂颗粒情况时，需要知道反再系统的催化剂跑损情况。其中计算油浆中带走的催化剂量要采用高温烧白后的固含量数据。根据该情况计算，每天该催化裂化油浆中带出的催化剂为：

$3.5×10^{-3}×24×14/1.08 = 1.09t/d$

即从反应器跑损的催化剂量为 1.09t/d。

9 为计算某催化裂化装置反应器的催化剂跑损量，现得知某催化裂化的主风量为 4030Nm³/min，三旋入口粉尘含量为 1400μg/L，三旋出口粉尘含量为 123μg/L，烟风比为 1.06，则该催化裂化再生器跑损的催化剂为多少？

根据该情况计算，每天该催化裂化再生器带走的催化剂为：

$4030×60×24×1.06×1400×10^{-9} = 8.61t/d$

某催化裂化在检修前有油浆里的催化剂烧白后的粒度分布，在检修后有两个月的三旋粒度分布。通过表 6-2~表 6-3 中数据可以看出催化剂跑损的哪些状况？

表 6-2 二催化油浆中催化剂粒度分布

粒度分布/μm	实际质量/%（质）	粒度分布/μm	实际质量/%（质）
≥0.2	0.30	≥9.0	27.00
≥0.5	1.21	≥10.0	30.30
≥0.9	2.43	≥30.0	84.99
≥1.0	2.73	≥40.0	96.33
≥6.0	17.90	≥70.0	100.00

表 6-3　三催化三旋粒度分布

筛分组成/%	8月21日	9月12日	9月13日	9月30日	10月9日	10月14日	10月19日
0~10μm	28.69	1.1	5.35	4.46	15.39	5.34	5.60
0~30μm	66.65	53.84	55.38	59.25	72.54	56.28	52.75
0~40μm	78.26	75.69	75.57	79.88	89.21	76.20	72.45
0~50μm	86.88	89.01	88.30	91.67	96.98	88.42	85.47
0~70μm	96.09	98.15	97.75	98.83	99.81	97.46	96.36
0~80μm	98.38	99.62	99.43	99.82	100	99.20	98.68
0~100μm	99.87	100	100	100	100	99.99	99.93

从检修前的油浆颗粒分布可以看出，那一时期从油浆跑损的主要是小颗粒。从检修后的三旋颗粒来看，三旋中有一些大颗粒。如果检修前后装置均操作平稳，可以看出检修后从再生器跑损的大颗粒要多一些。带到烟气脱硫的大颗粒也会多一些，烟气脱硫收集到的泥浆可能会增加。通过观察烟气脱硫收集到的泥浆量也可以进一步判断再生器的催化剂跑损情况。

10　通过观察图 6-1~图 6-6 可看出哪些基本信息？

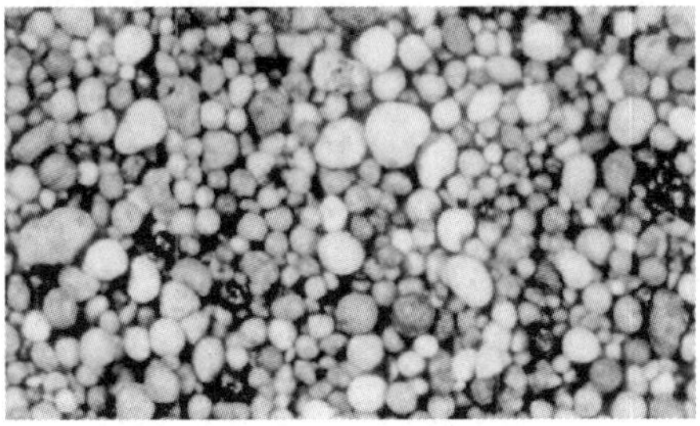

图 6-1　检修前待生剂照片

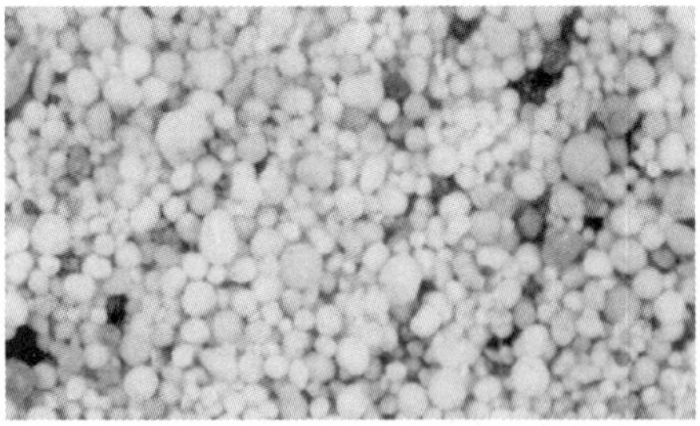

图 6-2　检修前再生剂照片

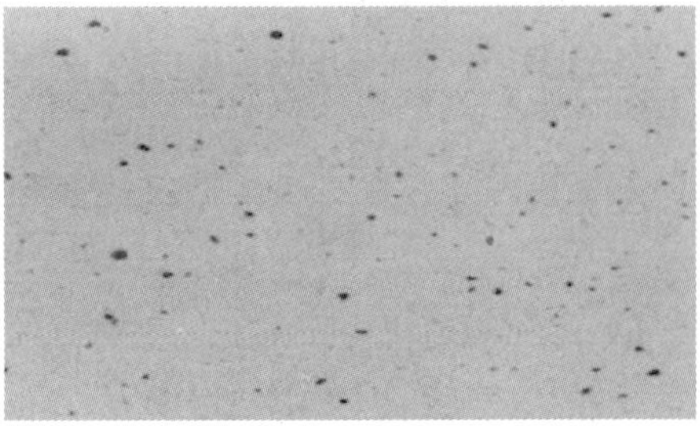

图 6-3　检修后油浆照片

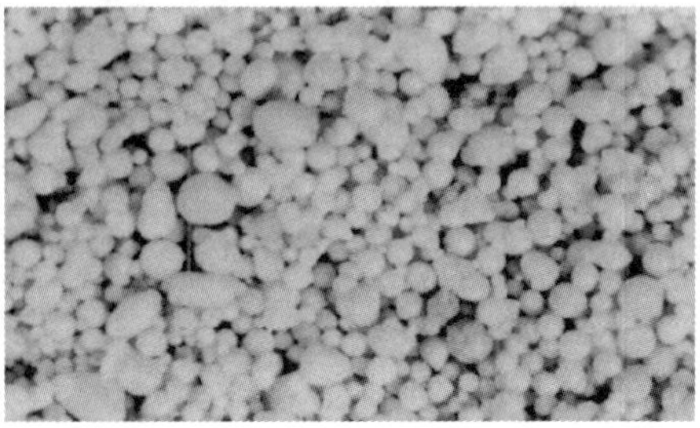

图 6-4　检修后新鲜剂照片

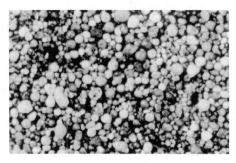

图 6-5　检修后待生剂照片　　　　　　图 6-6　检修后再生剂照片

观察图 6-1~图 6-6，从油浆中催化剂分布以及与其他照片中催化剂尺寸的对比可看出，油浆中的固含物绝大多数为小于 $10\mu m$ 的碎粉，有极少量 $20\mu m$ 剂粒。检修前的待生剂和再生剂情况较好；检修后的待生剂和再生剂有较多破碎剂。

第七章　材料和防腐知识

第一节　金属

1　腐蚀的定义是什么?

腐蚀是材料在环境的作业下引起的破坏和变质,金属和合金的腐蚀主要是化学或电化学作业引起的破坏,有时同时包括机械、物理和生物作业。对于非金属来说,破坏一般是由于直接的化学作用或物理作业(如氧化、溶解、溶胀等)引起的,单纯的机械破坏不属于腐蚀的范畴。

2　常用的金属防腐材料有哪些?

有铜、钛、钽、不锈钢、蒙乃尔合金和哈氏合金等。

3　不锈钢有哪些分类?

不锈钢常按组织状态分为:马氏体不锈钢、铁素体不锈钢、奥氏体不锈钢等。

马氏体不锈钢:强度高,但塑性和可焊性较差。马氏体不锈钢的常用牌号有1Cr13、3Cr13 等,因含碳较高,故具有较高的强度、硬度和耐磨性,但耐蚀性稍差,用于力学性能要求较高、耐蚀性能要求一般的一些零件上,如弹簧、汽轮机叶片、水压机阀等。这类钢是在淬火、回火处理后使用。

铁素体不锈钢:含铬 12%~30%。其耐蚀性、韧性和可焊性随含铬量的增加而提高,耐氯化物应力腐蚀性能优于其他种类不锈钢。属于这一类的有 Cr17、Cr17Mo2Ti、Cr25,Cr25Mo3Ti、Cr28 等。铁素体不锈钢因为含铬量高,耐腐蚀性能与抗氧化性能均比较好,但机械性能与工艺性能较差,多用于受力不大的耐酸结构及作抗氧化钢使用。这类钢能抵抗大气、硝酸及盐水溶液的腐蚀,并具有高温抗氧化性能好、热膨胀系数小等特点,用于硝酸及食品工厂设备,也可制作在高温下工作的零件。

奥氏体不锈钢:含铬大于 18%,还含有 8%左右的镍及少量钼、钛、氮等元素。综合性能好，可耐多种介质腐蚀。奥氏体不锈钢的常用牌号有1Cr18Ni9、06Cr19Ni10等。06Cr19Ni10钢的碳含量小于0.08%，钢号中标记为"06"。这类钢中含有大量的Ni和Cr，使钢在室温下呈奥氏体状态。这类钢具有良好的塑性、韧性、焊接性和耐蚀性能，在氧化性和还原性介质中耐蚀性均较好，用来制作耐酸设备，如耐蚀容器及设备衬里、输送管道、耐硝酸的设备零件等。奥氏体不锈钢一般采用固溶处理，即将钢加热至1050~1150℃，然后水冷，以获得单相奥氏体组织。

奥氏体－铁素体双相不锈钢：奥氏体和铁素体组织各约占一半的不锈钢。在含C较低的情况下，Cr含量在18%~28%，Ni含量在3%~10%。有些钢还含有Mo、Cu、Si、Nb、Ti、N等合金元素。该类钢兼有奥氏体和铁素体不锈钢的特点，与铁素体相比，塑性、韧性更高，无室温脆性，耐晶间腐蚀性能和焊接性能均显著提高，同时还保持有铁素体不锈钢的475℃脆性以及导热系数高、具有超塑性等特点。与奥氏体不锈钢相比，强度高且耐晶间腐蚀和耐氯化物应力腐蚀有明显提高。双相不锈钢具有优良的耐孔蚀性能，也是一种节镍不锈钢。

此外，不锈钢还可按成分分为：铬不锈钢、铬镍不锈钢和铬锰氮不锈钢。

4 有关不锈钢的国家新旧标准对比以及主要牌号对照情况是怎样的?

国家质量监督检验检疫总局、国家标准化管理委员会于2007年3月9日发布了《不锈钢和耐热钢牌号及化学成分》(GB/T 20878—2007)，并于2007年10月1日实施。同时变动的标准有GB/T 1220(不锈钢棒)及GB/T 1221(耐热钢棒)，由原来的1992年版本改为2007年版本。经比较分析，新牌号与旧牌号标识上基本没有太大变动，主要的化学元素标识都没有变动，只有碳含量标识和个别钢种里面化学元素发生变动，新牌号中碳(C)含量比旧牌号更加明确，对产品生产技术也有了更高的要求。

(1) 碳(C)含量标识发生了改变

① 旧牌号：Cr之前的数字表示碳千份之几的含量。如201(1Cr17Mn6Ni5N)：碳(C)含量千分之一；2Cr13 (420)，7Cr17(440A)，分别表示碳(C)含量千分之二和千分之七；如果C≤0.08%为低碳，标识为"0"，如(304) 0Cr18Ni9；C≤0.03%为超低碳，标识为"00"，如00Cr17Ni14Mo2 (316L)。

② 新牌号：Cr之前的数字表示碳(C)的万分之几的含量。如201牌号为12Cr17Mn6Ni5N，表示碳(C)含量万分之十二(0.12)；304牌号为06Cr19Ni10，表示碳(C)含量万分之六(0.06%)；316L牌号为22Cr17Ni12M02，表示碳(C)含量万分之二点二(0.022%)。其他标识基本不变。

(2) 个别材质原料含量发生调整

(3) 不锈钢主要牌号对照、国家新旧标准对比如表7-1所示。

表 7-1　不锈钢主要牌号对照表

序号	中国 GB 旧牌号	中国 GB 新牌号	统一数字代号	美国 ASTM	美国 UNS	日本 JIS	韩国 KS	欧盟 BSEN	澳大利亚 AS	中国台湾 CNS
奥氏体不锈钢										
1	1Cr17Mn6Ni5N	12Cr17Mn6Ni5N	S35350	201	S20100	SUS201	STS201	1.4372	201-2	201
2	1Cr18Mn8Ni5N	12Cr18Mn9Ni5N	S35450	202	S20200	SUS202	STS202	1.4373		202
3	1Cr17Ni7	12Cr17Ni7	S30110	301	S30100	SUS301	STS301	1.4319	301	301
4	0Cr18Ni9	06Cr19Ni10	S30408	304	S30400	SUS304	STS304	1.4301	304	304
5	00Cr19Ni10	022Cr19Ni10	S30403	304L	S30403	SUS304L	STS304L	1.4306	304L	304L
6	0Cr19Ni9N	06Cr19Ni10N	S30458	304N	S30451	SUS304N1	STS304N1	1.4315	304N1	304N1
7	0Cr19Ni10NbN	06Cr19Ni9NbN	S30478	XM21	S30452	SUS304N2	STS304N2		304N2	304N2
8	00Cr18Ni10N	022Cr19Ni10N	S30453	304LN	S30453	SUS304LN	STS304LN		304LN	304LN
9	1Cr18Ni12	10Cr18Ni12	S30510	305	S30500	SUS305	STS305	1.4303	305	305
10	0Cr23Ni13	06Cr23Ni13	S30908	309S	S30908	SUS309S	STS309S	1.4833	309S	309S
11	0Cr25Ni20	06Cr25Ni20	S31008	310S	S31008	SUS310S	STS310S	1.4845	310S	310S
12	0Cr17Ni12Mo2	06Cr17Ni12Mo2	S31608	316	S31600	SUS316	STS316	1.4401	316	316
13	0Cr18Ni12Mo3Ti	06Cr17Ni12Mo2Ti	S31668	316Ti	S31635	SUS316Ti		1.4571	316Ti	316Ti
14	00Cr17Ni14Mo2	022Cr17Ni12Mo2	S31603	316L	S31603	SUS316L	STS316L	1.4404	316L	316L
15	0Cr17Ni12Mo2N	06Cr17Ni12Mo2N	S31658	316N	S31651	SUS316N	STS316N		316N	316N
16	00Cr17Ni13Mo2N	022Cr17Ni12Mo2N	S31653	316LN	S31653	SUS316LN	STS316LN	1.4429	316LN	316LN
17	0Cr18Ni12Mo2Cu2	06Cr18Ni12Mo2Cu2	S31688			SUS316J1	STS316J1		316J1	316J1
18	00Cr18Ni14Mo2Cu2	022Cr18Ni14Mo2Cu2	S31683			SUS316J1L	STS316J1L			316JL1
19	0Cr19Ni13Mo3	06Cr19Ni13Mo3	S31708	317	S31700	SUS317			317	317

续表

序号	中国 GB		统一数字代号	美国		日本 JIS	韩国 KS	欧盟 BSEN	澳大利亚 AS	中国台湾 CNS
	旧牌号	新牌号		ASTM	UNS					
20	00Cr19Ni14Mo3	022Cr19Ni14Mo3	S31703	317L	S31703	SUS317L	STS317L	1.4438	317L	317L
21	0Cr18Ni10Ti	06Cr18Ni11Ti	S32168	321	S32100	SUS321	STS321	1.4541	321	321
22	0Cr18Ni11Nb	06Cr18Ni11Nb	S34778	347	S34700	SUS347	STS347	1.455	347	347
奥氏体-铁素体型不锈钢(双相不锈钢)										
23	0Cr26Ni5Mo2			329	S32900	SUS329J1	STS329J1	1.4477	329J1	329J1
24	00Cr18Ni5Mo3Si2	022Cr19Ni5Mo3Si2N	S21953		S31803	SUS329J3L	STS329J3L	1.4462	329J3L	329J3L
铁素体型不锈钢										
25	0Cr13Al	06Cr13Al	S11348	405	S40500	SUS405	STS405	1.4002	405	405
26		022Cr11Ti	S11163	409	S40900	SUH409	STS409	1.4512	409L	409L
27	00Cr12	022Cr12	S11203			SUS410L	STS410L		410L	410L
28	1Cr17	10Cr17	S11710	430	S43000	SUS430	STS430	1.4016	430	430
29	1Cr17Mo	10Cr17Mo	S11790	434	S43400	SUS434	STS434	1.4113	434	434
30		022Cr18NbTi	S11873		S43940			1.4509	439	439
31	00Cr18Mo2	019Cr19Mo2NbTi	S11972	444	S44400	SUS444	STS444	1.4521	444	444
马氏体型不锈钢										
32	1Cr12	12Cr12	S40310	403	S40300	SUS403	STS403		403	403
33	1Cr13	12Cr13	S41010	410	S41000	SUS410	STS410	1.4006	410	410
34	2Cr13	20Cr13	S42020	420	S42000	SUS420J1	STS420J1	1.4021	420	420J1
35	3Cr13	30Cr13	S42030			SUS420J2	STS420J2	1.4028	420J2	420J2
36	7Cr17	68Cr17	S41070	440A	S44002	SUS440A	STS440A		440A	440A

5　不锈钢 304 和 304L 有什么区别?

（1）价格不同

304 不锈钢作为一种用途广泛的钢，具有良好的耐蚀性、耐热性、低温强度和机械特性；冲压、弯曲等热加工性好，无热处理硬化现象（无磁性，使用温度 $-196 \sim 800\,℃$）。304L 的一般特性与 304 几乎相同，304L 不锈钢价格一般高于 304 不锈钢价格。

（2）化学成分不同

最基本的就是 304L 不锈钢含碳量低于 0.03%；而 304 不锈钢的含碳量是低于 0.08%，具体数据见表 7-2。

表 7-2　不锈钢 304 和 304L 的化学成分对比表　　　　%

钢种	C	Mn	P	S	Si	Cr	Ni	N
304	0.080	2.00	0.045	0.030	0.75	18.00~20.00	8.00~10.50	0.10
304L	0.030	2.00	0.045	0.030	0.75	18.00~20.00	8.00~12.00	0.10

（3）机械性能不同。

不锈钢 304 和 304L 的机械性能对比见表 7-3。304 属于美标奥氏体不锈钢，是不锈钢中常见的一种材质，密度为 $7.93\,g/cm^3$，行业内也称其为 18/8 不锈钢。具有加工性能好，韧性高的特点，广泛使用于家居用品、汽车配件、医疗器械、建材、化工、食品工业和农业等行业。304L（S30403）属于美标奥氏体不锈钢，是碳含量较低的 304 不锈钢的变种，是将 304 的碳含量降低到 0.03% 以下得到的钢种，较低的碳含量使得在靠近焊缝的热影响区中所析出的碳化物减至最少，而碳化物的析出可能导致不锈钢在某些环境中产生晶间腐蚀（焊接侵蚀）。304L 将碳含量降低至焊接部位不产生实用上的热敏化问题，因此适合于需要焊接后直接使用的大型焊接构造用材和管件用材，在化工、煤炭、石油等行业对耐晶界腐蚀性要求高的耐热件或热处理困难的场景下有较好应用。在一般状态下，304L 不锈钢耐蚀性与 304 不锈钢相似，但在焊接后或者消除应力后，304L 不锈钢的抗晶界腐蚀能力更优秀。如依据硬度标准来分的话，304 不锈钢要优于 304L 不锈钢，因为含碳量的高低直接影响到不锈钢的硬度。

表7-3 不锈钢304和304L的机械性能对比表

钢种	拉伸强度/MPa	屈服强度/MPa	伸长率/%	硬度		冷弯
				布氏	洛氏	
304	≥515	≥205	≥40	≥201	≥92	不要求
304L	≥485	≥170	≥40	≥201	≥92	不要求

6 不锈钢304和316(316L)有哪些区别?

不锈钢316和304同为奥氏体型不锈钢,均有良好的耐锈、耐蚀性能。但是二者在高温力学性能、特殊介质耐蚀性能方面有差别,在技术文件要求使用316L不锈钢时,不应使用304不锈钢代替。

304不锈钢是使用非常广泛的不锈钢型号,其耐高温800℃,具有耐腐蚀、易加工、韧性高等特点,用于工业制造、建筑装饰、食品医疗等行业。304不锈钢是通用型不锈钢,广泛用于制作要求良好、综合性能(耐腐蚀、成型性)的设备和机件。316L不锈钢是美国标准不锈钢牌号。316L中的"L",即英文Low之意,表示316L是同系中含碳量更低的材料。与316L不锈钢材质类似的我国国家标准不锈钢牌号是022Cr17Ni12Mo2,其对应的数字代号(按美国UNS制度编码)为S31603。与304相比,316L不锈钢大大提高了抗化学腐蚀的性能,且比其他钢种具有更高的抗高温蠕变、应力断裂和抗拉强度(见表7-4)。

表7-4 不锈钢304和316L性能对比表

对比项	304	316L	备注
价格	低	高	304不锈钢价格低,使用更为广泛
钼含量/%	0	2~3	钼含量越高,耐腐蚀和耐热性能越好
镍含量/%	8.0~10.5	10.0~14.0	镍含量越高,耐腐蚀和耐热性能越好
碳含量/%	<0.08	<0.03	碳含量越高,硬度越高;碳含量越低,焊接性能越好

316L不锈钢比304更耐大气和类似的轻度腐蚀。316L不锈钢在硫酸溶液中的耐蚀性能比其他Cr-Ni型不锈钢(比如304、321等)高得多。在温度为49℃时,316L不锈钢可耐浓度高达5%的这种酸溶液。在温度为38℃时,316L不锈

钢对浓度更高的溶液有极好的耐蚀性。在含硫气体发生冷凝的地方，316L 不锈钢比其他类型更耐腐蚀，然而，这种情况下，酸的浓度对侵蚀速率有明显影响。当使用场景对耐氯离子腐蚀、耐热性能有较高要求时，316 不锈钢更好。因为 316L 不锈钢含钼(Mo)元素，其所形成的碳化物极为稳定，能阻止奥氏体加热时的晶粒长大，减小钢的过热敏感性。另外，钼元素能使钝化膜更致密牢固，从而有效提高不锈钢的耐氯离子腐蚀性。

7 哈氏合金有哪些主要性能？其性能对比情况如何？

哈氏合金始于哈氏 B 合金，哈氏 B 合金主要应用于航空器的火箭喷嘴。随后，哈氏 C 合金在化工工业、石油工业、核能源工业及制药行业得到应用与推广。紧接着的哈氏 X 合金表现出了极好的耐高温性能，其用量伴随着喷气式飞机工业增长而急速增长。

由于早期的哈氏 B 合金、哈氏 C 合金以及哈氏 X 合金需要焊接后固溶处理，否则，焊接热影响区的耐腐蚀性能会大大降低，所以上述合金已经逐渐被改进或不再使用。影响上述材料焊接性能的关键原因在于 C、Si 含量。随着精炼技术的出现与提高，哈氏合金焊接方面的问题得以改善，于是出现很多目前正在推广使用的改进型的哈氏 B 系列、哈氏 C 系列合金等。耐还原性介质的哈氏 B 系列合金在哈氏 B 牌号的基础上进行改进，改进的侧重点包括极低的 C、Si 含量改善焊接区域的性能，进一步合金化思路，纯净化钢水思路的应用等，这样哈氏 B 系列合金出现哈氏 B-2、哈氏 B-3、哈氏 B-4 合金；其中哈氏 B-2 合金一定程度上解决了焊接区域性能问题；哈氏 B-3 解决了哈氏 B-2 容易析出 Ni-Mo 沉淀硬化的缺点，极大地改善了热加工与冷加工性能。

还原性环境应用材料哈氏 B 系列合金改进过程中，在氧化还原复合环境中的哈氏 C 系列合金也在持续改进，其中哈氏合金 C276 由于更低的 C、Si 含量而一定程度上改进了焊接区域性能问题，但是仍旧不太满意，加上加工性能没能加大改善；而哈氏 C22 材料较彻底解决了焊接区域的耐腐蚀问题、加工性能问题，更主要的是在材料成本不提高的基础上解决的，所以哈氏 C22 材料是哈氏 C 系列中性价比最高的材料，而新近开发的哈氏 C2000 材料在合金中加入了 Cu，这拓展了哈氏 C 合金在还原性环境中的耐腐蚀能力，使其能够在复杂的强腐蚀环境下被更安全的使用、提高了设备的使用寿命，也使一些新工艺因采用了适宜的耐腐蚀材料而能够实现工业推广和应用。

8 哈氏合金 C276 的化学成分是什么？其主要性能是什么？

哈氏合金 C276 合金属于镍-钼-铬-铁-钨系镍基合金。它是现代金属材料中最耐蚀的一种。主要耐湿氯、各种氧化性氯化物、氯化盐溶液、硫酸与氧化性盐，在低温与中温盐酸中均有很好的耐蚀性能。因此，在苛刻的腐蚀环境中，如石油化工、纸浆和造纸、环保等工业领域有着相当广泛的应用。哈氏合金 C276 主要成分为 Ni：余量；Mo：16%；Cr：15%；Fe：5%；W：4%。

哈氏合金 C276 的各种腐蚀数据是有其典型性的，但是不能用作规范，尤其是在不明环境中，必须要经过试验才可以选材。哈氏合金 C276 中没有足够的 Cr 来耐强氧化性环境的腐蚀，如热的浓硝酸。这种合金的产生主要是针对化工过程环境，尤其是存在混酸的情况下，如烟气脱硫系统的出料管等。哈氏合金 C276 对混合的具有氯离子的酸、盐溶液有很好的耐蚀性能。哈氏合金 C276 在海水环境中被认为是惰性的，所以哈氏合金 C276 被广泛地应用在海洋、盐水和高氯环境中，甚至在强酸低 pH 值情况下依然能够使用良好。哈氏合金 C276 中高含量的 Ni 和 Mo 使其对氯离子应力腐蚀断裂也有很强的抵抗能力。

9 哈氏合金 C276 焊接和热处理的注意事项有哪些？

哈氏合金 C276 的焊接性能和普通奥氏体不锈钢相似，在使用一种焊接方法对哈氏合金 C276 焊接之前，必须要采取措施以使焊缝及热影响区的抗腐蚀性能下降最小，如钨极气体保护焊（GTAW）、金属极气体保护焊（GMAW）、埋弧焊等焊接方法。但对于诸如氧炔焊等有可能增加材料焊缝及热影响区含碳量或含硅量的焊接方法是不适合采用的。

关于焊接接头形式的选择，可以参照 ASME 锅炉与压力容器规范对 C-276 焊接接头的成功经验。焊接坡口最好采用机械加工的方法，但是机械加工会带来加工硬化，所以对机械加工的坡口处进行焊接前打磨是必要的。焊接时要采用适宜的热输入速度，以防止热裂纹的产生。

在绝大多数腐蚀环境下，C276 都能以焊接件的形式应用。但在十分苛刻的环境中，C276 材料及焊接件要进行固溶热处理以获得最好的抗腐蚀性能。哈氏合金 C276 的焊接可以选择自身作焊接材料或填料金属。如要求在 C276 的焊缝中添加某些成分，像其他镍基合金或不锈钢，并且这些焊缝将暴露在腐蚀环境中时，焊接所用的焊条或焊丝则要求有和母材金属耐腐蚀相当的性能。

哈氏合金 C276 材料固溶热处理包括两个过程：①在 1040~1150℃加热；

②在 2min 之内快速冷却至黑色状态(400℃左右),这样处理后的材料有很好的耐蚀性能。因此仅对哈氏合金 C276 进行消应力热处理是无效的。在热处理之前要清理合金表面的油污等可能在热处理过程中产生碳元素的一切污垢。

哈氏合金 C276 表面在焊接或热处理时会产生氧化物,使合金中的 Cr 含量降低,影响耐蚀性能,所以要对其进行清理。可以使用不锈钢丝刷或砂轮,接下来浸入适当比例硝酸和氢氟酸的混合液中酸洗,最后用清水冲洗干净。

10　国外烟气洗涤塔入口急冷段选择何种材质?

烟气洗涤塔入口急冷段较常见的选择有哈氏合金 C22、哈氏合金 C276、合金 20Cb3。

哈氏合金(Hastelloy alloy)是美国哈氏合金国际公司所生产的镍基耐蚀合金的商业牌号的统称。哈氏合金始于哈氏 B 合金,一般在还原性环境应用材料哈氏 B 系列,在氧化还原复合环境中应用哈氏 C 系列合金。其中哈氏 C276 合金由于更低的 C、Si 含量而一定程度上改进了焊接区域性能问题,但仍不能获得最大满意,加上加工性能没能取得更大的改善,而哈氏 C22 材料较彻底解决了焊接区域的耐腐蚀和加工性能问题,更主要是在材料成本不提高的基础上解决的,所以哈氏 C22 材料是哈氏 C 系列中性价比较高的材料。

哈氏合金板较高的钼、铬含量使合金能够耐氯离子腐蚀,钨元素进一步提高了耐蚀性。同时哈氏合金 C276 是仅有的几种耐潮湿氯气、次氯酸盐及二氧化氯溶液腐蚀的材料之一,对高浓度的氯化盐溶液如氯化铁和氯化铜有显著的耐蚀性。

相对于哈氏合金 C22,哈氏合金 C276 更容易采购,进口的现货也较全,但是哈氏合金 C22 在烟气脱硫装置上的使用性能更优异。哈氏合金 C22 的密度要小于哈氏合金 C276。这两种合金的价格上更主要是体现在运费上。

合金 20Cb3 是一种铬镍钼铜耐蚀合金,合金 20Cb3 是 Carpenter Technology 的注册商标,是 Carpenter 公司发明的以耐硫酸腐蚀为主要目的的高镍(铁镍基)合金,在硫酸、硝酸及其混合酸介中具有良好的耐蚀性、[特别是在稀硫酸(浓度在 30% 以下)环境中]热加工、冷加工及焊接性能均优良,并且也容易铸造成形。由于历史的原因,它的 UNS(Unified Numbering System)编号归到了镍合金类,其实也可以理解为镍铬奥氏体不锈钢基础上进一步增加了镍、铬、钼,同时添加相当量的 Cu 以及少量的 Nb 等元素形成的超级奥氏体不锈钢。通常称其为 20 号合金钢，Carpenter 牌号是 20Cb3，UNS 统一编号为 N08020。合金 20Cb3 是具有很多优异性能的耐蚀合金，对氧化性和中等还原性腐蚀有很好的抵抗能力，并具有优异的抗应力腐蚀开裂能力和好的耐局部腐蚀能力。在浸渍性很强的无机酸溶液、氯气和含氯化合物介质、干燥氯气、甲酸和醋酸、酸酐、海水和盐水等环境下都有较好的耐腐蚀能力。

一般美国烟气脱硫装置较多的使用 C276 材质，部分欧洲的烟气脱硫装置采用 C22 材质。

11 烟气脱硫的注碱线为什么不能选择用蒸汽伴热？

烟气脱硫的注碱线内部的氢氧化钠浓度一般在 18%～42%，浓度较高，在此浓度下再有蒸汽伴热会产生碱脆现象，从而造成注碱线频繁泄漏。注碱线一般选择温度稍低一些的热水较好，或和其他物料管线包在一起，利用其他物料的余热给注碱线伴热。否则，即使伴热线选用 316L 等不锈钢材质也会发生频繁泄漏问题。

12 什么是碱脆？

碱脆，又称苛性脆化，金属及合金材料在碱性溶液中，由于拉应力和腐蚀介质的联合作用而产生的开裂。这种腐蚀是沿晶间发生裂纹，是应力腐蚀破裂的一种特殊类型。碱脆主要发生在接触苛性碱的碳钢、低合金钢、奥氏体不锈钢设备上。钢的碱脆，一般要同时具备三个条件，一是较高浓度的氢氧化钠溶液。试验指出，浓度大于 10% 的碱液即足以引起钢的碱脆。二是较高的温度，碱脆的温度范围较宽，但最容易引起碱脆的温度是在溶液的沸点附近。三是拉伸应力，可以是外载荷引起的应力，也可以是残余应力，或者是两者的联合作用。拉伸应力的大小虽然是碱脆的一个影响因素，但更重要的因素是应力均匀与否，局部的拉伸应力最容易引起碱脆。碱脆通常发生在锅炉的锅筒等高温承压部件中，因为它有可能同时具备发生碱脆的三个条件：在正常运行情况下，锅筒等承压部件就处在较高的温度和拉伸应力的作用下，而开孔接管等局部区域也存在不均匀的拉伸应力。锅水中的碱浓度虽然不会达到产生碱脆的程度，但在局部常常会因为氢氧化钠富集而使水的碱浓度增大。例如在铆接、胀管及其他一些存在缝隙的地方，锅水进入后常被逐渐浓缩，就很有可能达到碱脆所需的浓度。所以锅筒的碱脆绝大多数是在铆接或胀接的接缝上发生的。

不锈钢的碱脆一般发生在沸点以上温度，但在50%NaOH中沸点以下也可能破裂。碱脆的防止措施有：①添加抑制剂，如磷酸三钠、硝酸钠等；②尽可能降低作业温度；③尽量将负荷应力降低；④进行消除应力的热处理，除去焊接、装配、加工时产生的残余应力；⑤选用不易产生碱脆的高镍铸铁、镍合金等材料。

13　碱脆对碳钢碱液储罐的腐蚀机理是怎样的？

烟气脱硫用的碱罐腐蚀情况一般是罐内壁整体无明显腐蚀减薄现象，也没有大面积腐蚀及局部点蚀出现，泄漏点集中在加热盘管的焊缝处以及和加热盘管较近的罐体的焊缝周围，且大多平行于焊缝，有分支，环焊缝两侧裂纹深度和宽度较大，液碱正是通过这些细小的裂纹渗漏出来的，使用碳钢焊条和不锈钢焊条补焊，泄漏依然不一定能很好地解决。

烟气脱硫碳钢碱液储罐的材质一般是Q235-A材质，其化学成分见表7-5。

表7-5　Q235-A化学成分

元素	C	Si	Mn	S	P	Cr	Ni	Cu
含量/% ≤	0.22	0.35	1.4	0.050	0.045	0.030	0.030	0.030

通常，金属中碳含量在0.01%~0.25%范围内容易产生碱脆，大于或者小于这个范围时，都难以发生碱脆。Q235-A钢含碳量为≤0.22%，正处于发生碱脆的条件范围内，是液碱储罐发生碱脆的重要条件。第二个条件就是应力，金属冷加工造成的残余应力，尤其是焊接产生的残余应力（拉应力），为应力腐蚀裂纹的产生也创造了条件。第三个条件是介质温度（碳钢在不同浓度和温度情况下的腐蚀速率见表7-6）。

表7-6　碳钢材质在不同液碱浓度中的腐蚀率

液碱浓度/%	5~10	14	30~50	50	50
温度/℃	21	88	82	38	57
时间/d	124	90	16	162	135
腐蚀率/(mm/a)	0.1610(孔蚀)	0.2083	0.0939	0.0178	0.1270

由表6-6可以看出，碳钢材质在常温低浓度下，腐蚀率较低，但随着温度的升高，碱脆发生的几率越来越大，30%NaOH浓度，碱脆温度最低为50℃。通过液碱储罐为了防止冬季液碱低温结晶，储罐底部设有蒸汽加热盘管，使用过程温度极有可能超过50℃，达到该材料的碱脆温度范围，如果该储罐使用的是内盘

管，那必然会产生碱脆现象，即使是使用外盘管伴热，也要格外注意管壁温度的控制。

碳钢和低合金钢在液碱、硝酸盐、液氨等介质中都容易发生腐蚀破裂，裂纹形式一般都是晶间裂纹。晶界处碳、氮原子偏聚或碳化物的析出成为位错运动的障碍，在应力作用下造成应力集中，很容易发展成晶间裂纹源。特定因子的吸附及碳、氮原子的偏聚和应力集中等因素又能促进金属裂纹源的扩展。一定的介质的特定离子能够吸附于微小裂纹底部的金属处，降低金属开裂所需的能量，使开裂容易向裂纹前沿的方向发展。在应力的作用下，金属产生塑性变形，裂纹得以扩大直至使金属破裂。液碱、硝酸盐、液氨都是烟气脱硫脱硝技术中常用的介质，这些介质的伴热温度一定要严格控制，以免发生碱脆。

14 如何避免碳钢碱液储罐的碱脆？

一般为避免碱脆采取的措施与防护办法有：①采用糠醇改性环氧树脂内衬；②降低液碱的使用温度，间歇使用盘管加热，保持设备被伴热的温度不大于40℃；③减小应力集中现象，在制作储罐的焊接过程中，进行必要的热处理。

15 碳钢焊缝应力腐蚀开裂倾向最大的区域在何处？

在长期的生产实践中发现残余塑性变形最大的热影响区部分的金属，即焊接过程中被加热到500~850℃的那部分金属，其应力腐蚀开裂的倾向性最大。在碱液生产和储运使用的设备检修中发现，在焊接过程中加热温度超过550℃和略低于再结晶区的金属，在碱性溶液中具有最大的开裂倾向。

16 防止碳钢焊缝区"碱脆"的具体措施有哪些？

① 进行合理的焊接结构设计，采取合理的装配工艺措施和焊接工艺措施。合理安排焊缝位置和选择焊缝尺寸及形状，尽可能减少焊缝数量，缩短焊缝长度。合理选择装配程序，采用预留收缩余量法、反变形法、刚性固定法等预防焊接变形。焊接工艺措施包括焊接方法、焊接规范、焊接顺序和方向以及进行层间锤击等，如碱液储槽底板焊接就应先焊短焊缝，再焊长焊缝。这种方法在成品碱罐等大型碱设备制作时要特别重视，效果非常显著。

② 施焊前进行预热。施焊前采用≥50℃的温度进行预热，这样施焊时可以

采用较小的线能量进行施焊，从而降低焊缝区的残余应力。

③ 整体高温回火。这种方法消除焊接残余应力的效果最好，一般可以将80%~90%的残余应力消除掉。其基本原理是：由于焊件残余应力的最大值(高峰应力)通常可达到该种材料的屈服强度，而金属在高温下的屈服强度将降低。所以焊件的温度若升高到某一定数值时，高峰应力也应该减少到该温度下的屈服强度数值。如果要完全消除结构中的残余应力，那么必须将焊件加热到其屈服强度等于零的温度，所以一般所取的回火温度为600~650℃。但是这个方法只适用于小型设备，对大型设备就无能为力了。

④ 局部高温回火。对于大型设备可采用局部高温回火来消除其残余应力，这种方法只对焊缝及其附近的局部区域进行加热，消除应力的效果不如整体回火，仅可降低残余应力的峰值，使应力分布比较平缓。但它不需要大型的热处理设备，对长筒形容器、管道接头等不能整体进行回火的设备比较适合。

17 不锈钢在氢氧化钠的腐蚀性环境中有哪些具体应用？

不锈钢在氢氧化钠介质中的耐腐蚀性能远远优于碳钢，在质量分数小于50%、温度低于80℃的氢氧化钠溶液中具有优良的耐腐蚀性。在质量分数为40%~50%的氢氧化钠生产中或用户对产品有色度要求时应用广泛。如离子膜碱生产中的碱储罐、碱高位槽、烧碱热交换器和成品碱冷却器等都采用不锈钢材质。

氢氧化钠生产中使用的是奥氏体不锈钢，奥氏体不锈钢具有18Cr-8Ni结构，耐腐蚀性较好，当钢中铬含量在12%左右时，铬与腐蚀介质中的氧作用，在钢表面形成一层很薄的氧化膜(自钝化膜)，可阻止钢的基体进一步腐蚀。这种氧化层虽薄，但即使损坏了表层保护膜，所暴露的钢表面进行自我修复，可重新形成自钝化膜，继续起保护作用。一般选用超低碳奥氏体不锈钢作为输送碱液的管道。虽然不锈钢对应力腐蚀也很敏感，但由于其含碳量低于碳在奥氏体中的溶解度，不会有铬的碳化物($Cr_{23}C_6$)在晶间析出。一旦发生应力腐蚀破裂，裂纹扩展速度不会受碳化物的影响而加快。从断裂力学观点，提高材料的韧性，会增加在应力腐蚀环境的断裂韧性。0Cr18Ni9、00Cr17Ni14Mo2等低碳不锈钢的屈服强度较低，因此韧性好，抗应力腐蚀破裂的能力强。目前，在氢氧化钠生产的系统中，国内外多选用00Cr17Ni14Mo2型超低碳不锈钢。在电解槽碱出口附近的设备、管道不采用不锈钢，主要是由于在电解槽周围不仅要耐高温强硬的腐蚀，还要防止杂散电流的腐蚀。

18 镍的耐氢氧化钠腐蚀性如何？

所有金属材料中，银对氢氧化钠的耐蚀性最好，其次是镍，银和镍能耐所有浓度和温度的氢氧化钠，直到熔融状态（480℃）。镍有优良的的机械加工性能，又有良好的耐腐蚀性能，但镍的价格昂贵，所以主要用在离子膜电解槽出口附近的设备、管道和碱浓缩工艺中。如碱循环罐、离子膜电解槽碱液出口管、产品预热器等的主材都是用镍制造的。隔膜碱液中含有 0.3~0.6g/L 的氯酸盐，而镍在烧碱溶液中的腐蚀主要是氯酸盐的作用，所以在隔膜碱生产中应用较少。虽然镍在氢氧化钠溶液中耐蚀性好，但在高温高浓度的碱液中，在拉应力的作用下，同样会发生应力腐蚀而开裂，所以镍设备和管道在焊后应进行消除应力处理，并尽可能保持镍在软态下使用，以提高断裂韧性。

19 氢氧化钠的密度、质量分数和摩尔浓度之间存在着怎样的关系？

氢氧化钠是大多数烟气脱硫装置要用到的化学药剂，了解氢氧化钠的密度、质量分数和摩尔浓度之间的关系对分析烟气脱硫装置的操作有重要作用，其具体关系见表7-7。

表7-7　氢氧化钠的密度、质量分数和摩尔浓度之间的关系

密度/（g/m³）	质量分数/%	摩尔浓度/（mol/L）
1.005	0.602	0.151
1.040	3.745	0.971
1.075	6.930	1.862
1.100	9.190	2.527
1.140	12.830	3.655
1.175	15.990	4.697
1.200	18.255	5.476
1.238	21.678	6.738
1.275	25.100	8.000
1.310	28.330	9.278
1.340	31.140	10.430
1.370	34.030	11.650
1.405	37.490	13.170
1.430	40.000	14.300
1.460	43.120	15.740
1.490	46.270	17.280
1.520	49.440	18.780

20 氢氧化钠的浓度和凝固点存在着怎样的关系？

了解氢氧化钠的浓度和凝固点关系对氢氧化钠储运系统采取适宜的伴热形式具有重要意义，其具体关系见表7-8。

表7-8 氢氧化钠的浓度和凝固点之间的关系

浓度/%	凝固点/℃	浓度/%	凝固点/℃
5.78	-5.3	26.91	-8.5
10.03	-10.3	30.38	1.6
14.11	-17.2	32.30	5.4
18.17	-25.2	32.97	7.0
19.00	-28.0	35.51	13.2
19.98	-26.0	38.83	15.6
21.10	-26.0	42.28	14.0
22.10	-24.0	44.22	10.7
23.31	-21.7	45.50	5.0
23.97	-19.5	47.30	7.8
24.70	-18.0	49.11	10.3
25.47	-12.6	50.80	12.3

21 为什么有的脱硫塔或者吸收塔顶部易发生腐蚀？

进入脱硫装置的催化再生烟气中含有较多的 SO_2、SO_3 等腐蚀性物质，95%以上的 SO_2 在脱硫装置被脱除，但是 SO_3 和水蒸气形成的气溶胶极不容易被脱除，脱除率一般不会超过 30%~40%。进入烟囱的净化烟气远低于硫酸露点温度，SO_3 会在脱硫塔或者吸收塔顶部（如果是双循环湍冲文丘里脱硫装置，就是指静电除雾器以上的区域，若没有静电除雾器则是除雾器以上的区域）析出生成稀硫酸溶液，溶液还会吸收烟气中的腐蚀性介质进一步酸化，凝析液的 pH 值在 2~6 之间。这样就会导致吸收塔顶部与烟囱存在较严重的硫酸腐蚀。某催化裂化装置的烟气脱硫综合塔塔顶与烟囱变径段（塔壳体 304L 复合板、变径段及烟囱 316L 复合板）腐蚀明显，其中塔顶 304L 严重腐蚀、304L 和 316L 连接焊缝腐蚀穿孔、变径段 316L 不锈钢也明显腐蚀减薄。综合塔塔顶至烟囱变径段是腐蚀严重的区域。这主要是由于自上部流下来的硫酸凝析液与自下部来的烟气在这个区域的流向都发生改变，两种流体相遇产生复杂的流动状态加速了腐蚀。针对该部位的腐蚀，该装置把消泡器喷淋管以上至烟囱高大约1m处的脱硫塔壳体升级为整体316L不锈钢。改造之后运行情况良好。另外，不锈钢也容易发生焊缝腐蚀。不锈钢焊缝很容易存在微孔、微裂纹等焊接缺陷，若焊接工艺控制不好，焊缝易被基材稀释导致铬含量降低，耐蚀性能低于母材。

第二节 非金属

1 衬胶和玻璃鳞片防腐工程质量控制要点有哪些？

（1）原材料进场验收

原材料的品种、质量和有效使用期是进场验收的重点。验收项目包括品种、厚度、硬度、电火花（检查孔洞）检测和外观。玻璃鳞片原材料储存温度要求在20℃以下，相对湿度控制在75%以下。

（2）预处理工序质量控制

防腐施工中的预处理主要是基体补焊打磨、喷砂和衬胶施工中的胶板打磨。衬胶和玻璃鳞片施工要求喷砂后的基体表面洁净度达到Sa2.5级，粗糙度分别达到50μm和7μm。喷砂质量为必检项目，以喷砂质量标准样板为依据，对各部位的喷砂表面进行检验。同时严格监控喷砂压缩空气质量和砂的质量，严禁压缩空气存在油污和水汽。

（3）施工环境条件控制

衬胶及玻璃鳞片施工现场要求温度控制在10~35℃，相对湿度控制在60%以下。

（4）施工过程控制

① 配料。包括：衬胶底涂、粘接剂、玻璃鳞片底涂、玻璃鳞片树脂、玻璃钢环氧树脂、环氧漆、耐酸胶泥和衬砖胶泥等防腐材料，在施工过程中要现场配制。配料过程主要监检配比准确性和活化期。

② 工序衔接。防腐施工要在喷砂后24h内刷第一遍与第二遍底涂，底涂与第一遍粘接剂，两遍粘接剂之间，第二遍粘接剂与贴胶板，每道玻璃鳞片涂层之间都有最短和最长的间隔时间要求。施工时要根据工艺文件对该工序的时间间隔严格地监督检查，确保工序衔接符合工艺要求。

③ 衬胶搭接。衬胶搭接的搭接方向要与介质流动方向保持一致，防止介质冲刷胶板搭接缝。施工人员须根据设备内各部位介质流向，确定胶板搭接形式。施工中应对胶板搭接部位进行严格检查，保证正确的接缝方向。

④ 衬胶。吸收塔和各种箱罐衬胶质量验收项目包括：厚度、硬度、电火花、外观和粘接强度。其中厚度、硬度、电火花、外观验收检查在制品上进行，剥离强度（规定值≥4N/mm）检测在产品试板上进行。外观检查要求：搭接缝方向正确，无十字接缝，各部位所衬胶板品种符合规定，未见气泡、鼓包、大的裂缝等严重缺陷。

⑤ 玻璃鳞片树脂衬里涂层。玻璃鳞片涂层质量验收项目包括：厚度、硬度、电火花、外观和粘接强度。其中厚度要求：检查前根据测厚仪标准板校验测厚仪，测定鳞片衬里厚度，使用测厚仪每 4m² 检测 2~3 处。外观要求：鳞片衬里面100%电火花检测（规定 4kV/mm 电压下不漏电）在制品上进行，检测时避免电压过高或在一处停滞时间过长，电压必须稳定，使用检测仪扫描所有衬里面（扫描速度为 300~500mm/s）。确认有无缺陷。在产品试板上检验硬度（巴氏硬度，规定值 40）和粘接强度（规定值 7MPa）。

2 玻璃钢的原材料有哪些？这些原材料有哪些特性？

玻璃钢的原材料分为增强材料和基体材料两类。玻璃钢的增强材料由玻璃纤维及其织物组成，是玻璃钢主要的承载组分材料，对玻璃钢强度和刚度有着直接的影响。玻璃钢的基体材料是指经过物理和化学变化而将增强材料包覆并牢固粘接的组分材料，由合成树脂和辅助材料组成，其中合成树脂是主要组分。基体材料在玻璃钢中的作用是在纤维间传递载荷，并使载荷均衡。基体材料的性能，如耐腐蚀性、耐热性等，直接影响玻璃钢的性能。玻璃钢工艺性则决定其所选择的成型工艺。

合成树脂是一类由人工合成的分子量比较大的聚合物，通常称之为高分子化合物，也称之为聚合物。合成树脂以其受热后所表现的性能不同，可分为热固性树脂和热塑性树脂两大类。

热固性树脂是指在热或固化剂（包括引发体系）的作用下，能发生交联而变成不溶、不熔状态的固体的一类树脂，如环氧树脂、酚醛树脂、不饱和聚酯树脂、呋喃树脂等，这类树脂的固化物受热后不能软化，温度过高则分解破坏。热塑性树脂是指具有线型或支链型结构的一类树脂，如聚酰胺树脂、聚氯乙烯树脂、聚苯乙烯树脂、聚碳酸酯等，这类树脂可被反复加热软化（或熔化）和冷却凝固。尽管近几年来，以热塑性树脂为基体的热塑性玻璃钢发展很快，但目前玻璃钢仍是以热固性树脂基体为主，其中最常用的热固性树脂是聚酯、环氧树脂和酚醛树脂等。

3 玻璃纤维的化学组成对使用性能有哪些影响？

玻璃纤维的化学组成主要是 SiO_2、B_2O_3、CaO 和 Al_2O_3 等，它们对玻璃纤维的性能和生产工艺性起决定性作用。Na_2O 和 K_2O 等碱性氧化物为助熔氧化物，它们可以降低玻璃的熔化温度和黏度，排除玻璃熔液中的气泡，可以通过破坏玻璃骨架，使玻璃结构疏松，从而达到助熔的目的。因此 Na_2O 和 K_2O 的含量越高，玻璃纤维的强度、电绝缘性能和化学稳定性等越低。在玻璃组分中加入 CaO、Al_2O_3 等，在一定条件下可构成玻璃网络的一部分，并改善玻璃的某些性质和工艺性能。因此，正确选择玻璃的成分，不仅可以制备物理化学性能合乎要求的玻璃及玻璃纤维，同时还可以适当简化生产工艺过程，降低生产成本。

4 影响玻璃纤维强度的因素有哪些？

① 纤维直径和长度对拉伸强度的影响。一般来说，玻璃纤维的直径越细，拉伸强度越高。但在不同的拉丝温度下，直径相同的纤维，强度也有区别。直径和长度对玻璃纤维的拉伸强度影响可以用微裂纹假说来解释，随着纤维直径和长度的减小，纤维中的微裂纹会相应减少，从而纤维的强度得到提高。

② 化学组成对强度的影响。一般含碱量越高，强度越低。无碱玻璃纤维比有碱玻璃纤维的拉伸强度高20%。研究证明，由于高强纤维和无碱玻璃纤维成型温度高、硬化速度快及结构键能大等，因此它们具有很高的拉伸强度。

③ 存放时间对强度的影响。玻璃纤维在存放过程中，由于空气中水分的侵蚀，其强度下降。在存放过程中化学稳定性高的纤维强度降低较少。

④ 施加负荷时间对强度的影响。玻璃纤维的强度，随着施加负荷时间的增加而降低，当环境温度较高时尤其明显。究其原因，可能是吸附在微裂纹中的水分在外力作用下，使微裂纹扩展速度加快的缘故。

此外，玻璃纤维成型方法和成型条件对强度也有很大影响，如玻璃硬化速度越快，拉制的纤维强度越高。

5 玻璃钢的耐老化性能和耐温性能如何？

玻璃钢在大气曝晒、湿热、水浸泡及腐蚀介质等作用下，性能会有所下降，在长期使用过程中会产生光泽减退、颜色变化、树脂脱落、纤维裸露、分层等现象。但随着科学技术进步，已可以采取必要的防老化措施，改善使用性能，提高产品的使用寿命。此外，室外风、雨及阳光曝晒，会使玻璃钢表层树脂脱落，应注意定期维护。

玻璃钢的耐温性及耐燃性取决于所用的树脂，长期的使用温度不能超过树脂的热变形温度。通用的环氧及聚酯玻璃钢，都是易燃的，对于有防火要求的结构物，要用阻燃树脂或加阻燃剂，因此在使用玻璃钢时，应充分注意。一般玻璃钢不能在高温下长期使用。如聚酯玻璃钢在 40~45℃ 以上，环氧玻璃钢在 60℃ 以上，强度开始下降。近年来出现了一些耐高温的玻璃钢，如脂环族环氧玻璃钢、聚酰亚胺玻璃钢等，但长期工作温度也只能在 200~300℃ 以内，远较金属的长期使用温度低。玻璃钢低温性能好，强度不下降，因此北方冬季虽然室外气温降到 -45℃ ，玻璃钢也并不发脆。一般冷却塔、防雨棚等室外构筑物，在北方冬季里使用仍很安全。相反，玻璃钢在高温环境下要用专门的树脂和配方，例如在 100℃ 长期使用，就要采用耐高温配方，用专门的工艺条件成型才行，否则玻璃钢就会遭到破坏。

6　玻璃钢材料应用在催化裂化烟气脱硫除尘装置有哪些优缺点？

使用玻璃钢材质时施工过程非常重要，一定要有生产厂家的技术人员进行指导安装。由于安装过程中操作人员不同，使得各法兰的紧固程度不同。在强度试验过程中，会因消漏使玻璃钢法兰的变形加重，并使法兰与管子的结合部位产生裂纹，DN200 以上的玻璃钢管线尤为明显。玻璃钢管线无法加蒸汽伴热，冬季在装置开工出现异常时容易产生冻裂管线问题。玻璃钢管线质量差异较大，质量不过关的玻璃钢使用中极易出现裂缝，有的劣质玻璃钢在制作过程中会使用管内内衬塑料薄膜，这些内衬薄膜在使用中会逐渐脱落，会持续地造成管线堵塞。如要使用玻璃钢材料，一定要选择质量过硬的产品。该种材料曾在中国石油天然气股份有限公司兰州石化公司催化裂化烟气脱硫除尘装置上广泛使用，由于使用的玻璃钢质量较好，施工过程由厂家全过程指导安装，使用后的泄露情况相对少一些。尽管玻璃钢材料在价格上有较大优势，但是由于玻璃钢易老化、在一定温度下易变形、无法使用伴热、管线越长越会产生一定形变、静密封点较多等缺点，在烟气脱硫装置上要慎用玻璃钢材料，除了在脱硫塔放空等不重要部位可采用玻璃钢材质外，其他部位不建议使用该材质。

7 在催化裂化烟气脱硫除尘装置上广泛使用碳钢衬 **PO** 管道会遇到哪些问题？

PO 的英文名称为 polyolefin（简称 PO），是聚烯烃共聚物，即由烯烃单体制得的聚合物。最常见的 PO 有 PE、PP 和 PIB 三种。PE 是聚乙烯，聚乙烯又细分为如 HDPE、LLDPE 等多种，是用途广泛的塑料；PP 是聚丙烯，也常用于管材；PIB 是聚异丁烯，典型的饱和线形聚合物，热熔体黏合剂的一个重要成分，具备永久黏合性、极好相容性、耐老化性。尽管 PO 材料具有多种优良的特性，把碳钢衬 PO 管道用于催化裂化烟气脱硫除尘装置还是会存在很多问题。①由于碳钢和 PO 两种材料的膨胀系数和抗压强度均不同，随着催化剂的冲刷，PO 材料迟早会有被磨坏的地方，一旦有被磨坏的地方，该破损处就会很快使碳钢和 PO 材料脱离，PO 材料会间歇式地脱落，不断地对喷嘴和喷头等精细构件造成堵塞。②只要碳钢还没被腐蚀漏，PO 脱落点就很难找到，经常会出现为找到一处 PO 脱落点，几乎要拆开该流程上的所有管线的情况。③PO 管线的配管大部分为泵到塔和罐间的管线，管件和直管段多且又全部是法兰连接，管道静密封点过多，使得泄漏点几率加大。法兰、阀门、泵所采用的标准、压力等级不规范统一，衬 PO 钢管没有制造标准，无法定货，阀门一般也没有制造标准，如配套法兰采用美标，两者压力等级很可能不一致，无法配合使用。④由于安装过程中操作人不同，使得各法兰的紧固程度不同。⑤衬 PO 阀门开关极其困难，在开关过程中易使内衬被卷起，从而导致内衬脱落，内衬一旦脱落难以查找脱落的具体位置，脱落位置还会持续地出现内衬物脱落，脱落物进入喷头，最终影响浆液循环系统喷头或滤清模块喷头的喷淋效果。⑥衬 PO 大小头及三通等管件为定尺材料，有些管件需要现场测量、焊接完成拉回厂家进行衬里，因此，以后的检修及更换难度非常大。⑦选用衬 PO 材料的管线无法加蒸汽伴热，局部管线只能采取电伴热。因此，在催化裂化烟气脱硫除尘装置上不宜采用碳钢衬 PO 材料。

第八章　自动控制和仪表

1 用于调节的阀体图形和符号有哪些?

（1）截止阀

（2）闸阀

（3）球阀

（4）隔膜阀

（5）旋塞阀

（6）蝶阀

（7）角阀

（8）三通阀

（9）四通阀

（10）其他形式阀门(×)

2 测量液位的方法有哪些?

测量液位的方法有直接测量法、压力测量法、浮力法、电学法、热学法、超声波法、导波雷达法、射线式物位检测法和中子料位计法。

3 各种液位测量方法的原理是怎样的?

① 直接测量法是一种最为简单、直观的测量方法，它是利用连通器的原理，

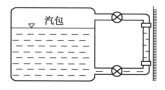

图 8-1　玻璃管
液位计示意图

将容器中的液体引入带有标尺的观察管中，通过标尺读出液位高度。如图 8-1 所示的是玻璃管液位计。直接测量法常用于汽包液位计的测量。

② 压力测量法依据液体重量所产生的压力进行测量。由于液体对容器底面产生的静压力与液位高度成正比，因此通过测容器中液体的压力即可测算出液位的高度。对于常压开口容器，液位高度与液体静压力之间还有如下关系：

$$P = \rho g H$$

图 8-2 为用于测量开口容器液位高度的三种压力式液位计示意图。

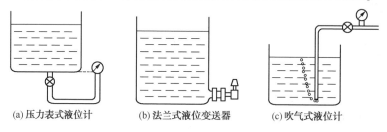

(a)压力表式液位计　　(b)法兰式液位变送器　　(c)吹气式液位计

图 8-2　压力式液位计示意图

对于密闭容器中的液位测量，可用差压法进行测量，它可在测量过程中消除液面上部气压及气压波动对示值的影响。其中普通压力式液位计(见图 8-3)较多地应用于各种常见液体的液位测量，双法兰式差压液位计则较多地用于碱罐液位的测量。

③ 浮力法液位检测分为恒浮力式检测与变浮力式检测。恒浮力式检测的基

本原理是通过测量漂浮于被测液面上的浮子(也称浮标)随液面变化而产生的位移。变浮力式检测是利用沉浸在被测液体中的浮筒(也称沉筒)所受的浮力与液面位置的关系检测液位。浮力法液位检测计包括钢带浮子式液位计、浮球液位计、磁性浮子液位计和浮筒式液位计。

　　钢带浮子式液位计是一种最简单的液位计,一般只能就地显示,图8-4为直读式钢带浮子式液位计,图8-5为电子智能浮子式液位计。电子智能钢带浮子式液位计较多地应用于炼油厂的油品罐区液位测量。

图 8-3　压力式液位计

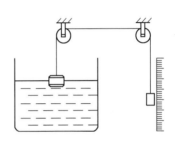

图 8-4　直读式钢带浮子式液位计示意图

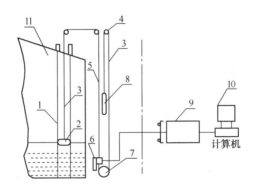

图 8-5　电子智能液位计示意图

1—导向钢丝;2—浮子;3—连接钢带;4—连接钢带导向轮;5—信息码带;

6—变送器;7—信息码带导向轮;8—平衡重锤;

9—电子智能显示仪;10—计算机;11—储油罐

　　浮球液位计在工业中较多使用的是电动浮球液位计(图8-6)。电动浮球液位变送器的测量部分由浮球与平衡杆和平衡锤组成力矩平衡机构,因此浮球可以自由地随液位的变化而升降。当液位改变时,浮球的位置发生相应的变化,通过球杆带动主轴转动,表头内角位移传感器与主轴通过齿轮啮合,将液位的变化转化

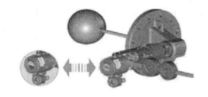

图 8-6　电动浮球液位变送器

成相应的电信号。电动浮球液位计在常压塔和减压塔底液位测量方面应用广泛。

　　磁性浮子液位计主要由本体部分、就地指示器、远传变送器以及上、下限液位报警器等几部分组成。磁性浮子式液位计通过与工艺容器相连的筒体内浮子随液面(或界面)的上下移动，由浮子内的磁钢利用磁耦合原理驱动磁性翻板指示器，用红蓝(或白)两色(液红气蓝或白)明显直观地指示出工艺容器内的液位(或界位)。磁性浮子式液位计较多地用于碱罐液位测量(图 8-7)。

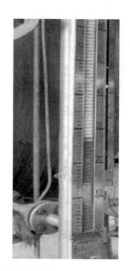

图 8-7　磁性浮子液位计

　　浮筒式液位计属于变浮力液位计如图 8-8 所示，当被测液面位置变化时，浮筒浸没体积变化，所受浮力也变化，通过测量浮力变化确定出液面的变化量。

　　浮筒式液位计在炼油工业中使用较多的是电动浮筒液位计。电动浮筒液位计(见图 8-9 和图 8-10)的杠杆的末端吊有内筒，浮筒随介质的浮力 F_1 变化而升降。这个浮力作用在杠杆 1 上，使杠杆系统以轴封膜片为支点而产生微小偏转(轴封膜片一方面作为杠杆的支点，另一方面起密封作用)，带动杠杆 2 转动，传感器将偏移量经信号处理及转换电路转换成 4~20mA 标准的信号输出，即完成变换过程。浮筒式液位计在炼油厂里应用广泛，各类卧罐和立罐均较多使用浮筒式液位计，但其使用效果也远不如双法兰液位计。

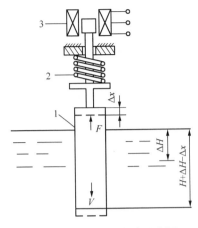

图 8-8 浮筒式液位计示意图

1—浮筒；2—弹簧；3—变动压力器

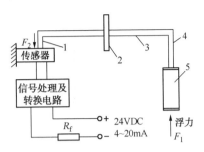

图 8-9 电动浮筒液位计示意图

1—杠杆 2；2—膜片支点；3—杠杆 1；
4—浮筒吊杆；5—内筒

图 8-10 电动浮筒液位计

④ 电学法按工作原理不同又可分为电阻式、电感式和电容式。用电学法测量无摩擦件和可动部件，信号转换传送方便，便于远传，工作可靠，且输出可转换为统一的电信号，与电动单元组合仪表配合使用，可方便地实现液位的自动检测和自动控制。

电阻式液位计既可进行定点液位控制，也可进行连续测量。所谓定点控制是指液位上升或下降到一定位置时引起电路的接通或断开，引发报警器报警。电阻式液位器的原理是基于液位变化引起电极间电阻变化，由电阻变化反映液位情况，电阻式液位计示意图见图 8-11。

253

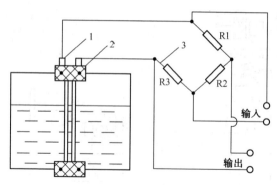

图 8-11　电阻式液位计示意图

1—电阻棒；2—绝缘套；3—测量电桥

电感式液位计利用电感感应现象，当液位变化财会引起线圈电感变化，感应电流也发生变化。电感式液位计既可进行连续测量，也可进行液位点点控制。电感式液位控制器的原理图见图8-12。

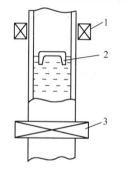

图 8-12　电感式液位控制器原理图

1—上限线圈；2—浮子；3—下限线圈

电容式液位计利用液位高低变化影响电容器电容量大小的原理进行测量。电容式液位计的结构形式很多，有平级板式、同心圆柱式等。它的适用范围非常广泛，对介质本身性质的要求不像其他方法那样严格，对导电介质和非导电介质都能测量，此外还能测量有倾斜晃动及高度运动的容器的液位。不仅可作液位控制器，还能用于连续测量。

⑤ 热学法常用于冶金行业中遇到高温熔融液体液位的测量。由于测量条件的特殊性，目前除使用核辐射法外，还常用热学方法进行检测。它利用了高温熔融液体本身的特性，即在空气和高温液体的分界面处温度场出现突变的特点，用测量温度的方法间接获得高温金属熔液液位。

⑥ 超声波法是利用波在介质中的传播特性。一般是在容器底部或顶部安装超声波发射器和接收器，发射出的超声波在相界面被反射，并由接收器接收，测出超声波从发射到接收的时间差，便可测出液位高低。超声波液位计按传声介质不同，可分为气介式、液介式和固介式三种(见图8-13)。

⑦ 导波雷达液(界)位送变器运用了 TDR(时域反射原理)技术，发射的电磁波脉冲沿着杆或缆传送，当遇到比先前传导介质(空气或蒸发汽)介电常数大的

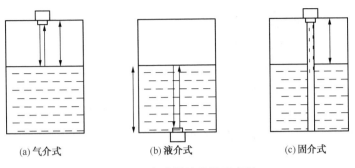

(a)气介式   (b)液介式   (c)固介式

图 8-13 超声波液位计示意图

介质表面时，脉冲波被反射回来。用超高速计来计算脉冲波的传导时间，从而达到精确的液位测量，雷达波由天线发出到接收到由液面来的反射波的时间来确定，雷达液位计的测量原理如图 8-14 所示。雷达探测器对时间的测量有微波脉冲法及连续波调频法两种方式。雷达液位计较多的应用于油品储罐液位测量，其使用效果明显优于钢带浮子式液位计。

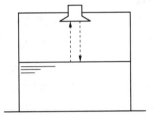

图 8-14 雷达液位计原理图

⑧ 射线式物位检测法是利用放射性同位素在蜕变过程中反射出的 α、β、γ 三种射线的穿透能力不同进行测量。α 射线的电离本领最强，但穿透能力最弱。β 射线是电子流，电离本领比 α 射线弱，而穿透能力较 α 射线强。γ 射线是一种从原子核发出的电磁波，它的波长较短，不带电荷，它在物质中的穿透能力比 α 和 β 射线都强，但电离本领最弱。由于射线的可穿透性，他们常被用于情况特殊或环境条件恶劣的场合实现各种参数的非接触式检测，如位移、材料的厚度及成分、流体密度、流量、物位等。射线式物位测量在炼油厂里的连续重整和汽油吸附脱硫等装置都有应用，主要是用于测量固体的料位。

⑨ 中子料位计法中的反向散射式中子料位计(或称中子氢密度界面料位计)可通过对焦炭塔特定区域内物料含 H、C 密度的连续测量，给出塔内全部物料状态(油气、泡沫、焦炭或水)的动态分布规律，并在塔底注油起始信号配合下给出泡沫层、焦炭层上沿实时高度指示值。从而为实现焦化生产的实时在线控制提供信息。中子料位计在炼油厂里主要用于延迟焦化装置焦炭塔料位的测量。

4 常用于催化裂化烟气脱硫除尘脱硝技术的液位测量方法有哪些?

在催化裂化烟气脱硫除尘脱硝技术中,碱系统的液位采用双法兰液位计测量液位较为理想,尤其是在碱罐和脱硫塔的液位测量上。磁性浮子式液位计也较多地用于碱罐液位测量,但使用效果远不如双法兰液位计。各个地坑和水池较多的是采用压力式远传液位计。测量沉淀器的界位常采用超声波液位计,但是由于泥水界面经常不清晰,其使用效果也不理想。

5 对于具有腐蚀性或含有结晶颗粒以及黏度大、易凝固的介质宜采用何种液位测量方式?

对于具有腐蚀性或含有结晶颗粒以及黏度大、易凝固的介质导压导管易被腐蚀或堵塞,影响测量精度,所以较多地应用法兰式压力变送器(差压变送器)。法兰式液位计的敏感元件为金属膜盒,它直接与被测介质接触,省去引压导管,从而克服导管的腐蚀和阻塞问题。膜盒经毛细管与变送器的测量室相通,它们所组成的密闭系统内充以硅油,作为传压介质。为了毛细管经久耐用,其外部均套有金属蛇皮保护管。法兰式液位计示意图和实物图如图8-15和图8-16所示。

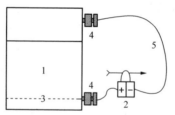

图 8-15 法兰式液位计示意图

1—容器;2—差压计;3—液位零面;4—法兰;5—毛细管

图 8-16 法兰式压力(差压)变送器

6 压力检测法和差压法在出现静压误差时如何保证测量的准确性?

无论是压力检测法还是差压法，均要求零液位与检测仪表在同一水平高度，否则会产生附加静压误差，即量程迁移。出现量程迁移时要对压力变送器进行零点调整，使在只受附加静压力时输出为"零"。差压变送器的作用是将输入的差压信号转化为统一的标准信号输出。量程迁移包括无迁移、负迁移和正迁移。

（1）无迁移

在保证正压室与零液位等高时，从下式可看出：

$$\Delta P = \rho_1 g H$$

当 H 为零时，差压输出为零，无迁移时的差压测量示意图如图 8-17 所示。

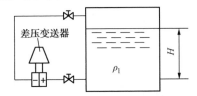

图 8-17　无迁移时的差压测量示意图

（2）负迁移

由于加了隔离罐或采用法兰式来测压差，负迁移时的差压测量示意图如图 8-18所示。

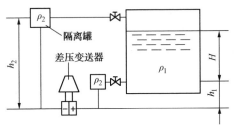

图 8-18　负迁移时的差压测量示意图

正压室：$P_+ = P_0 + \rho_1 g H + \rho_2 g h_1$

负压室：$P_- = P_0 + \rho_1 g H + \rho_2 g h_2$

差压：　$\Delta P = P_+ - P_- = \rho_1 g H - \rho_2 g(h_2 - h_1) = \rho_1 g H - B$

当 $H = 0$ 时，差压的输出并不为零，而是 $-B$。为使 $H = 0$ 时，差变的输出为4mA，就要消除 $-B$ 的影响，称之为量程迁移。由于要迁移的是负值，所以称为负迁移。

量程负迁移具体计算实例如下。

例如：已知 $\rho_1 = 1200\ kg/m^3$，$\rho_2 = 950\ kg/m^3$，$h_1 = 1.0\ m$，$h_2 = 5.0m$，$H = 3.0m$

则液位高度变化形成的差压值为：

$$\rho_1 gH = 1200 \times 9.8 \times 3 = 35280Pa$$

所以可选择差压变送器量程为 40kPa。

$$B = \rho_2 g(h_2 - h_1) = (5 - 1) \times 950 \times 9.8 = 37240Pa$$

所以负迁移量为 37.40kPa，即将差压变送器的零点调为 37.240kPa，迁移后差变的测量范围为-37.24~2.76kPa。

（3）正迁移

正迁移时的差压测量示意图如图 8-19 所示。

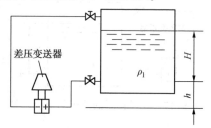

图 8-19　正迁移时的差压测量示意图

正压室：$P_+ = P_0 + \rho_1 gH + \rho_2 gh$

负压室：$P_- = P_0$

压差：$\Delta P = P_+ - P_- = \rho_1 gh + \rho_1 gH$

当 $H = 0$ 时，差压输出值并不为零，其值为 $C = \rho_1 gh$，其迁移量为正值，所以称为正迁移。

综上所述，正负迁移的实质是改变变送器的零点，同时改变量程的上下限，而量程范围不变。

第九章　安全防护知识

1　二氧化硫有哪些危害?

二氧化硫对人体的结膜和上呼吸道黏膜有强烈刺激性,可损伤呼吸器官,可致支气管炎、肺炎,甚至肺水肿呼吸麻痹。短期接触二氧化硫浓度为 $0.5mg/m^3$ 空气的老年人或慢性病人死亡率增高;浓度高于 $0.25mg/m^3$,可使呼吸道疾病患者病情恶化。长期接触浓度为 $1.0mg/m^3$ 空气的人群呼吸系统病症增加。另外,二氧化硫可使金属材料、房屋建筑、棉纺化纤织品、皮革纸张等制品引起腐蚀、剥落、褪色而损坏。二氧化硫还可使植物叶子变黄甚至枯死。

2　三氧化硫有哪些危害?

催化裂化装置余热锅炉外排废气中含三氧化硫,该物质为刺激性气体,不燃,具强腐蚀性、强刺激性,可致人体灼伤。对环境有危害,对大气可造成污染。其毒性表现与硫酸相同,对皮肤、黏膜等组织有强烈的刺激和腐蚀作用。可引起结膜炎、水肿、角膜混浊,以致失明;引起呼吸道刺激症状,重者发生呼吸困难和肺水肿;高浓度引起喉痉挛或声门水肿而死亡。口服后引起消化道的烧伤以至溃疡形成。严重者可能有胃穿孔、腹膜炎、喉痉挛和声门水肿、肾损害、休克等。慢性影响有牙齿酸蚀症、慢性支气管炎、肺气肿和肝硬变等。吸入者应迅速脱离现场至空气新鲜处,保持呼吸道通畅。如呼吸困难立即输氧;如呼吸停止,立即进行人工呼吸、就医抢救。

3　一氧化碳有哪些危害?

催化裂化装置余热锅炉外排废气中含有一定量的 CO,对于不完全再生的催化裂化装置,烟气中的一氧化碳含量会更多一些。一氧化碳为无色无臭气体,在血液中与血红蛋白结合而造成组织缺氧。急性中毒、轻度中毒者出现头痛、头晕、耳鸣、心悸、恶心、呕吐、无力，血液碳氧血红蛋白浓度可高于10%；中度中毒者除上述症状外，还有皮肤黏膜呈樱红色、脉搏加快、烦躁、步态不稳、浅至中度昏迷，血液碳氧血红蛋白浓度可高于30%；重度患者深度昏迷、瞳孔缩小、肌张力增强、频繁抽搐、大小便失禁、休克、肺水肿、严重心肌损害等，血液碳氧血红蛋白可高于50%。部分患者昏迷苏醒后，经约60天的症状缓解期后，有可能出现迟发性脑病，以意识精神障碍为主。

4　二氧化碳有哪些危害？

二氧化碳外观为无色气体，在再生器、烟道和余热锅炉的燃烧过程产生，随催化裂化烟气排至大气。对人体健康的影响为低浓度时，对呼吸中枢呈兴奋作用，高浓度时则产生抑制甚至麻痹作用。中毒机制中还兼有缺氧的因素。人进入高浓度二氧化碳环境会出现急性中毒，在几秒钟内迅速昏迷倒下，反射消失、瞳孔扩大、大小便失禁、呕吐等，更严重者出现呼吸停止及休克，甚至死亡。固态（干冰）和液态二氧化碳在常压下迅速汽化，能造成$-80 \sim -43$℃低温，引起皮肤和眼睛严重的冻伤。经常接触较高浓度的二氧化碳者会对人产生慢性影响，可有头晕、头痛、失眠、易兴奋、无力等神经功能紊乱等。

在个人防护要求方面一般不需要特殊防护，高浓度接触时可佩戴空气呼吸器。眼睛一般不需特殊防护。身体防护方面着一般作业工作服和一般作业防护手套即可。当皮肤、眼睛接触后，若有冻伤，就医治疗；当吸入该气体后，需要迅速脱离现场至空气新鲜处，保持呼吸道通畅，如呼吸困难，给输氧，呼吸心跳停止时，立即进行人工呼吸和胸外心脏按压术并就医。

5　氮氧化物有哪些危害？

氮氧化物不但对人体有害，而且它与烃类共存时会产生光化学烟雾，对环境造成更大危害。氮氧化物易于侵入呼吸道深部细支气管和肺泡，吸入气体当时可能无明显症状或有眼部及上呼吸道刺激症状，如咽部不适、干咳等，经$6 \sim 7h$潜伏期后会出现迟发性肺水肿、成人呼吸窘迫综合症。此外，氮氧化物还会对中枢神经系统和心血管系统产生危害。氮氧化物与空气中的水结合最终会转化成硝酸和硝酸盐，硝酸是酸雨的成因之一。酸雨的危害是多方面的，包括对人体健康、生态系统和建筑设施都有着直接和潜在的危害。酸雨可使儿童免疫功能下降，使慢性咽炎、支气管哮喘发病率增加。酸雨还可使农作物大幅度减产，使植物叶子枯黄、病虫害加剧，最终造成大面积死亡。

6　氨有哪些危害？

部分脱硫脱硝工艺中需要使用氨水或液氨。氨是一种无色、有强烈刺激性气味的气体。氨对皮肤黏膜有刺激及腐蚀作用，高浓度可引起严重后果，如化学性咽喉炎、化学性肺炎等，吸入极高浓度可引起反射性呼吸停止、心脏停搏。接触氨后会嗅到强烈刺激气味，眼流泪、刺痛。过浓的氨水溅入眼内可损伤角膜，引起角膜溃疡，严重者可引起角膜穿孔、晶体混浊、虹膜炎症等，可导致失明。吸入氨气可引起咽喉痛、发音嘶哑。吸入氨浓度较高时会引起喉头痉挛、声带水肿，发生窒息。氨进入气管、支气管会引起咳嗽、咯痰、痰内有血。严重时会咯血及肺水肿，呼吸困难、咯白色或血性泡沫痰，双肺布满大、中水泡音。吸入高浓度的氨可诱发惊厥、抽搐、嗜睡、昏迷等意识障碍。个别病人吸入极浓的氨气会发生呼吸心跳停止。肺继发感染时病人高烧、咯血性黄痰，呼吸困难。消化道受损会引发腹痛、呕吐等，后期出现黄疸及肝功能损害（中毒性肝炎）等。氨中毒者应迅速脱离现场至空气新鲜处，保持呼吸道通畅。如呼吸困难立即输氧；如呼吸停止，立即进行人工呼吸、就医抢救。

7　氢氧化钠溶液有哪些危害？

大部分烟气脱硫系统要使用氢氧化钠溶液作为吸收剂。氢氧化钠溶液具强腐蚀性、强刺激性，皮肤和眼直接接触会引起灼伤；误服会造成消化道灼伤，黏膜糜烂、出血和休克。皮肤接触者应立即脱去污染的衣着，用大量流动清水冲洗至少15min，并就医。眼睛接触者应立即提起眼睑，用大量流动清水或生理盐水彻底冲洗至少15min，并就医。

8　硫化氢有哪些危害？

硫化氢气体的相对密度为1.189，爆炸极限为4.3%~46%。自燃点为260℃，硫化氢在空气中最高允许浓度10mg/m^3，是强烈神经毒物，对黏膜有明显刺激作用，浓度越高，全身作用越明显表现为中枢神经系统症状和窒息症状。

硫化氢是一种恶臭性很大的无色气体，低浓度中毒要经过一段时间后，才感到头痛流泪恶心，气喘等症状，当吸入大量硫化氢时，会使人立即昏迷，硫化氢浓度高达1000mg/m³时，会使人失去知觉，直接麻痹呼吸中枢而立即引起窒息，造成"电击式"中毒。硫化氢中毒起初臭味的增强与浓度升高成正比，但当浓度超过10mg/m³之后，浓度继续升高臭味反而减弱。在高浓度时因很快引起嗅觉疲劳，而不能察觉硫化氢的存在，故不能依靠其臭味强烈与否来判断有无危险浓度的出现。同时，硫化氢浓度达到一定时会引起火灾爆炸。

一旦发生硫化氢中毒应迅速将患者移至新鲜空气处，立即施行人工呼吸(禁止口对口法)及吸氧，病情未改善不可轻易放弃。抢救别时要注意保护自己。在具备条件的情况下要迅速切断毒源，尽快把中毒者移至空气新鲜处，松解衣扣和腰带，清除口腔异物，维持呼吸道通畅，注意保暖。对呼吸困难或面色青紫者要立即给于氧气吸入，并转运至医院治疗。

在防护方面要在硫化氢分布场所应设置警告牌，进入的作业场所要有防中毒注意事项；进入硫化氢场所作业，要经过可靠的气体检测分析，并有人监护，作业人员必须戴供气式和适宜的过滤式防毒面具，监护人要准备救生设备；工作场所安装硫化氢报警器，工作人员配备便携式检测仪；生产过程较密闭处，加强通风排气。具体的硫化氢浓度和毒性反应之间的关系如表9-1所示。

表9-1　硫化氢浓度和毒性反应之间的关系

硫化氢浓度/(mg/m³)	接触时间	毒性反应
0.035		嗅觉阈、开始闻到臭味
0.4		臭味明显
4~7		感到中等强度难闻的臭味
30~40		臭味强烈，仍然忍受，是引起症状的阈浓度
70~150	1~2h	呼吸道及眼刺激症状，吸入2~15min后嗅觉疲劳不再闻到臭味
300	1h	6~8min出现眼急性刺激性，长期接触引发肺气肿
760	75~60min	发生肺水肿，支气管炎及肺炎。接触时间长时引起头疼、头昏、步态不稳、恶心、呕吐、排尿困难
1000	数秒钟	很快出现急性中毒，呼吸加快，麻痹死亡
1400	立即	昏迷、呼吸麻痹死亡

9　粉尘有哪些危害？

生产性粉尘是指飘浮在作业场所空气中的固体颗粒。根据分散度的不同，粉尘在空气中的飘散范围也不同。在生产过程中，长期吸入生产性粉尘会引起气管炎、过敏，严重者会引起尘肺病。粉尘在空气中的浓度越高，吸入量相对越大；劳动强度越大，呼吸频率加快，则吸入尘粒的机会越大，受害的可能性也加大。此外，气温和湿度也可影响粉尘的吸入量。催化裂化装置中存在粉尘状的催化剂，作业人员可能会接触到，其工作场所时间加权平均容许浓度为 $8mg/m^3$（总尘）。

10 **二氧化硫等主要有害物料的职业接触限值是多少？**

根据《工作场所有害因素职业接触限值》（GBZ 2.1—2007）对有毒物质在工作场所空气中的浓度规定，二氧化硫、二氧化氮、一氧化碳、二氧化碳、氨的职业接触限值见表9-2。

表9-2 主要有害物料职业接触限值

物料名称	时间加权平均容许浓度/（mg/m^3）	短时间接触容许浓度/（mg/m^3）
二氧化硫	5	10
二氧化氮	5	10
一氧化碳	20	30
二氧化碳	9000	18000
氨	20	30

11 **炼油企业防 NH₃ 中毒的安全防护措施在设计上要注意哪些问题？**

炼油企业防 NH₃ 中毒的安全防护措施在设计上要严格遵守《中华人民共和国安全生产法》，认真贯彻"安全第一、预防为主、综合治理"的方针，优先选用先进、成熟、本质安全的生产工艺。设计严格执行现行的标准规范，使项目能达到安全卫生的要求，实现长期、稳定生产，在生产过程中职工的安全与健康不受损害。

对防毒性物料伤害的设计贯彻以人为本的基本思想、执行"以防为主、防治结合"的方针，尽量采用不用或少用毒性物料和产生毒性物料的加工工艺。在平面布置时充分利用当地的风向，使有可能泄漏毒性物料的设备布置在人员集中场所的下风侧，保证足够的安全卫生防护距离。最有效的防毒性物料伤害的措施是采用密闭的生产系统和隔离操作。在动设备、阀门及连接处采用可靠的密封措施，防止泄漏发生。其次是隔离操作，毒性物料均在密闭的设备和管道中，不与操作人员直接接触。

在含 NH_3 介质设备的静、动密封点都采取有效的密封措施。在容易泄漏和聚集 NH_3 的地方，按规范设置固定式 NH_3 气体检测器，报警信号通过光缆直接送到相关区域控制室。含 NH_3 物料的采样全部采用密闭采样器，避免残液中的 NH_3 挥发至大气环境，降低操作人员暴露在有害环境中的可能性，减少中毒事故发生。在正常生产状态下，工作环境的 NH_3 气体浓度满足《工作场所有害因素职业接触限值》要求。

在操作工人进入有可能泄漏 NH_3 的区域时，须携带便携式 NH_3 检测仪，必要时佩带自给式空气呼吸器进入泄漏区域进行救护及紧急控制操作。此外，在危险部位及设备处设置警示牌，在高处可视区域内设风向标。按照《使用有毒物品作业场所劳动保护条例》和《工作场所职业病危害警示标识》的规定，在可能泄漏 NH_3 泵处按规范设置警示线、警示标识和警示牌，警示牌上应有中文警示说明（包括产生职业中毒危害的种类、后果、预防及应急救治措施等内容）。

操作人员必须经过专门培训，严格遵守操作规程，熟练掌握操作技能，具备应急处置知识；严加密闭，防止泄漏，工作场所提供充分的局部排风和全面通风，远离火种、热源，严禁吸烟。

---

12 用于爆炸气氛场所的仪表的防爆与防护要求是怎样的？

用于爆炸气氛场所的仪表防爆必须符合相应的防爆标准，并取得国家有关防爆检验机构的相应防爆等级的防爆许可证。爆炸区域安装的电子仪表结构应为 ExiaIICT4（本安型）或 ExdIICT4（隔爆型），防爆等级应符合防爆区域的要求并且不低于本安型和隔爆型。现场仪表的防护等级不应低于 IP65；现场仪表电缆接头和接线盒电缆接头采用电缆密封接头连接方式；现场电动仪表电气接口优先选用 1/2 ″NPT、3/4 ″NPT 规格。

对于炼油企业的蒸馏、催化裂化、延迟焦化、制氢和加氢等装置内运行的主要介质有氢气、轻烃、油气、瓦斯等，这些介质一旦泄漏，有可能与空气混合形成爆炸性混合气体，故泵区、塔区、换热区等处，按《爆炸危险环境电力装置设计规范》（GB 50058—2014）的有关规定，划分为爆炸危险 2 区环境，此环境内的电气设备的防爆等级不低于 dIICT4 或 eIIT3 或 dIIBT4；地下的沟、坑、池等均划分为爆炸性气体环境 1 区，此环境内的电气设备的防爆等级不低于 dIICT4 或 dI-IBT4。

参 考 文 献

[1] 陈俊武.催化裂化工艺与工程[M].北京:中国石化出版社,2005.

[2] 郝吉明,马广大.大气污染控制工程[M].北京:高等教育出版社,2003.

[3] 郝吉明,王书肖,陆永琪.燃煤二氧化硫污染控制技术手册[M].北京:化学工业出版社,2001.

[4] 董利,李瑞扬.炉内空气分级低 NO$_x$ 燃烧技术 [J].电站系统工程,2003,19(6):47-49.

[5] 毕玉森.电站锅炉 NO$_x$ 排放现状预测及技术政策[J].中国电力,2003,(8):6-8.

[6] 才雷,滕生平,祖兴利,等.空气分级燃烧技术在燃烧器低 NO$_x$ 改造中的应用[J].华北电力技术,2006,(11):33-35.

[7] 钟北京,杨静,傅维标.煤的挥发分组分对 NO$_x$ 和 SO$_x$ 排放的影响[J].燃烧科学与技术,1998,4(4):363-368.

[8] 文军,许传凯.分级燃烧对 NO$_x$ 生成及燃烧经济性的影响[J].中国电力,1997,30(4):8-12.

[9] 陈进生.火电厂烟气脱硝技术——选择性催化还原法[M].北京:中国电力出版社,2008.

[10] 王春昌.燃煤锅炉新三区低 NO$_x$ 燃烧技术的研究探讨[J].热力发电,2005,(4):6-8.

[11] 李双凤.净水厂臭氧制备车间的爆炸危险性分析及电气设计[J].给水排水,2012,38(2):6-8.

[12] 魏林生,胡兆吉,王志化,等.高频平板型介质阻挡放电臭氧产生的实验研究[J].高电压技术,2009,35(6):397-1402.

[13] PARKA S L,MOONB J D,SEUGHOON L,et al. Effective Ozone Generation Utilizing a Meshed-plate Electrode in a Dielectric-barrier Discharge Type Ozone Generator[J]. Journal of Electrostatics,2006,64(5):275-282.

[14] SONG H J,CHUN B J,LEE K S. Improvement of Ozone Yield by a Multi-Discharge Type Ozonizer Using Superposition of Silent Discharge Plasma[J]. Journal of the Korean Physical Society. 2004,44(5):182-188.

[15] 曾汉才.燃烧与污染[M].武汉:华中理工大学出版社,1992.

[16] 辛力锋,朱天宇,卞新高,等.冷却条件对高频臭氧发生器产量的影响分析[J].河海大学常州分校学报,2004,18(4):19-21.

[17] 储金宇,吴春笃,陈万金,等.臭氧技术及应用[M].北京:化学工业出版社,2002.

[18] 葛自良,吴於人.工业臭氧发生器技术改进[J].高电压技术,1999,25(3):66-67.

[19] 王新新,李成榕.大气压氮气介质阻挡均匀放电[J].高电压技术,2011,37(6):405-415.

[20] 马建蓉,黄张根,刘振宇,等.再生方法对 V$_2$O$_5$/AC 催化剂同时脱硫脱硝活性的影响[J].催化学报,2005,26(6):463-469.

[21] Hans J. H.,崔建华. 选择催化还原(SCR) 脱硝技术在中国燃煤锅炉上的应用[J].热力发电,2007(8):13-18.

[22] 朱崇兵，金保升，仲兆平，等.碱金属氧化物对 $V_2O_5-WO_3/TiO_2$ 催化剂脱硝性能的影响[J].环境化学，2007，26(6)：783-786.

[23] 胡和兵，王牧野，吴勇民，等.氮氧化物的污染与治理方法[J].环境保护科学，2006，32(4)：5-9.

[24] 龚望欣，杜杰，贾振东.EDV 湿法脱硫技术在催化裂化装置上的应用[J].石化技术，2011，18(4)：37-43.

[25] 龚望欣.燕山二催化双碱法烟气脱硫技术和三催化 EDV 湿法烟气脱硫的组合应用[C]//2012 年国际炼油技术进度交流会.北京：中国石化出版社，2012：137-144.

[26] 龚望欣.汽油吸附脱硫装置再生烟气处理技术的选择[J].石化技术，2012，19(3)：30-35.

[27] 江永盟.湿法烟气脱硫应用中的几个问题探讨[J].环境工程，2003，21(2)：35-37.

[28] 周本省.工业水处理技术[M].2 版.北京：化学工业出版社，2002.

[29] 钟秦.燃煤烟气脱硫脱硝技术及工程实例[M].北京：化学工业出版社，2002.

[30] 关多娇，徐有宁.适合我国国情的烟气脱硫技术探讨[J].环境保护工程与技术，2005，8：53-56.

[31] 童志权，陈昭琼，彭朝晖.钙-钙双减法脱硫技术及其在工业中的应用[J].环境科学学报，2003，23(1)：28-32.

[32] 陈赓良.醇胺法脱硫脱碳工艺的回顾与展望[J].石油与天然气化工，2003，32(3)：134-136.

[33] 刘雪芬，齐文义，苗文彬.降低催化裂化再生烟气 NO_x 助剂工业应用[J].炼油技术与工程，2004，34(6)：21-25.

[34] 党小庆.大气污染控制工程技术与实践[M].北京：化学工业出版社，2009.

[35] 宋海涛，郑学国，田辉平，等.降低 FCC 再生烟气 NO_x 排放助剂的实验室评价[J].环境工程学报，2009，3(8).

[36] 吴晓青.我国大气氮氧化物污染控制现状存在的问题与对策建议[J].中国科技产业，2009，(11)：13-16.

[37] 岑奇顺，潘全旺.EDV 湿法烟气洗涤净化技术的工业应用[J].石油化工安全环保技术.2011，27(4)：49-54.

[38] 乔慧萍，杨柳.湿法同时脱硫脱硝工艺中脱硝吸收剂的研究现状[J].电力环境保护，2009，(1)：4-8.

[39] 肖文德，吴志泉.二氧化硫脱除与回收[M].北京：化学工业出版社，2001.

[40] 李雪梅.EDV 湿法洗涤烟气脱硫脱氮技术在石油炼制行业中的应用[J].环保科技，2011，(5)：16-17.

[41] 郭大为.$\gamma-Al2O3$ 表面吸附 SO_2、NO_x 的机理分析[J].石油学报(石油加工)，2010，26(2)：235-241.

[42] 崔秋凯.催化裂化烟气硫转移剂的研究[D].青岛：中国石油大学(华东)，2010.

[43] 刘峰，陈庆岭.FCC 再生烟气脱硫脱氮技术进展[J].化工中间体，2009(8)：24-30.

[44] 严万洪，张志刚，陈秀梅.催化裂化烟气脱硫技术的研究进展[J].科技资讯，2008，(7)：244-245.

[45] 王一男.烟气脱硫技术在催化裂化中的应用[J].化工时刊，2005，19(12)：38-40.

[46] 刘忠林,林大泉.催化裂化装置排放的二氧化硫问题及对策[J].石油炼制与化工,1999,30
(3):44-48.

[47] 陈良,施力.FCC硫转移复合助剂的研究[J].燃料化报,2005,33(1):83-88.

[48] 严万洪,张志刚,陈秀梅.催化裂化烟气脱硫技术的研究进展[J].科技资讯,2008,
(7):244-245.

[49] 刘鸿元.THIOPAQ生物脱硫技术[J].中氮肥,2002(5):53-57.

[50] 柯晓明.控制催化裂化再生烟气中SO_x排放的技术[J].炼油设计,1999,29(8):50-54.

[51] 刘奎.炼油厂SO_2排放控制[J].炼油技术与工程,2007,37(9):54-58.

[52] 朱仁发,李承烈.FCC再生烟气的脱硫助剂研究进展[J].化工进展,2000,(3):22-29.

[53] 罗珍.减少催化裂化SO_x排放的硫转移助剂[J].炼油设计,2000(11):60-62.

[54] 刘忠生,方向晨,戴文军.炼油厂SO_x和NO_x排放及其控制技术[J].抚顺烃加工技术,2005,
(2):1-9.

[55] 钱伯章.催化裂化硫转移助剂发展现状[J].天然气与石油,2003(4):66.

[56] 陈德胜,侯典国.催化裂化烟气SO_x转移助剂的工业应用[J].石油炼制与化工,2003,34
(4):43-47.

[57] 陈志,段东升,徐文长.催化裂化烟气转硫脱氮和助燃三功能催化剂FP-DSN的工业应用
[J].炼油设计,2002,32(11):7-10.

[58] 杜峰,张建芳,杨朝合.催化裂化过程中反应温度对硫转化规律的影响[J].石油与天然气化
工,2006,35(4):280-282.

[59] 崔秋凯,张强,李春义,等.再生条件对硫转移剂脱硫性能的影响[J].中国石油大学学报
(自然科学版),2009,33(5):151-155.

[60] William B D,Bandel G.Integrated environmental solution for FCCU SO_2-SO_3-PM2.5emissions
[C].NPRA,AM-05-65.

[61] Vasilios D D,Iacovos A V.Evaluation and kinetics of commercially available additivesfor SO_x con-
trol in fluid catalytic cracking units[J].Ind.Eng.Chem.Res,1992,31(12):2741-2748.

[62] Krishna S,Hsieh C R,English A R,et al. Additives improve FCC process[J].Hydrocarbon
Process,1991,70(11):59-65.

[63] Vierheilig A A.Compounds,compositions and methods to reduce SO_x emissions from FCC units
[P].US20030203806,2003-10-30.

[64] Wen B,He M Y,Costello C.Simultaneous catalytic removal of NO_x,SO_x,and CO from FCC regener-
ator[J].Energy&Fuels,2002,16(5):1048-1053.

[65] 李大江,孙国刚,潘利祥.催化裂化装置烟气污染物脱除技术的研究[J].石油化工设计,
2006,23(1):62-64.

[66] 刘忠生,方向晨,戴文军.炼油厂SO_x排放及其控制技术[J].当代化工,2005(12):408-421.

[67] 李文海,李海良.3.5Mt/a FCCU装置烟气脱硫脱硝运行状况分析[C]//2013年中国石油炼
制技术大会论文集.北京:中国石化出版社,32-37.

[68] 朱焱松,朱文龙.浅析氨法烟气脱硫工艺气溶胶污染的形成原因及控制[C]//2013 年中国石油炼制技术大会论文集.北京:中国石化出版社,106-110.

[69] 尹士武.催化再生烟气颗粒物治理方案的探讨[C]//2013 年中国石油炼制技术大会论文集.北京:中国石化出版社,199-206.

[70] 张新国.EDV 湿法洗涤塔在烟气脱硫脱硝中的应用[C]//2013 年中国石油炼制技术大会论文集.北京:中国石化出版社,207-213.

[71] 胡松伟.炼油厂催化裂化装置烟气污染物的治理与建议[J].石油化工安全环保技术,2011,27(2):47-52

[72] 李军令,花小兵,吴永强等.催化装置再生烟气中氮氧化物的产生与控制[J].石油化工环境保护,2005,28(1):34-39.

[73] 夏芳.CEMS 在催化裂化装置烟气脱硫系统中的应用[J].石油化工自动化,2011,47(5):74-75.

[74] 柯晓明.控制催化裂化再生烟气中 SOₓ 排放的技术[J].炼油设计.1999,29(8):50-55.

[75] 李大江,孙国刚,潘利祥,等.催化裂化装置烟气污染物脱除技术的研究——气液撞击流洗涤脱硫[J].石油化工设计.2006(1):32-36.

[76] 钟秦.燃煤烟气脱硫脱硝技术及工程实例[M].北京:化学工业出版社,2002.

[77] 童志权.工业废气净化与利用[M].北京:化学工业出版社,2001.

[78] 胡敏.催化裂化烟气排放控制技术现状及面临问题的分析[J].中外能源,2012,17(5):77-83.

[79] 胡敏,郭宏昶,胡永龙,等.催化裂化可再生湿法烟气脱硫工艺应关注的工程问题[J].炼油技术与工程,2012,42(5):1-7.

[80] 催化裂化装置可再生法烟气脱硫技术若干问题探析[J].炼油技术与工程,2021,51(11):1-6,31.

[81] 孙海峰,杨广春,高景玉.延长 SCR 脱硝催化剂使用寿命的措施探讨[J].华电技术,2009,31(12):19-21,25,77-78.

[82] 浅谈烟气温度对 SCR 脱硝催化剂的影响及措施[J].水电水利,2020,4(1):84-85.

[83] 刘希武,崔守业,许兰飞.催化裂化烟气脱硫脱硝装置的腐蚀问题及对策[J].腐蚀科学与防护技术,2019,(3),1-6.

[84] 周建华.催化裂化烟气湿法净化装置运行问题及治理措施探讨[J].石油炼制与化工,2020,1(1):86-91.

[85] 梁亮,仝明.浅析催化裂化装置余热锅炉烟气脱硝的技术要点[J].石油化工安全环保技术,2012,28(4):52-55.

[86] 李鹏,任晔,陈学峰.中国石化催化裂化装置运行状况分析[J].石油炼制与化工,2022,53(1):53~59